高等职业教育计算机类系列教材

计算机网络技术

第2版

主　编　孙　波　曾振东
副主编　林坤林　梁飞虎
参　编　谢志妮　陈　霄
　　　　张海娜

机 械 工 业 出 版 社

本书是按照高职高专的教学要求，以职业岗位技能培养为目的而编写的教材。内容注重对学生实践动手能力的培养，通过设置多个实训任务场景，引导学生由浅入深地学习计算机网络相关的知识与技术。全书共分 14 章，分别介绍了计算机网络基础知识、数据通信基础、局域网基础、以太网组网技术、交换机与虚拟局域网、无线局域网、网络互联与 IP 地址、IP 数据报、路由器与路由选择、三层交换技术、TCP 与 UDP、应用层协议与应用服务、广域网技术以及 IPv6 技术等内容，并附有习题和课后实训。

本书内容丰富，概念清楚，技术实用，难度适中，理论与实训任务结合紧密，并且反映了当前计算机网络技术的一些最新内容。

本书既可作为高等职业院校计算机及相关专业的计算机网络课程教材，也可作为计算机网络培训教材或网络技术爱好者、工程技术人员的参考用书。

为方便教学，本书配备电子课件等教学资源。凡选用本书作为教材的教师均可登录机械工业出版社教育服务网 www.cmpedu.com 免费下载。如有问题请致电 010-88379375 联系营销人员。

图书在版编目（CIP）数据

计算机网络技术/孙波，曾振东主编．—2 版．—北京：机械工业出版社，2014.7（2025.7 重印）

高等职业教育计算机类系列教材

ISBN 978-7-111-47078-6

Ⅰ．①计… Ⅱ．①孙… ②曾… Ⅲ．①计算机网络—高等职业教育—教材 Ⅳ．①TP393

中国版本图书馆 CIP 数据核字（2014）第 130667 号

机械工业出版社（北京市百万庄大街 22 号　邮政编码 100037）

策划编辑：刘子峰　　责任编辑：刘子峰

版式设计：常天培　　责任校对：刘怡丹

封面设计：陈　沛　　责任印制：张　博

北京机工印刷厂有限公司印刷

2025 年 7 月第 2 版第 17 次印刷

184mm×260mm・15.25 印张・368 千字

标准书号：ISBN 978-7-111-47078-6

定价：46.00 元

电话服务

客服电话：010-88361066

010-88379833

010-68326294

网络服务

机　工　官　网：www.cmpbook.com

机　工　官　博：weibo.com/cmp1952

金　　书　　网：www.golden-book.com

机工教育服务网：www.cmpedu.com

第 2 版前言

随着计算机和通信技术的发展，人类社会已经进入了信息时代。计算机网络技术是信息技术的核心内容之一，而计算机网络的应用，尤其是互联网的普及，已经延伸到各行各业，并给人们的生活、工作和学习方式带来了巨大的变革。计算机网络技术不仅成为计算机专业人员必须掌握的知识，也成为广大读者尤其是青年人必须掌握的知识。

在高等职业教育中，教材的开发是课程改革中不可或缺的一环。教材内容的选定只有依据职业岗位的工作技能的需要而确定，才能使职业技能的培养更加具有针对性，更能瞄准市场的实际需求，本书正是按照此思路编写的。自 2010 年出版以来，经过几年的实际教学使用与检验，编者深感书中的部分内容已经有些过时，新的内容亟待加入，因此有必要对全书进行一次重新梳理，同时修正、补充和完善相关内容。

本书共有 14 章，各章的主要内容及修改情况如下：

第 1 章，介绍了计算机网络的基本概念、OSI 七层模型和 TCP/IP 体系结构，对其他的内容进行了删减。

第 2 章，介绍了数据通信的基础知识。由于底层数据通信中的许多概念和方法在网络中都有应用，可以降低理解难度，同时也能从底层通信到高层网络建立起一个完整的网络通信概念，所以新加入了本章内容。

第 3 章，介绍了局域网的基础知识。

第 4 章，介绍了以太网的组网技术。

第 5 章，介绍了交换机的工作原理及虚拟局域网，增加了 IEEE 802.1q 帧格式，帮助理解虚拟局域网及其配置方法，使用思科模拟器重写了实训部分。

第 6 章，介绍了无线局域网组网所必需的基础知识，增加了部分新知识，使用思科模拟器重写了实训部分。

第 7 章，介绍了网络层的概念及 IP 地址知识，增加了路由汇总实例。

第 8 章，介绍了 IP 数据报的格式，为学习路由器和防火墙打基础，修改了部分实训内容。

第 9 章，介绍了路由协议及联网方法，使用思科模拟器重写了实训部分。

第 10 章，介绍了三层交换技术，使用思科模拟器重写了实训部分。

第 11 章，介绍了传输层的概念及协议，增加了 TCP 报文段和 UDP 报文段的格式介绍，有助于后续网络安全课程的学习。

第 12 章，介绍了应用层的概念及协议，考虑到应用层服务协议众多，而且有许多专门的教材讲授，所以删除了大部分内容，只保留了 DNS、DHCP 及 WWW。

第 13 章，介绍了常见的广域网技术，因为后续设备配置课程经常要用到 PPP、帧中继、ADSL 等技术，所以新加入了本章内容。

第 14 章，介绍了 IPv6 的概念及其地址。随着移动互联网和物联网的发展，IPv6 将逐渐普及。同时，一些职业资格认证考试也逐渐要求掌握这些知识，所以新加入了本章内容。

在本书的编写过程中，参考了很多近年来计算机网络技术方面的最新文献资料，力求做到层次清楚、概念准确、语言流畅、内容丰富、图文并茂，既便于读者循序渐进地、系统地学习知识，又能使读者了解网络技术的新发展，所引用的资料已在参考文献中列出，在此对相关作者表示衷心的感谢。另外，对在使用本书第 1 版的过程中曾经提出过宝贵意见和建议的读者们深表感谢。

本书由广东青年职业学院的孙波、曾振东、林坤林、谢志妮、陈霄，商丘工学院的张海娜及广东省电信工程有限公司的梁飞虎工程师合作编写而成，其中第 1、2 章由曾振东编写，第 3 章由林坤林编写，第 4～10 章由孙波编写，第 11 章由陈霄编写，第 12 章由谢志妮编写，第 13 章由梁飞虎编写，第 14 章由张海娜编写。

本书由广东青年职业学院教学资源建设项目（X20130101）资助。

由于计算机网络技术发展迅速，加之作者水平有限，书中难免存在疏漏和不足之处，恳请广大读者批评指正。

编　者

第1版前言

随着计算机和通信技术的发展，人类社会已经进入了信息时代。计算机网络技术是信息技术的核心内容之一，而计算机网络的应用，尤其是互联网应用的普及，已经延伸到各行各业，并给人们的生活、工作和学习方式带来了巨大的变革。计算机网络技术不仅成为计算机专业人员必须掌握的知识，也成为广大用户尤其是青年人必须掌握的知识。

在高等职业教育中，教材的开发是课程改革中不可或缺的一环。教材内容的选定只有依据职业岗位对工作技能的需要而确定，才能使职业技能的培养更加具有针对性，更能瞄准市场的实际需求。本书正是按照此思路编写的，其最大特色在于主要章节都设计有一个实训任务场景，围绕如何完成一个工作任务而展开，使学生有具体而现实的学习动力。

通过本书的学习，学生能熟练完成局域网、小型企业网络的组建工作，进行一般复杂程度的 IP 规划，掌握路由器的简单使用，独立完成常见互联网服务的配置以及互联网简单接入工作，同时还能对简单网络故障进行诊断和排除，从而具备入门级的工作技能。

本书各章主要内容如下：

第 1 章，介绍了计算机网络基础知识和计算机网络模型。

第 2 章，通过一个典型的网络结构，介绍了局域网的基本知识。

第 3 章，通过组建一个小型以太网，介绍了以太网的基本知识。

第 4 章，介绍了以太网交换机及 VLAN 划分方法。

第 5 章，通过组建一个小型无线局域网，介绍了无线局域网的组网方法。

第 6 章，介绍了网络互联的概念和 IP 地址的基本使用方法。

第 7 章，介绍了 IP 包的格式，为学习路由器和防火墙打下基础。

第 8 章，介绍了如何使用路由器进行网络互联。

第 9 章，介绍了三层交换的应用背景以及简单使用方法。

第 10 章，介绍了 TCP 与 UDP 的概念以及实际应用。

第 11 章，介绍常见的应用服务的使用方法。

第 12 章，介绍了 Internet 的常见接入方法。

本书由海南职业技术学院的孙波、蔡隽、赵中文、王四海，海南经贸职业技术学院的黄斌，山东交通职业学院的孙来福、曲佳，辽宁职业学院的金红旭以及山东经贸职业学院的朱敏等合作编写而成。其中，第 1 章由赵中文和王四海编写，第 2、3、4、5、7 章由孙波编写，第 6 章由蔡隽、曲佳和金红旭编写，第 8 章由黄斌编写，第 9 章由蔡隽编写，第 10 章由金红旭和朱敏编写，第 11、12 章由孙来福编写。本书由海南省教育厅资助项目（Hj2008-139）资助。

由于计算机网络技术发展迅速，加之作者水平有限，书中难免存在疏漏和不足之处，恳请广大读者批评指正。

编　者

目　录

第 1 章　计算机网络概述

➢ **教学目标**

本章主要介绍计算机网络的基础知识。通过本章的学习，可以理解计算机网络的基本概念；理解通信协议；掌握 OSI 参考模型的层次结构和各层的基本功能；掌握 TCP/IP 体系结构及各层的基本功能；理解 OSI 与 TCP/IP 的关系，掌握实际使用的五层模型。

➢ **教学要求**

知识要点	能力要求	相关知识
基础知识	理解计算机网络的基本概念、发展及分类	网络的定义和分类
通信协议	理解计算机网络通信协议的 3 个基本要素	语义、语法、时序
OSI 参考模型	掌握 OSI 体系构成及各层的功能	7 层模型
TCP/IP 体系	掌握 TCP/IP 体系构成及各层的功能	5 层模型

➢ **教学要点**

重　点	OSI 参考模型、TCP/IP 体系结构及 5 层模型
难　点	OSI 参考模型和 TCP/IP 体系结构

1.1　计算机网络的发展及分类

近些年，计算机网络的发展非常迅速。20 世纪 90 年代以前很少有人接触过网络，但现在，计算机网络已成为社会发展不可缺少的组成部分。政府、企业、家庭等都需要使用网络。计算机网络已遍布社会的各个领域，在公众服务、广告宣传、生产运营、远程教育等方面都得到了广泛的应用。

Internet 的迅猛发展把网络的影响力推到了一个新的高度，也是 21 世纪最令人激动的科技成果之一。Internet 的前身仅仅是一个只有几十个站点的科研项目，但今天，其已成为一个连接全世界几十亿用户的计算机网络系统。Internet 的不断发展对当今人类社会的经济模式、生活方式都产生着巨大且深远的影响。

计算机网络的重要性和受欢迎程度使社会对网络人才的需求大大增加，特别是政府和企业需要更多的专业人才来建设、管理和应用计算机网络。

1.1.1　计算机网络的基本概念

早期的计算机都是独立的，其硬件、软件和数据都只能在本机上使用。例如，如果打印机连接在一台计算机上，那么只有该计算机上的用户才能使用它；数据库系统安装在一台计算机上，也只有该计算机上的用户才能使用它。人们发现这种方式既不高效，也不经济，而且资源浪费严重。而计算机网络能实现资源共享，为解决这个问题提供一条很好的途径。

简单地说，计算机网络是互连起来的、独立自主的计算机集合。

具体地说，计算机网络是将分散在不同地理位置且具有独立功能的多个计算机系统，利用通信设备和线路相互连接起来，在网络协议和软件的支持下进行数据通信，从而实现资源共享的计算机系统的集合。

图 1-1 所示的是一个简单的计算机网络，可实现多台计算机的网络互联，而 Internet 可以实现全球成千上万的网络的互联。资源共享的内容可以是硬件（如打印机、存储器等），也可以是软件（如各种应用程序、数据等）。

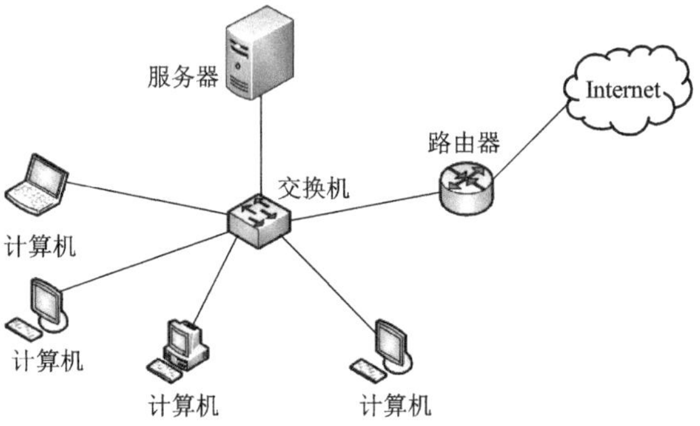

图 1-1　计算机网络示意图

通信与共享是计算机网络的核心意义所在。

1.1.2　计算机网络的发展

计算机网络的发展大致可分为 4 个阶段。

第一阶段：面向终端的计算机通信网。

20 世纪 60 年代末是计算机网络发展的萌芽阶段。早期的计算机网络只是一台计算机经通信线路与若干终端直接相连的系统。终端是不具备本地处理能力和存储能力的计算机（相当于只有显示器和键盘），如图 1-2 所示。

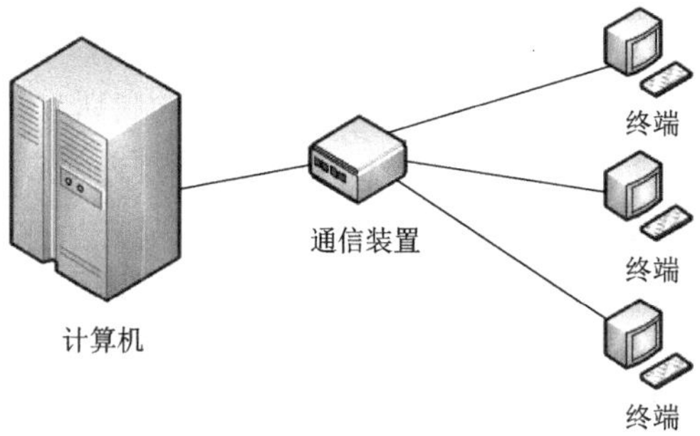

图 1-2　面向终端的通信系统

第二阶段：多台计算机互联的计算机网络。

将分布在不同地点的计算机通过通信线路互联，称为计算机网络。计算机网络使得网络用户不仅可以使用本地计算机的资源，还可以使用联网的其他计算机的软件、硬件与数据资源，以达到计算机资源共享的目的。

20 世纪 60 年代，在计算机通信网络的基础上，进行了网络体系结构与协议的研究，形成了计算机网络的基本概念。计算机网络的资源子网与通信子网的结构使网络的数据处理与数据通信有了清晰的功能界面。

第三阶段：开放式、标准化的计算机网络。

随着市场对计算机网络需求的提升，各大计算机公司相继发布了自己的网络体系结构，同时还推出了实现这些结构的软硬件产品。由于没有统一的标准，不同厂商的网络产品之间很难实现互联，阻碍了网络的健康发展。

为了解决这些问题，1977 年，国际标准化组织（ISO）提出了的一个网络标准框架（OSI），只要遵循 OSI 标准，任何厂商的网络产品都可以方便地互联互通。

第四阶段：高速发展的计算机网络。

进入 20 世纪 90 年代，随着计算机网络技术的迅猛发展，特别是 1993 年，美国宣布建立国家信息基础设施（National Information Infrastructure，NII）后，全世界许多国家都纷纷制定和建立了本国的 NII，从而极大地推动了计算机网络技术的发展，使其进入一个崭新的阶段。

1.1.3　计算机网络的分类

一个计算机网络可以小到由两台计算机组成，也可以大到包括上亿台计算机。为了深入了解计算机网络，必须要先了解其分类。

1．按网络覆盖的地理范围分类

（1）局域网（Local Area Network，LAN）

局域网通常在有限范围内，如一个实验室、一幢大楼、一个校园等，地理覆盖范围一般从几十米到几公里。局域网是最常见、应用最广的一种网络。随着计算机网络技术的发展和提高，现在几乎每个单位都有自己的局域网，甚至有的家庭中都有自己的小型局域网。

（2）城域网（Metropolitan Area Network，MAN）

城域网一般是指在一个城市范围内的计算机互联，以满足同一城市的政府、企业共享资源的需要。这种网络的连接距离一般在 10～100km，在地理范围上可以说是局域网的延伸。一个城域网通常连接着多个局域网，一般由网络运营商组建和维护。

（3）广域网（Wide Area Network，WAN）

广域网也称为远程网，其所覆盖的地理范围从几十公里到几千公里甚至上万公里。广域网可以覆盖一个地区、一个国家或横跨几个大洲，形成国际性的计算机网络。广域网通常可以利用公用计算机网络（如电信网络）进行组建，将分布在不同国家和地区的计算机系统连接起来，构成更大范围的一个网络。

2．按网络的传输介质分类

按传输介质的不同，可以将计算机网络分为有线网络和无线网络两种。局域网通常采用单一的传输介质，而城域网和广域网采用多种传输介质。

（1）有线网络（Wired Network）

有线网络指采用同轴电缆、双绞线、光缆等有线介质连接的计算机网络。双绞线是目前局域网最常见的传输介质。光缆通常用在企业、校园的主干网中。

（2）无线网络（Wireless Network）

无线网络采用微波、红外线等电磁波作为传输介质。由于无线网络的联网方式灵活方便，因此应用前景很广泛。目前，许多企业和校园已经开始使用无线网络。

3．按传输技术分类

（1）广播式网络（Broadcast Network）

广播式网络的特点是仅有一条通信信道，网络上的所有计算机都共享这个信道。当一台计算机在信道上发送信息的时候，网络中的其他计算机都会接收到这个信息，并且将自己的地址与信息中的目的地址进行比较，如果相同，则收下并处理该信息，否则将它丢弃。在广播式网络中，若某个信息发出以后，网络上的每一台计算机都接收并处理它，则称这种方式为广播（Broadcast）；若信息是发送给网络中的部分计算机，则称为多播或组播（Multicast）；若信息只发送给网络中的某一台计算机，则称为单播（Unicast）。广播式网络总体效率较低。

（2）点到点网络（Point-to-Point Network）

点到点网络的特点是每两台计算机之间通过一条物理线路连接。若两台计算机之间没有直接连接的线路，则可能要通过一个或多个中间节点的接收、存储和转发，才能将分组从信源发送到目的地。点到点网络总体效率较高。

4．按网络的使用范围分类

（1）公用网

公用网由电信部门组建，一般由政府电信部门管理和控制，可以提供（如租用）给任何单位使用。

（2）专用网

专用网是由某个单位在内部组建的、不对外的网络。例如，金融、铁路、军队等都有自己的专用网。专用网可以租用电信部门的传输线路，也可以自己铺设线路，但后者的成本非常高。

1.2 计算机网络通信协议

人类通过语言交流信息，交流的双方首先应明白语句的语法构成（如主、谓、宾），并且必须理解语句中文字的含义，此外还必须遵守交流的规则。同样，计算机通过网络进行通信，也必须遵守相关的约定，即网络协议（Network Protocol），其由3大基本要素组成。

1）语义：定义通过网络传输的信息（特别控制信息）的含义，相当于人类语言的单词的含义。

2）语法：定义通过网络传输的信息的构成的格式与结构，相当于人类语言的单词组成句子所遵循的语法。

3）时序：定义通过网络传输信息的顺序与速率，相当于人类语言内在的逻辑关系，如讲因果关系的时候，一般把“因为”放在前面，“所以”放在后面，不能反过来。

所以，网络协议是通信双方为了实现通信而预先设计好的约定或对话规则。网络协议的优劣直接影响网络的性能。

计算机网络是一个庞大、复杂的系统，没有哪一个网络协议可以满足所有的需要。因此，在计算机网络中存在多种协议，每一种协议都有其设计目标和需要解决的问题。同时，每一种协议也有其优点和缺点。

目前有很多网络协议，其中有一些是各计算机网络产品厂商自己制定的，也有许多是由国际组织制定的，它们已构成了庞大的协议集。连入网络的计算机依靠网络协议实现互相通信，而网络协议需要靠具体的网络协议软件的运行支持才能工作。凡是联网的计算机都运行着相应的网络协议软件，实现网络协议功能，如较为常见的 TCP/IP。

1.3 ISO/OSI 参考模型

1.3.1 为何需要网络模型

在网络发展的早期，由于各个有实力的大公司和研究机构都投入了大量的人力、物力来研究和发展各自的网络技术，从而促进了网络技术的快速发展，但同时也导致计算机网络变得越来越复杂，还带来了兼容性的问题。由于采用不同技术的网络不能兼容，无法实现互联互通，因此极大地制约了网络的进一步发展与应用。

为了解决这些问题，国际标准化组织意识到需要建立一套统一的网络模型，来引导网络向规范方向发展，帮助厂商生产出可互操作的网络产品。

模型采用的方法是对网络进行层次划分，就是将计算机网络这个庞大、复杂的系统划分成若干较小的、简单的层次。通过“分而治之”的方法，解决这些较小的、简单层次中的问题，从而解决整个计算机网络的大问题。

1.3.2 ISO/OSI 介绍

国际标准化组织于 1983 年制定了开放式系统互连参考模型（Open System Interconnect Reference Model，OSI RM）。OSI 参考模型主要描述了信息是如何通过网络从一台计算机的一个应用程序到达网络中另一台计算机的另一个应用程序的。OSI 参考模型共分 7 层，从低到高分别是物理层、数据链路层、网络层、传输层、会话层、表示层和应用层，如图 1-3 所示。

图 1-3 OSI 参考模型的 7 层结构

OSI 参考模型并非指一个现实的网络，它仅仅规定了每一层的功能，为网络设计、规划出一张蓝图。各个网络设备或软件生产厂家都可以按照这张蓝图来设计和生产自己的网络设备或软件。尽管设计和生产出的网络产品的式样、外观各不相同，实现的技术手段千差万别，但它们都具有相同的功能。

按照OSI参考模型的设计，网络中各节点都有相同的层次，不同节点的同等层具有相同的功能，同一节点内相邻层之间通过接口通信，每一层可以使用下层提供的服务，并向其上层提供服务，不同节点的同等层按照协议实现对等层之间的通信，如图1-4所示。理论上，每一台联网的计算机都包含了这7层结构。

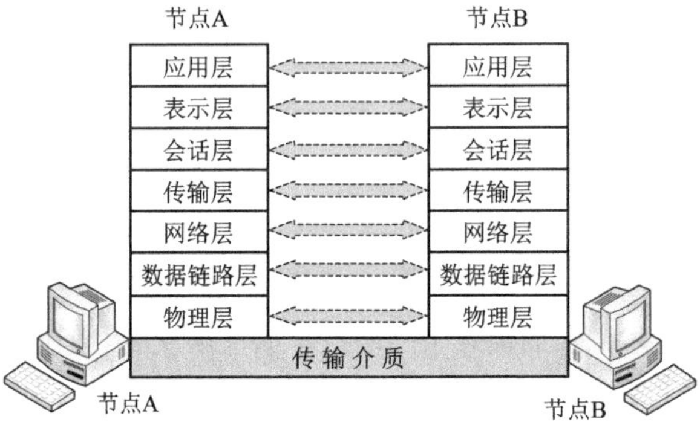

图1-4　OSI参考模型中的两个节点之间的层次结构

OSI参考模型中各层的主要功能如下：

1）物理层（Physical Layer）。物理层的主要功能是透明地传输数据（称为比特流），传输的基本信息单位是bit（位）。此外，物理层还要确定网络设备间的物理连接特性（如连接电缆的插头应当有多少根引脚，以及各条引脚的物理含义）。

注意：传递信息所利用的一些物理媒介，如双绞线、光缆、无线信道等，并不在物理层协议之内而是在物理层协议的下面。因此，也有人把物理媒介当做第0层。

2）数据链路层（Datalink Layer）。数据链路层传输的基本信息单位是帧（Frame），它把收到的数据封装成帧，在通信的实体之间建立数据链路连接，透明地传送帧中的数据，使有差错的物理线路变成无差错的数据链路。

3）网络层（Network Layer）。网络层的主要功能是为处在不同子网中的两个节点提供一条逻辑通信信道，其基本任务包括路由选择、拥塞控制与网络互联等，传输的基本信息单位是报文分组。

4）传输层（Transport Layer）。传输层的主要任务是向用户提供可靠的端到端（end-to-end）传输服务，并为高层屏蔽了下层数据通信的细节，传输的基本信息单位是报文。

5）会话层（Session Layer）。会话层建立、管理和终止应用程序进程之间的会话和数据交换，这种会话关系是由两个或多个表示层实体之间的对话构成的。

6）表示层（Presentation Layer）。表示层保证一个系统应用层发出的信息能被另一个系统的应用层识别。表示层用一种通用的数据表示格式在多种数据表示格式之间进行转换，保证在应用程序之间的交换数据格式的一致性。其主要功能包括数据格式转换、数据加密与解密、数据压缩与解压等。

7）应用层（Application Layer）。应用层是OSI参考模型中最靠近用户的一层，它直接为应用程序提供各种具体的网络服务。

一般将物理层、数据链路层和网络层这3层称为通信子网，其他4层称为资源子网。

1.3.3　数据的封装与传递

在 OSI 参考模型中，对等层之间经常需要交换信息单元，对等层协议之间需要交换的信息单元称为协议数据单元（Protocol Data Unit，PDU）。节点对等层之间的通信并不是直接通信（如在两个节点的传输层之间的通信），它们需要借助于下层提供的服务来完成，所以通常说对等层之间的通信是虚拟通信，如图 1-5 所示。

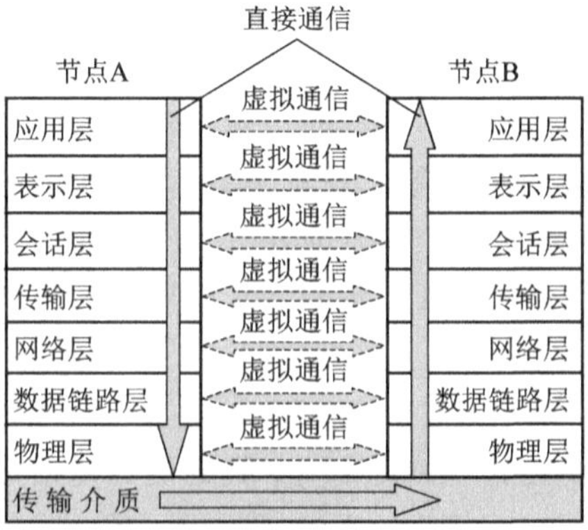

图 1-5　直接通信与虚拟通信

图 1-6 所示为一个完整的 OSI 数据传递与流动过程。从图中可以看出，在 OSI 环境中，数据流动的过程如下：

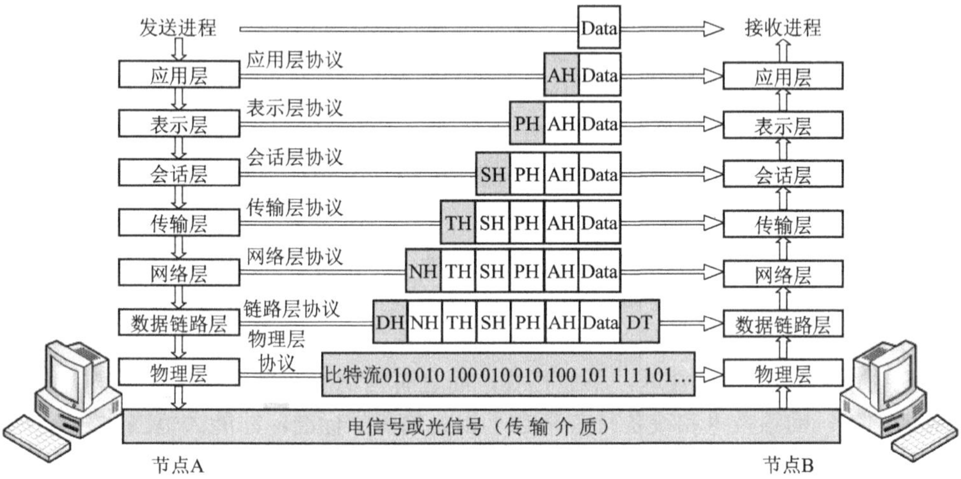

图 1-6　OSI 中数据的传递与流动

1）当发送进程需要发送数据（Data）至网络中另一节点的接收进程时，应用层为数据加上本层控制报头（AH）后，传递给表示层。

2）表示层接收到这个数据单元后，加上本层的控制报头（PH），然后传送到会话层。

3）会话层接收到表示层传来的数据单元后，加上会话层自己的控制报头（SH），送往传输层。

4）传输层接收到这个数据单元后，加上本层的控制报头（TH），送往网络层。通常，将传输层的数据单元称为报文（Message）。

5）由于网络层数据单元长度的限制，从传输层接收到的长报文有可能被拆分为多个较短的数据单元，然后在数据单元加上网络层的控制报头（NH），形成网络层的数据单元。网络层的数据单元又称为报文分组或分组（Packet）。这些分组将送往数据链路层。

6）分组被送到数据链路层后，加上数据链路层的报头（DH）和报尾（DT），形成了一种称为帧（Frame）的链路层数据单元，然后帧将被送往物理层处理。

7）数据链路层的帧传送到物理层后，物理层将它以比特流的方式通过传输介质送出去。

8）当比特流到达目的节点后，再从物理层依次上传。每层对其相应层的控制报头（和报尾）进行识别和处理，然后将去掉该层报头（和报尾）后的数据提交给上层处理。最终，发送进程的数据传到了网络中另一节点的接收进程。

简单地讲，封装的过程相当于给信纸套一个信封，解封的过程相当于拆掉信封。左边向下传输信息的时候，每经过一层加一个信封套在外面；右边向上传输信息的时候，每经过一层就拆掉一个信封。左边依次套上了6个信封（物理层没有），右边又依次拆掉了6个信封，因此原始信息保留不变。

尽管发送进程的数据在OSI环境中经过复杂的处理过程才能送到另一节点的接收进程，但对于每台计算机的接收进程来说，OSI环境中数据流的复杂处理过程是透明的（用户感觉不到）。发送进程的数据好像是“直接”传送给接收进程的，这是开放系统在网络通信过程中最主要的特点之一。

1.3.4　ISO/OSI商业应用的失败

ISO试图使全世界计算机网络都遵循OSI这个统一的标准，然而到了20世纪90年代初期，虽然整套的OSI标准都已经制定出来了，但由于Internet（使用TCP/IP）已抢先风靡了全世界，而与此同时却几乎找不到有哪个厂家生产出了符合OSI标准的商用产品，因此人们得出这样的结论：OSI只获得了一些理论上的研究成果，但在市场方面是彻底失败的。OSI失败的主要原因有以下几点：

1）OSI制定者只是在理论上完善它，没有过多考虑实际需求。

2）OSI协议实现起来太复杂，运行效率太低。

3）OSI标准的制定周期太长，无法对市场及时作出反应。

4）OSI的层次划分不太合理，不但冗长，而且有些功能在多个层次中重复出现。

一般情况下，网络技术和设备只有符合了相关的国际标准，才能大范围地获得工程上的应用。但是，非国际标准的TCP/IP获得了广泛的承认和应用，成为了事实上的标准，正如微软的Windows系列操作系统成为PC的标准操作系统一样。由此可以看出，一个新标准的出现，有时不一定反映其技术水平是最先进的，而是往往有着一定的市场需求背景。

1.4　Internet与TCP/IP

1.4.1　Internet的起源

1969年，由于冷战需要，美国国防部创建了第一个分组交换网ARPAnet。到1972年公开展示时，由于学术研究机构及政府机构的加入，这个系统已经连接了 50 所大学和研究机构的主机。同时，ARPAnet 上影响大、使用频繁的电子邮件也开始在用户中间广泛流传。1982 年 ARPAnet 又实现了与其他多个网络的互联，从而形成了以 ARPAnet 为主干网的互联网。1983 年，ARPAnet 宣布将 TCP/IP（Transmission Control Protocol/Internet Protocol，传输控制协议/网络互联协议）作为主要协议，也标志着 Internet 的诞生。可以说网络把计算机连接在一起，Internet 则把许多网络连接在一起。

1.4.2　TCP/IP 介绍

ISO/OSI 参考模型的提出在计算机网络发展史上具有里程碑的意义，以至于提到计算机网络就不能不提 ISO/OSI 参考模型。但是，OSI 参考模型也有其定义过分繁杂、实现困难等缺点。与此同时，TCP/IP 的提出和广泛使用，特别是 Internet 用户爆炸式的增长，使得 TCP/IP 网络的体系结构日益显示出其重要性。

1983 年，TCP/IP 正式公布。它是目前最流行的商业化网络协议，尽管不是某一标准化组织提出的正式标准，但它已经被公认为是目前的工业标准或“事实标准”。Internet 之所以能迅速发展，就是因为 TCP/IP 能够适应和满足全世界网络通信的需要。

1.4.3　TCP/IP 整体层次模型

1. TCP/IP 的 4 层模型

与 ISO/OSI 参考模型不同，TCP/IP 体系结构将网络划分为应用层（Application Layer）、传输层（Transport Layer）、互联层（Internet Layer）和网络接口层（Network Interface Layer）4 层，如图 1-7 所示。

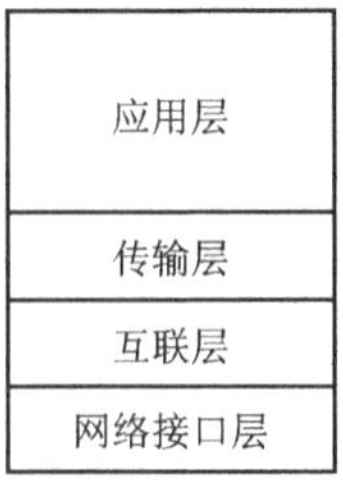

图 1-7　TCP/IP 的 4 层体系结构

2. 实际使用的 5 层模型

实际上，TCP/IP 的分层体系结构与 ISO/OSI 参考模型有一定的对应关系，如图 1-8a 和图 1-8b 所示。其中，TCP/IP 体系结构的应用层与 OSI 参考模型的应用层、表示层及会话层相对应；TCP/IP 的传输层与 OSI 的传输层相对应；TCP/IP 的互联层与 OSI 的网络层相对应；TCP/IP 的网络接口层与 OSI 的数据链路层及物理层相对应。学习计算机网络的时候，以 TCP/IP 模型为主，但是也会用到 OSI 参考模型的一些名称和概念，现实中实际使用的是 5 层模型，如图 1-8c 所示。在以后的讲解中，不再详细区分这些名称和概念是来自 OSI 还是 TCP/IP，以 5 层模型为主。

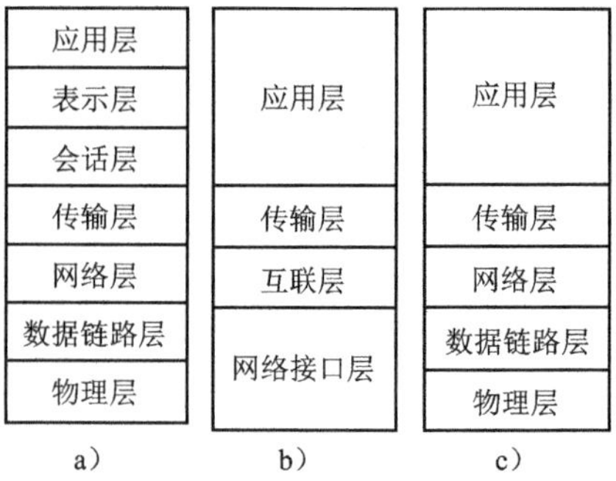

图 1-8　TCP/IP 与 OSI 的对应关系及实际使用的 5 层模型

a）ISO/OSI 7 层模型　b）TCP/IP 4 层模型　c）实际使用的 5 层模型

5 层模型各层对应的数据封装名称及网络设备见表 1-1。

表 1-1　5 层模型对应的数据封装名称及网络设备

层　名　称	数据封装名称	网 络 设 备
应用层	报文（Message）	高层网关
传输层	报文段（Segment）、用户数据报（User Datagram）	
网络层	分组（Packet，也称为包或数据报）	路由器（网关）
数据链路层	帧（Frame）	交换机、网桥
物理层	比特（bit，位）	集线器、中继器

3. TCP/IP 体系结构中各层的功能

（1）网络接口层

在 TCP/IP 分层体系结构中，网络接口层是最底层，对应 OSI 的物理层和数据链路层两层。

TCP/IP 体系结构并未对网络接口层使用做出具体规定。这也是 TCP/IP 的生命力所在，它可以兼容几乎所有类型的物理网络，无论原有的还是新出现的，只要遵循网络接口层规范，TCP/IP 就可以利用其来传输数据。

（2）互联层

互联层是 TCP/IP 体系结构的第二层，也可称为网际层或网络层，它的功能相当于 OSI 参考模型中的网络层。在 TCP/IP 中，互联层主要使用的是网络互联协议（IP）。

（3）传输层

传输层位于互联层之上，也可称为运输层，它的主要功能是负责应用进程之间的端到端的通信。在 TCP/IP 体系结构中，设计传输层的主要目的是在互联网中源主机与目的主机的对等实体之间建立用于会话的端到端的连接。因此，它与 OSI 参考模型的传输层对应。

TCP/IP 体系结构的传输层定义了传输控制协议（Transport Control Protocol，TCP）和用户数据报协议（User Datagram Protocol，UDP）两种协议。

（4）应用层

在 TCP/IP 体系结构中，传输层之上是应用层。它包括了所有的高层协议，应用程序直接提供网络服务。应用层的协议种类很多，例如，超文本传输协议（HTTP，用于目前广泛使用的 Web 服务）、文件传输协议（FTP，用于文件的上传和下载）、简单邮件传输协议（SMTP，用于电子邮件的传送）、远程登录协议（Telnet，用于互联网中远程登录）、路由信息协议（RIP，用于网络设备之间交换路由信息）等。应用层协议有的依赖于面向连接的传输层协议，即 TCP（如 Telnet 协议、SMTP、FTP 及 HTTP）；有的依赖于面向非连接的传输层协议，即 UDP（如 RIP）。此外，还有一些协议（如 DNS）既可以依赖于 TCP，也可以依赖于 UDP。

图 1-9 所示为数据在 TCP/IP 模型各层之间的传递过程所经历的变化。

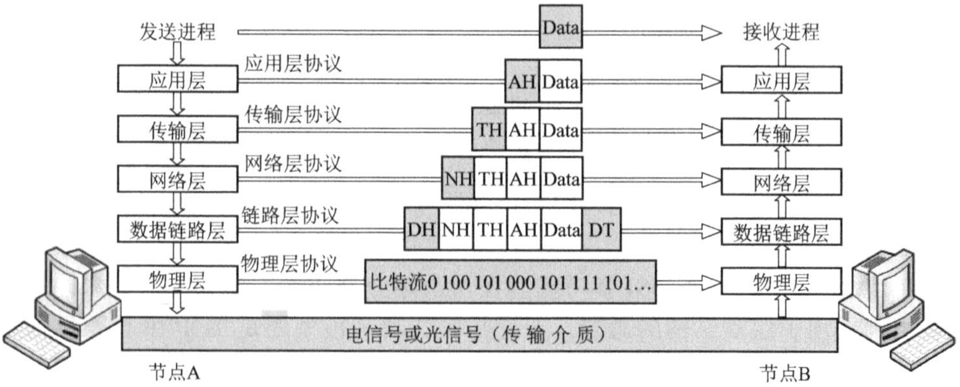

图 1-9　TCP/IP 模型中数据的传递与流动

1.4.4　TCP/IP 协议栈

计算机网络的层次结构使网络中每层的协议形成了一种从上至下的依赖关系，称之为 TCP/IP 协议栈，也称为 TCP/IP 族，如图 1-10 所示。TCP/IP 协议栈中包含多个协议，其中最著名和最重要的就是 TCP 和 IP，用它们来“代表”整个协议族。现在人们经常提到的 TCP/IP 并不一定是单指 TCP 和 IP 这两个具体的协议，而是表示 Internet 所使用的整个 TCP/IP 协议栈。

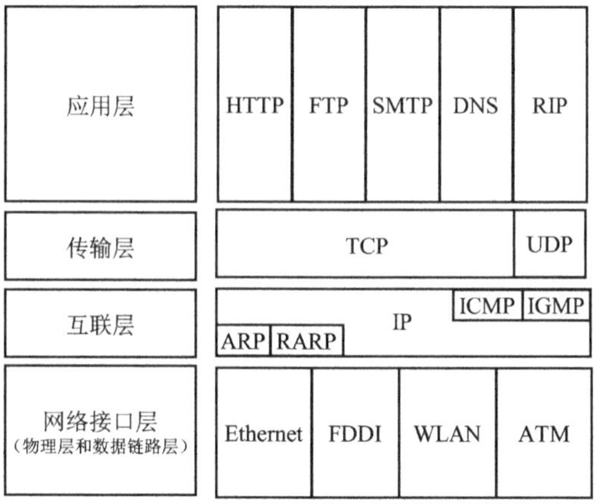

图 1-10　TCP/IP 协议栈的表示

TCP/IP 协议栈还有一种表示方法，就是分层次画出具体的协议，如图 1-11 所示。它的特点是上下两头大而中间小。应用层和网络接口层都有多种协议，而中间的 IP 层很小，上层的各种协议都向下汇聚到一个 IP 中，它表明：TCP/IP 可以为各式各样的应用提供服务

（Everything over IP）；同时 TCP/IP 也允许 IP 在各式各样的底层网络上运行（IP over Everything）。由此不难看出，IP 在 Internet 中处于最核心的位置。

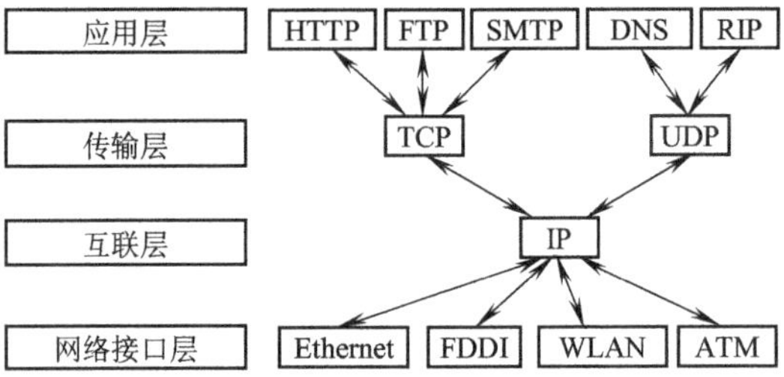

图 1-11　TCP/IP 协议栈的另一种表示

具体来说，由图 1-11 可以看出，FTP 依赖于 TCP，而 TCP 又依赖于 IP。DNS 依赖于 UDP，而 UDP 也依赖于 IP，等等。

尽管 TCP/IP 体系结构与 OSI 参考模型在层次划分及使用的协议上有较大区别，但它们在设计中都采用了层次结构的思想。无论是 OSI 参考模型还是 TCP/IP 体系结构都不是完美的。

人们普遍希望网络标准化，但 OSI 迟迟没有推出成熟的网络产品。而 TCP/IP 体系结构与协议在 Internet 中经受了几十年的风风雨雨，得到了 IBM、Microsoft、Intel、Novell 等大型 IT 公司的支持，因此最终成为计算机网络中的主要标准体系。

本 章 小 结

本章主要学习了计算机网络的基础知识，包括计算机网络的基本概念、通信协议的三要素、OSI 参考模型的层次结构和各层的基本功能、TCP/IP 体系结构及各层的基本功能、OSI 与 TCP/IP 的关系及实际使用的 5 层模型。后面各章都将用到本章介绍的基础知识。

习题及课后实训

1. 选择题

（1）在 TCP/IP 体系结构中，与 OSI 参考模型的网络层对应的是______。

A. 网络接口层　　B. 互联层　　C. 传输层　　D. 应用层

（2）在 TCP/IP 中，保证端到端的可靠性是在______上完成的。

A. 数据链路层　　B. 网络层　　C. 传输层　　D. 应用层

（3）一座大楼内的一个计算机网络系统，属于______。

A. PAN　　B. LAN　　C. MAN　　D. WAN

（4）OSI 出自于______。

A. OSI　　B. ISO　　C. IEEE　　D. ANSI

（5）如果要将用户报文传送到网络层，下面顺序正确的是______。

A. 会话层、应用层、表示层、传输层

B. 表示层、会话层、应用层、传输层

C. 传输层、应用层、表示层、会话层

D. 应用层、表示层、会话层、传输层

（6）在 TCP/IP 参考模型中，______是传输层协议。

A. IP　　B. TCP　　C. ARP　　D. ICMP

2. 填空题

（1）按照覆盖的地理范围，计算机网络可以分为________、________、________。

（2）ISO/OSI 模型将网络分为________、________、________、________、________、________、________7 层。

（3）TCP/IP 模型将网络分为________、________、________、________等 4 层。

（4）建立计算机网络的主要目的是____________________。

3. 课后实训

（1）通过网络搜索 OSI 参考模型的相关资料，特别是关于物理层和数据链路层的详细信息。

（2）通过网络搜索图 1-9 所列的 TCP/IP 子协议资料，了解这些协议的主要作用。

第 2 章　数据通信基础

➢　教学目标

本章主要介绍与计算机网络相关的一些数据通信方面的基础知识。通过本章的学习，可以理解数据通信的基本概念和常用术语；掌握多路复用技术及应用；掌握分组交换技术及通信网络的工作过程；了解数据通信的主要技术指标和通信方式；了解数据通信中的编码方法与传输技术和差错控制技术。

➢　教学要求

知识要点	能力要求	相关知识
基本概念	理解数据通信的基本概念	通信模型、通信方式、技术指标等
数据编码	理解模拟数据、数字数据的数字信号编码	数字编码
多路复用	掌握多路复用技术及应用	多路复用技术
分组交换	掌握分组交换技术及应用	分组交换技术
差错控制	了解常见的差错控制技术	差错控制编码

➢　教学要点

重　点	多路复用、数据编码、分组交换
难　点	数据编码和分组交换

2.1　数据通信的基本概念

2.1.1　数据通信系统的模型

数据通信是计算机与通信技术相结合而产生的一种通信方式。数据通信依照通信协议，利用数据传输技术在两个功能单元之间传递数据信息。图 2-1 是通信系统的一个实例及模型，PC 可以通过公用电话网与另一端的 PC 通信。

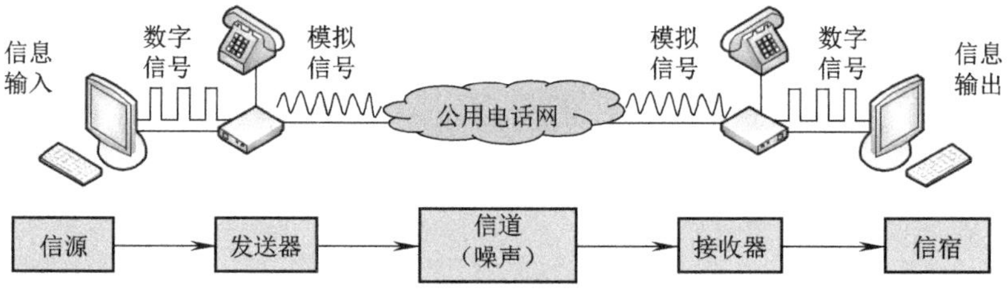

图 2-1　通信系统实例及模型

1．信源和信宿

信源指信息的来源或发送者，信宿指信息的归宿或接收者。在计算机网络中，信源和信宿可以是计算机或终端等设备。

2．信道

信道是传输信号的通路，由传输线路及相应的附属设备组成。同一条传输线路上可以有多个信道。例如，一条光缆可以同时供几千人通话，有几千条电话信道。

3．噪声

噪声是指信号在传输过程中受到的干扰，按产生的原因可分为内部噪声和外部噪声。内部噪声来自通信系统内部。例如，随机热噪声是由导体中电子的热扰动引起的，它存在于所有电子元器件和传输线路中，引起的差错是随机差错。外部噪声来自通信系统外部。例如，冲击噪声是由外界特定的短暂原因（如电火花等）所造成的，引起的差错是突发差错。

4．发送器和接收器

发送器和接收器的主要功能是在信源或信宿与信道之间进行信号的变换。如果在模拟信道上传输数字信号，变换器采用调制解调器（Modem）；如果在数字信道上传输模拟信号，变换器采用编码解码器（Codec）。

2.1.2　数据通信的常用术语

1．信息、数据和信号

（1）数据

数据是指描述物体的数字、字母或符号，可分为模拟数据和数字数据两种。模拟数据是指在某个区间内连续变化的值。例如，声音的强弱、温度的高低都是连续变化的值。数字数据在某个区间内是离散的值。例如，开关信息、二进制序列等。

（2）信息

信息是按照某种格式组织起来的数据。信息的形式可以是文字、声音、图像、动画等。数据仅仅涉及事物的表示形式，而信息涉及数据的内容和解释。

（3）信号

信号是数据的物理表现形式，如电信号、光信号等，又可分为模拟信号和数字信号两种，如图 2-2 所示。模拟信号，也称为连续信号，如随时间连续变化的电流、电压或电磁波信号。用模拟信号表示要传输的数据，是指利用其某个参量（如幅度、频率或相位等）的变化来表示数据。数字信号，也称为离散信号，是一系列不连续的、离散的脉冲信号。用数字信号表示要传输的数据，是指利用其某一瞬间的状态来表示数据。

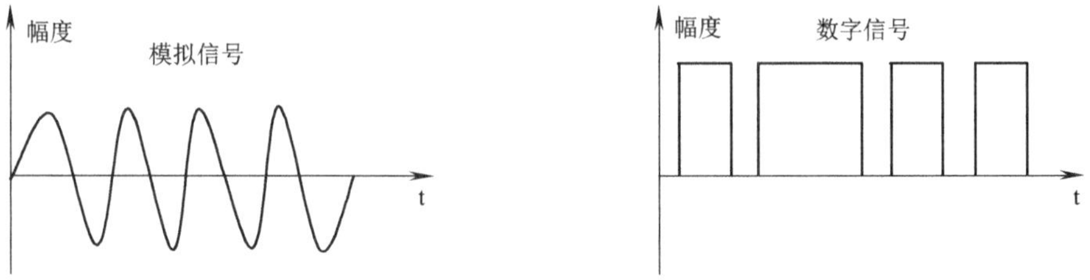

图 2-2　模拟信号和数字信号

简而言之，数据是信息的载体，信息是数据的内容，而信号是数据的编码。

2．信道和带宽

信道是传输信号的通路，一条物理传输线路上可以存在多个信道。信号带宽指信号的频率范围，而信道带宽是信道上能够传输信号的最大频率范围。信号带宽不能大于信道带宽，否则信号在信道上无法实现通信。

在计算机通信中，“带宽”一词通常是指信道数据传输速率，单位是位每秒（bit/s 或 bps）。

2.1.3　数据通信方式

在数据通信过程中需要解决的问题有：数据通信是采用串行传输还是并行传输？是单向传输还是双向传输？如何实现发送方与接收方的同步？

1．串行通信和并行通信

按照通信中字节使用的信道数，数据通信方式可分为串行通信和并行通信。

（1）串行通信

在计算机中，一个字节用 8 位二进制代码表示。在数据通信中，可以按图 2-3 所示的方式，将待传送的每个字节的二进制代码按照由低位到高位的顺序，依次发送，这种数据通信方式称为串行通信。

串行通信的优点是成本低，信道利用率高。缺点是速率相对较慢，需要进行串-并转换。这种通信方式适合长距离、低速的信号传输。例如，用电话线进行通信就必须使用串行通信方式。

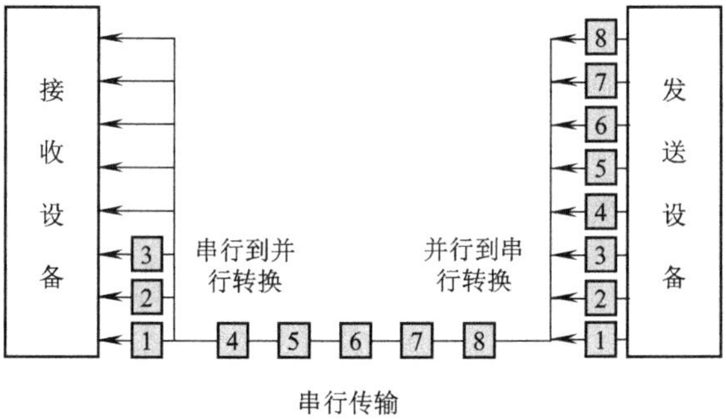

图 2-3　串行通信

（2）并行通信

在数据通信中，也可以按照图 2-4 所示的方式，将表示一个字节的二进制代码同时通过 8 条并行的通信信道发送出去，即每次发送一个字节，这种通信方式称为并行通信。

并行通信的优点是速度快，不需要进行串-并转换。缺点是成本高，信道的利用率低。这种通信方式适合近距离、高速的信号传输。例如，计算机内的总线结构使用的就是并行通信方式。

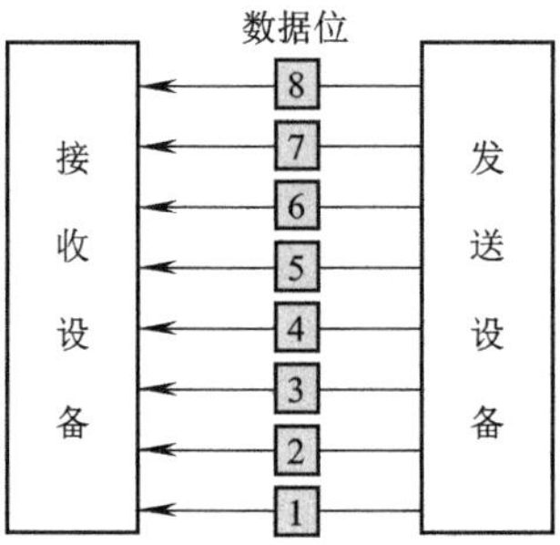

图 2-4　并行通信

2. 单工、半双工和全双工通信

数据通信方式按照信号传送方向与时间的关系，可以分为单工、半双工和全双工 3 种方式，如图 2-5 所示。

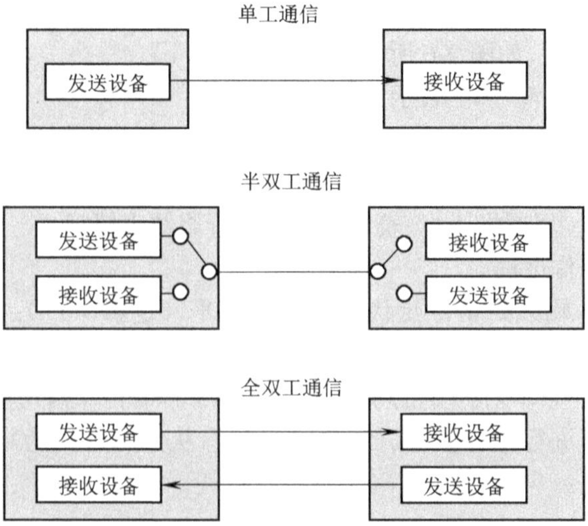

图 2-5　单工、半双工和全双工通信

（1）单工通信

单工通信只支持信号在一个方向上传输，任何时候都不能改变信号的传输方向。

（2）半双工通信

半双工通信允许信号在两个方向上传输，但某一时刻只允许信号在信道上单向传输。因此，半双工通信实际上是一种可切换方向的单工通信。传统的对讲机使用的就是半双工通信方式。

（3）全双工通信

全双工通信允许数据同时在两个方向上传输，即有两个信道，因此允许同时进行双向传输。全双工通信是两个单工通信方式的结合，要求接收方和发送方都有独立的接收和发送模块。全双工通信方式效率高、控制简单，但造价高。电话机之间、计算机之间的通信都是全双工通信方式。

2.1.4　数据通信中的同步方式

同步是数字通信中必须解决的一个重要问题。所谓同步，就是要求通信的接收方和发送方在时间基准上保持一致。

计算机通信过程与人们使用电话进行的通话过程有许多相似的地方。在正常的通话过程中，人们拨通电话并确定对方就是要找的人之后，双方就可以进入通话状态。在通话过程中，说话的人要讲清楚每个字，同时每讲完一句话都必须停顿一下。另一方也要适应讲话人的说话速度，在听清楚对方每个字的基础上，根据讲话人的语气和停顿判断一句话的开始与结束，理解每句话的含义。这就是人们在通话中需要解决的“同步”问题。如果在数据通信中，接收方和发送方同步不良，轻者造成通信质量的下降，严重时会造成系统完全不能工作。

在数据通信中，常用的两种同步方式是异步传输和同步传输。

1. 异步传输

（1）异步传输的数据格式

在异步传输中，数据被划分成字符，分组后进行独立传输。该小组包含起始位、数据位、校验位（可选）和停止位，如图2-6所示，具体规定如下：

1）1位起始位，用逻辑“0”表示。

2）5～8位数据位，即要传输的字符内容。

3）1位奇偶校验位，用于检查有无传输错误。

4）1～2位停止位，用逻辑“1”表示，是字符分组结束标记。

（2）异步传输的工作过程

无数据传输时，传输线处于停止状态，即高电平（逻辑“1”）；当检测到传输线状态从高电平变为低电平时，即检测到起始位（逻辑“0”）时，接收端启动定时机构，按接收方和发送方约定的时钟频率对约定的字符比特数（5～8bit）进行接收，并以约定的校验算法（如果有校验位）进行差错检测。当传输线状态从低电平变为高电平时（检测到终止位），接收结束。

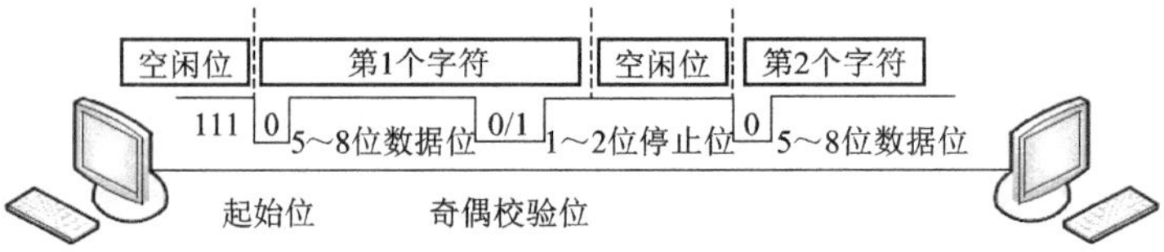

图2-6　异步传输

在异步传输方式中，各字符分组所含的比特数相同，因此传输每一字符所用的时间相同。起始位的作用是使每一分组内的各字符比特数收、发同步。但是，发送各字符的间隔可以不相同，也就是不同步。换句话说，异步方式中，各字符分组作为独立的单位被传输，其中的每个比特位都同步，但是传输的字符分组间并不要求同步。

异步传输实现简单，但额外开销大（每个字符需加起始位和终止位）。因此，这种方式主要用于低速设备，如RS-232C串行接口等。

2. 同步传输

在同步传输方式中，通信接收方和发送方共用一个时钟，这是同步传输方式区分于异步传输方式的最显著的特点。共用的时钟可使用单独的时钟线来传输，也可把时钟信号与数据信号混合编码，在传输数据的同时也传输时钟。

（1）同步传输的数据帧

通常，同步传输方式的信息格式是一组字符或一个二进制代码组成的数据块（帧）。对这些数据，不需要附加起始位和停止位，而是在发送一组字符或数据块前先发送一个同步字符SYN（以01 101 000表示）或一个同步字节（以01 111 110表示），用于接收方进行同步检测，从而使收、发双方进入同步状态。在发送完同步字符或字节后，可以连续发送任意多个字符或数据块，发送数据完毕后，再使用同步字符或同步字节来标识整个发送过程的结束。同步传输数据帧的典型组成如图2-7所示。

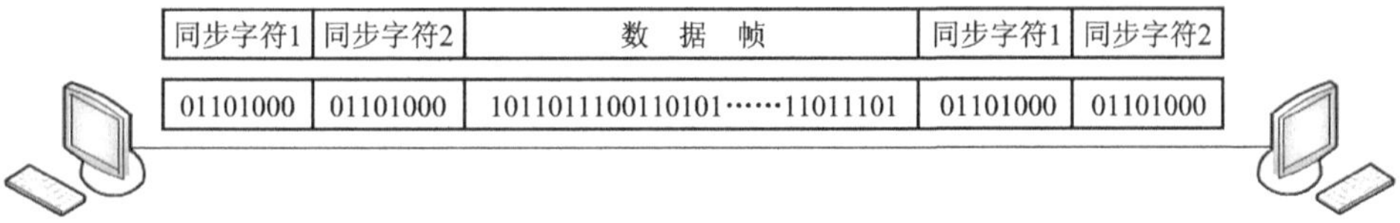

图 2-7　同步传输数据帧的典型组成

（2）同步传输的工作过程

发送前，收发双方先约定同步字符的个数及相应的代码，以便实现接收与发送的同步。接收端一旦检测到同步字符（SYN），即可按双方约定的时钟频率接收数据，并以约定的算法进行差错校验，直至帧结束的同步字符出现。

在同步传输方式中，当发送端和接收端被同步后，整个数据帧才作为一个单元传输。由于不需要对每个字符添加表示起始和停止的控制位，所以数据传输的额外开销小，传输效率高。但是同步传输方式实现要求较高，传输中的一个错误将影响整个数据帧（而异步传输中的相同错误只影响一个字符的正确接收），因此，这种方式主要用于高速数据传输。

2.1.5　数据通信中的主要技术指标

数据通信的任务是传输数据信息，希望达到传输速率快、信息量大、可靠性高的目的，涉及的技术指标有数据传输速率、误码率和信道容量。

1. 数据传输速率

数据传输速率是指传输线路上传输信息的速率，有信号传输速率和数据传输速率两种表示方法。

（1）信号传输速率

信号传输速率又称为波特率或调制速率，指单位时间内传送的信号的个数，单位为波特（baud），可用如下公式表示：

$$B=\frac{1}{T}$$

式中　B——波特率；

　　T——信号周期，频率 f=1/T。

例如，若一连续信号 f=1 200 Hz，则 B=I/T= f =1 200 波特。

（2）数据传输速率

数据传输速率又称为比特率，指单位时间内传送的二进制位的个数，单位为比特每秒（bit/s）。数据传输速率可用如下公式表示：

$$S=\left(\frac{1}{T}\right)\log_2 N$$

式中　S——比特率；

　　T——信号周期，频率 f=1/T；

　　N——一个脉冲所表示的有效状态数，即调制电平数，通常为 2 的整数倍。

例如，一连续信号 f=1 200Hz，每个信号可表示 4 个不同的状态，则数据传输速率（比特率）为：

$$S=\frac{1}{T}\log_2 N=1\,200\times\log_2 4\text{bit/s}=2\,400\text{bit/s}$$

（3）信号传输速率与数据传输速率的关系

信号传输速率与数据传输速率都是衡量信息在传输线路上传输快慢的指标，但两者针对的对象不同，信号传输速率针对的是信号波形传输，数据传输速率针对的是二进制位数传输。两者之间存在如下关系：

$$S=B\log_2 N$$

2．误码率

误码率表示二进制数据位在传输中出错的概率，可用如下公式表示：

$$Pe=\frac{Ne}{N}$$

式中 Pe——误码率；

Ne——出错的位数；

N——传输的总位数。

例如，若数据传输 10 000 个二进制数据位，接收经检查发现有一个位错了，则误码率 $Pe=10^{-5}$。

误码率主要用于衡量数据传输的质量，其他衡量数据传输质量的指标还有误字率和误组率等，原理类似。

3．信道容量

信道容量指信道所能承受的最大数据传输速率，单位为 bit/s。信道容量受信道的带宽限制，信道带宽越宽，一定时间内信道上传输的信息就越多。带宽指物理信道的频带宽度，即信道允许的最高频率和最低频率之差。按信道频率范围的不同，通常可将信道分为窄带信道（0～300Hz）、音频信道（300～3 400Hz）和宽带信道（3 400Hz 以上）3 类。

信道容量有两种衡量方法，即奈奎斯特（Nyquist）公式和香农（Shannon）公式。

（1）奈奎斯特公式

对于有限带宽无噪声信道，信道容量可用如下公式计算：

$$C=2H\log_2 N$$

式中 C——最大数据速率（信道容量）；

H——信道的带宽，单位为赫兹（Hz）；

N——一个脉冲所表示的有效状态数，即调制电平数。

例如，若某信道带宽为 4kHz，任何时刻信号可取 0、1、2 和 3 等 4 种电平之一，则信道容量为：

$$C=2H\log_2 N=2\times4\times\log_2 4\text{ kbit/s}=16\text{ kbit/s}$$

奈奎斯特公式表明，对于某一有限带宽无噪声信道，若带宽固定，则调制速率也固定。通过提高信号的有效状态数，可提高信道容量。

（2）香农公式

对于有限带宽随机噪声（服从正态分布或高斯分布）信道，信道容量可用如下公式计算：

$$C = H\log_2\left(1+\frac{S}{N}\right)$$

式中　H——信道的带宽，单位为赫兹（Hz）；

S——信道内信号的功率；

N——信道内随机噪声的功率；

S/N——信噪比，通常用 10 $\log_{10}$（S/N）表示，单位为分贝（dB）。

例如，计算信噪比为 30 dB，带宽为 4 kHz 的信道最大容量：

由 30 dB=10 $\log_{10}$S/N，得出 S/N=1 000，则 C=4×$\log_2$（1+1 000）kbit/s≈40kbit/s，表示无论采用何种调制技术，信噪比为 30dB，带宽为 4 kHz 的信道，最大的数据速率约为 40 kbit/s。

从以上几点可以看出，数据速率用于衡量信道传输数据的快慢，是信道的实际数据传输速率；信道容量用于衡量信道传输数据的能力，是信道的最大数据传输速率；误码率则用于衡量信道传输数据的可靠性。

2.2　数据编码与传输技术

2.2.1　模拟数据和数字数据通信

数据通信是通过信道在信源与信宿之间进行的信息交流。信息在信源或信宿处，既可以是模拟数据，也可以是数字数据。同样，在信道中既可以传输模拟信号，也可以传输数字信号。通过模拟信道进行的数据通信称为模拟数据通信，通过数字信道进行的数据通信称为数字数据通信。

1．模拟数据通信

模拟数据通信主要有以下两种典型形式：

1）模拟信道传输模拟数据。典型的例子是声音在普通电话系统中的传输。

2）模拟信道传输数字数据。需要对数字数据进行模拟信号编码，典型的例子是通过电话系统实现两个计算机（数字设备）之间的通信。由于电话系统只能传输模拟信号，所以需要通过调制解调器（Modem）进行数字信号与模拟信号的转换，如图 2-8 所示。

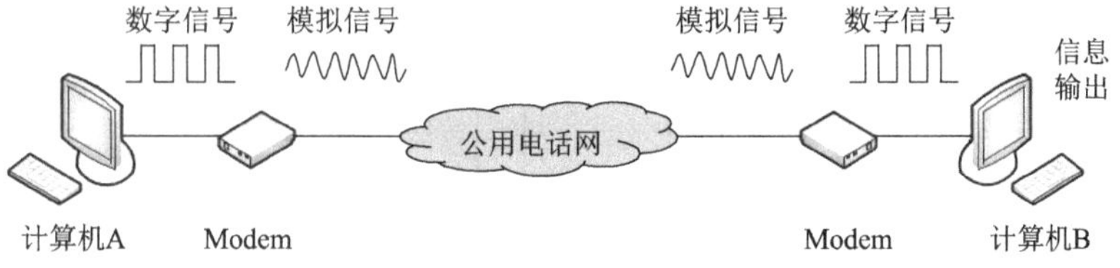

图 2-8　数字信号与模拟信号的转换

2．数字数据通信

数字数据通信主要有以下两种典型形式：

1）数字信道传输模拟数据。需要对模拟数据进行数字信号编码，这一工作可通过编码解码器完成，把模拟数据转换为数字数据。编码解码器的原理与调制解调器正好相反。

2）数字信道传输数字数据。典型的例子是将两个计算机通过 RS-232C 串行接口直接进行通信。

3．两种数据通信技术的比较

当长距离传输时，模拟数据通信需用放大器增加信号中的能量，这样虽克服了衰减，但增加了噪声；数字数据通信用中继器增加信号中的能量，既可克服衰减，又不增加噪声，可以做到信号的完全复原。因此，数字数据通信有着更为广阔的发展前景。

2.2.2　数字数据的数字信号编码

计算机数据是用离散的“0”和“1”的比特序列来表示的，而信号是数据的载体。

数字数据的数字信号编码就是要解决数字数据的数字信号表示问题，即通过对数字信号进行编码来表示数据，这一工作由网络上的硬件完成，常用的编码方法有不归零编码、归零编码和自同步编码 3 种。

1．不归零编码

不归零编码又可分为单极性不归零编码和双极性不归零编码，如图 2-9 所示。

1）单极性不归零编码：在每一码元时间内，无电压表示数字“0”，有恒定的正电压表示数字“1”。每个码元的中心是取样时间，即判决门限为 0.5，0.5 以下为“0”，0.5 以上为“1”。

2）双极性不归零编码：在每一码元时间内，以恒定的负电压表示数字“0”，以恒定的正电压表示数字“1”。判决门限为 0，0 以下为“0”，0 以上为“1”。

不归零编码是指编码在发送“0”或“1”时，在一码元的时间内不会返回初始状态（零）。当连续发送“1”或“0”时，上一码元与下一码元之间没有间隙，使接收方和发送方无法保持同步。为了保证收发双方同步，往往在发送不归零编码的同时，还需要用另一个信道发送同步时钟信号。计算机串口与调制解调器之间采用的是不归零编码。

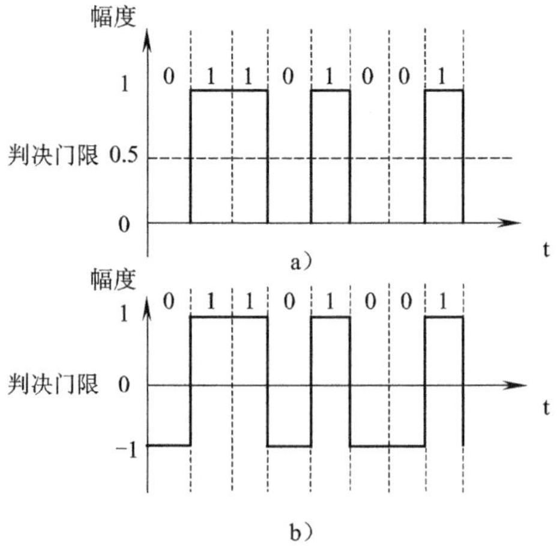

图 2-9　不归零编码

a）单极性不归零编码　b）双极性不归零编码

2. 归零编码

归零编码是指编码在发送“0”或“1”时，在一码元的时间内会返回初始状态（零），可分为单极性归零编码和双极性归零编码，如图 2-10 所示。

1）单极性归零编码：以无电压表示数字“0”，以恒定的正电压表示数字“1”。与单极性不归零编码的区别是，“1”码发送的是窄脉冲，发完后归到零电平。

2）双极性归零编码：以恒定的负电压表示数字“0”，以恒定的正电压表示数字“1”。与双极性不归零编码的区别是，两种信号波形发送的都是窄脉冲，且发完后归到零电平。

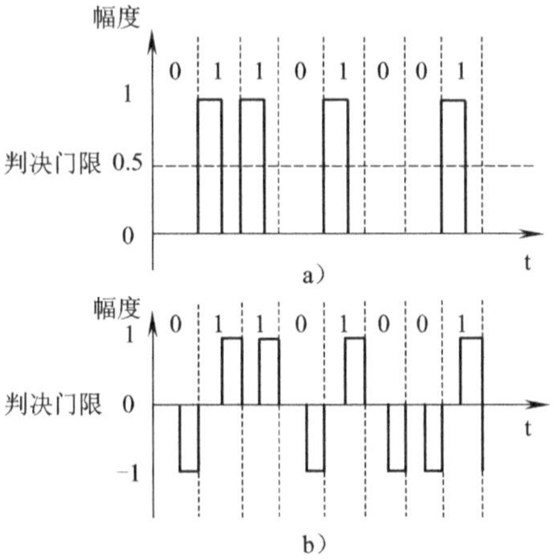

图 2-10　归零编码

a）单极性归零编码　b）双极性归零编码

3. 自同步编码

自同步编码是指在传输信息的同时，将时钟同步信号一起传输过去。这样，在数据传输的同时就不必再通过其他信道传输同步信号。局域网中的数据通信常使用自同步编码，典型代表是曼彻斯特编码（Manchester Encoding）和差分曼彻斯特编码（Different Manchester Encoding），如图 2-11 所示。

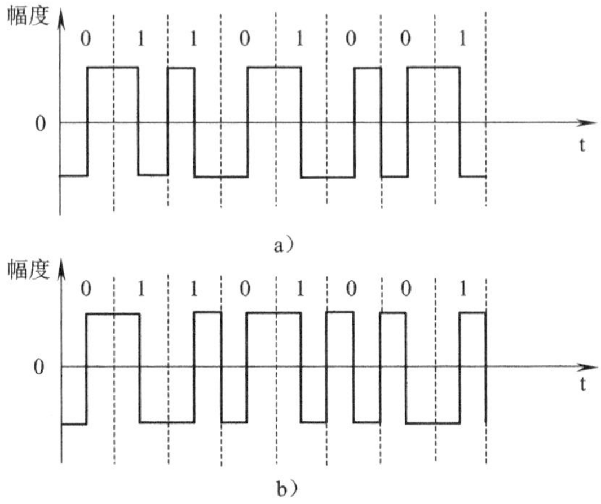

图 2-11　自同步编码

a）曼彻斯特编码　b）差分曼彻斯特编码

1）曼彻斯特编码：每一位的中间（1/2 周期处）有一跳变，该跳变既作为时钟信号（用于实现同步），又作为数据信号。从高到低的跳变表示数字“1”，从低到高的跳变表示数字“0”。以太网使用曼彻斯特编码。

2）差分曼彻斯特编码：每一位的中间（1/2 周期处）有一跳变，但是，该跳变只作为时钟信号。数据信号根据每位开始时有无跳变进行取值，无跳变表示数字“1”，有跳变表示数字“0”。

2.2.3　数字数据的模拟信号编码

电话通信信道是典型的模拟通信信道，它是目前世界上覆盖面最广、应用最普遍的一种通信信道。无论网络与通信技术如何发展，电话仍然是一种基本的通信手段。传统的电话通信信道是为传输模拟语音信号设计的，只适用于传输音频范围（300～3 400Hz）内的模拟信号，无法直接传输计算机的数字信号。为了利用电话交换网的模拟语音信道实现计算机数据信号的传输，必须将数字信号转化为模拟信号。

要在模拟信道上传输数字数据，首先要将数字信号转换为相应的模拟信号，即用模拟信号作为载波运载要传送的数字数据。

载波信号可以表示为正弦波的形式：f（t）=Asin（ωt+φ）。其中，幅度 A、周期（频率）ω 和相位φ的变化均影响信号波形。因此，只要改变这 3 个参数就可实现模拟信号编码，相应的调制方式分别称为幅度调制、频率调制和相位调制，如图 2-12 所示。

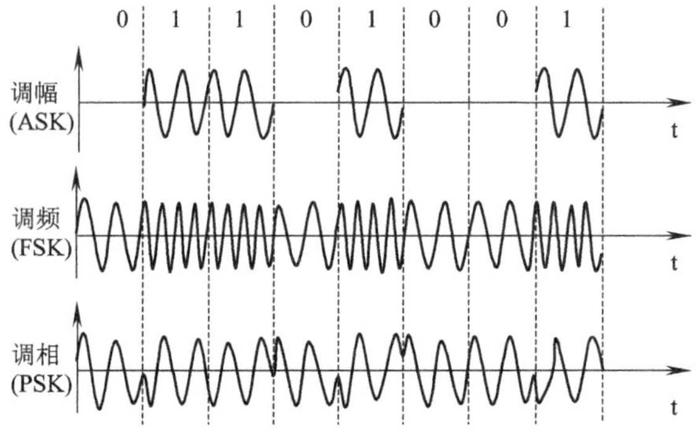

图 2-12　数字调制的 3 种基本形式

1. 幅度调制

幅度调制简称调幅，也称为幅移键控（Amplitude-Shift Keying，ASK），它的调制原理是用两个不同振幅的载波分别表示二进制值“0”和“1”，如下式所示：

$$U(t)=U_m\sin(\omega_1 t+\varphi) \quad \text{数字“1”}$$
$$U(t)=0 \quad \text{数字“0”}$$

2. 频率调制

频率调制简称调频，也称为频移键控（Frequency-Shift Keying，FSK），它的调制原理是用两个不同频率的载波分别表示二进制值“0”和“1”，如下式所示：

$$U(t)=U_m\sin(\omega_1 t+\varphi) \quad \text{数字“1”}$$
$$U(t)=U_m\sin(\omega_2 t+\varphi) \quad \text{数字“0”}$$

3. 相位调制

相位调制简称调相，也称为相移键控（Phase-Shift Keying，PSK），它的调制原理是用两个不同相位的载波分别表示二进制值“0”和“1”，如下式所示：

$$U(t)=U_m\sin(\omega t+\pi) \quad 数字“0”$$

$$U(t)=U_m\sin(\omega t+0) \quad 数字“1”$$

ASK、FSK 和 PSK 可以组合使用，常见的组合是 ASK 和 PSK 的结合。

2.2.4　模拟数据的数字信号编码

由于数字信号传输失真小、误码率低、数据传输速率高，因此传统的模拟信息（如语音、图像信息）的数字化已成为发展的必然趋势。模拟数据要在数字信道中传输就必须转换成数字信号。模拟信号转换成数字信号也称为模-数（A-D）转换，较常用的方法是脉冲编码调制（Pulse Code Modulation，PCM）。

PCM 技术的典型应用是语音数字化。在发送端通过 PCM 编码器将语音信号变为数字化语音数据，通过通信信道传送到接收端，接收端再通过 PCM 解码器将它还原成语音信号。数字化语音数据（如 wave 格式文件，压缩后成为 mp3 格式文件）还可以存储在计算机中。

1. 采样定理

若对连续变化的模拟信号进行周期性采样，只要采样频率大于等于有效信号最高频率或其带宽的两倍，则采样值便可包含原始信号的全部信息，这一定理又称为香农采样定理，公式如下：

$$f=\frac{1}{T}\geqslant f_{max}$$

式中　f——采样频率；

T——采样周期；

f_{max}——模拟信号的最高频率分量。

利用低通滤波器可以从这些采样中重新构造出原始信号。

2. PCM 工作过程

PCM 的工作过程包括采样、量化与编码。

1）采样：根据采样定理确定采样频率，在一定的时间间隔内采集模拟信号的值，得到一系列模拟值。

2）量化：将采样得到的模拟值按一定的量化级进行“取整”，得到一系列离散值。

3）编码：将量化后的离散值数字化，得到一系列二进制值，然后将二进制值进行编码，得到数字信号。

经过以上处理，原来的模拟信号经 PCM 编码后得到一系列二进制数据。

当 PCM 编码用于数字化带宽为 4kHz 的语音系统时，如果将声音分为 128 个量化级，每个量化级需用 7 位二进制编码表示，那么当采样频率为 8 000 样本/秒时，数据传输率为 7×8 000bit/s=56kbit/s。

2.2.5 基带传输与频带传输

1．基带传输

在数据通信中，由计算机数字设备直接发出的信号是二进制数字信号，是典型的矩形脉冲信号，其频谱包括直流、低频和高频等多种成分。

在数字信号频谱中，把从直流（0频率）开始到能量集中的一段频率范围称为基本频带，简称基带。因此，“0”、“1”形式的数字信号被称为数字基带信号，在信道中直接传输这种基带信号称为基带传输。在基带传输中，整个信道只传输一路信号，通信信道利用率低。

由于在近距离范围内，基带信号的功率衰减不大，信道容量不会发生变化，因此，在局域网中通常使用基带传输技术。使用基带传输方式，需要对数字信号进行编码来表示数据。

2．频带传输

因为远距离通信信道多为模拟信道，例如，传统的电话网只适用于传输音频范围（300～3 400Hz）内的模拟信号，不适用于直接传输频带很宽且能量集中在低频段的数字基带信号。

频带传输就是先将基带信号（数字信号）转换成便于在模拟信道中传输的、具有较宽频率范围的模拟信号（称为频带信号），再将这种频带信号在模拟信道中传输。计算机网络中的远距离通信通常采用频带传输。基带信号与频带信号的转换是应用调制、解调技术完成的。

2.3 多路复用技术

2.3.1 多路复用技术的基本概念

多路复用（Multiplexing）是指在一条物理信道上同时传输多路信息，如图2-13所示。多路复用是数据通信的一个常用技术，解决如何在单一的物理通信线路上建立多条并行通信信道的问题。

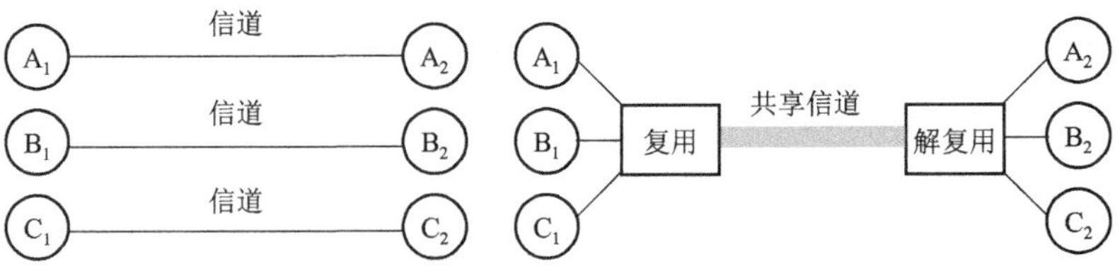

图2-13　多路复用

研究和使用多路复用技术的原因主要有两点：一是通信工程中用于通信线路敷设的费用相当昂贵，人们需要充分利用通信线路的容量；二是无论在广域网还是局域网中，传输介质的容量往往都超过了单一信道传输的通信量。

多路复用的实质是将一个区域的多个用户信息通过多路复用器汇集，然后将汇集后的信息群通过一条高速物理线路传送到接收设备，接收设备通过多路复用器将信息群分离成各个单独的信息，再分发给多个用户。这样就可以用一对多路复用器、一条通信线路，来代替多套发送和接受设备与多条通信线路。

常用的多路复用技术有频分多路复用（Frequency Division Multiplexing，FDM）、波分多路复用（Wavelength Division Multiplexing，WDM）和时分多路复用（Time Division Multiplexing，TDM）。

2.3.2　频分多路复用

频分多路复用（FDM）一般用于传输模拟信号的通信系统。当介质的有效带宽超过被传输的信号带宽时，可以把多个信号调制在不同的载波频率上，从而在同一介质上实现同时传送多路信号。

频分多路复用就是将信道的可用频带分割成若干条较窄的子频带（子信道），每一条子频带传输一路信号。各子频带之间通常要留有一定的空闲频带，作为保护频带，以减少各路信号的相互干扰。在接收端用适当的滤波器将多路信号分开，分别进行解调处理。FDM 子频带如图 2-14 所示。

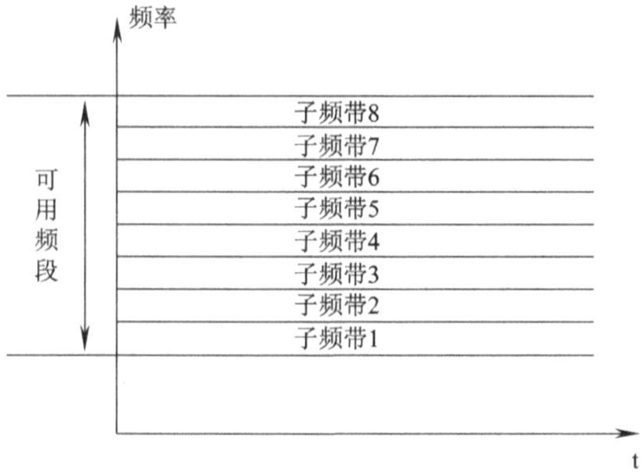

图 2-14　FDM 子频带

一个典型的 FDM 系统如图 2-15 所示，假设有 8 个输入源，分别输入 8 路信号到频分多路器（FDM-MUX），多路复用器将每路信号调制在不同的载波频率上（如 f1，f2，…，f8）。每路信号以其载波频率为中心，占用一定的带宽，此带宽范围称为一个通道，各通道之间通常用保护频带隔离，以保证各路信号的频带间不发生重叠。

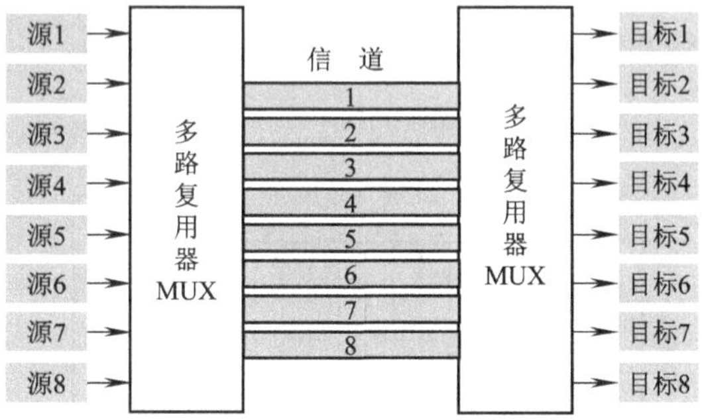

图 2-15　FDM 多路复用

使用 FDM 的前提是物理信道的可用带宽要远远大于各源信号的带宽。频分多路复用技术成熟且实现简单，主要用于模拟信道的复用，广泛应用于广播、电视等领域，也可用于宽带计算机网络。

2.3.3　波分多路复用

波分多路复用（WDM）主要用于全光纤组成的通信系统。光纤通道采用了波长分割多路复用技术，因为光是一种频率较高的电磁信号，所以波分多路复用也是频分多路复用的一种特殊形式。

如图2-16所示，要传输的多路光波的波长（频率）是不同的，它们通过合波器（棱镜或光栅）后，就可使用一条共享的光纤传输，到达目的地节点后，再经过分波器（棱镜或光栅）分成多束光波。因此，波分多路复用并不是一个新的概念，只要每个信道有各自固有的频率范围，且信道间频率范围不重叠，则它们就能以多路复用的方式通过共享光纤进行远距离传输。

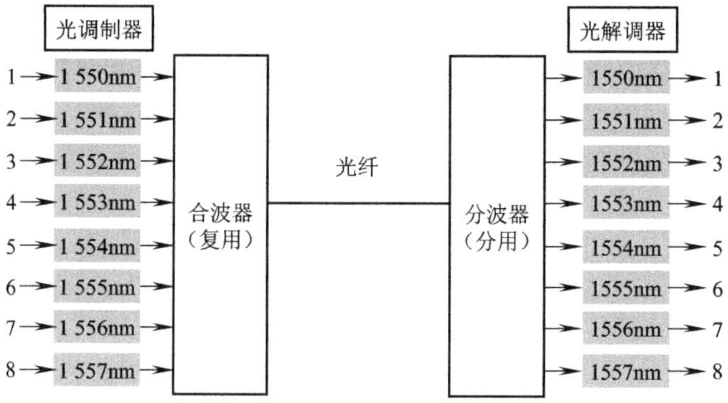

图2-16　波分多路复用

与电信号的频分多路复用的不同之处在于，波分多路复用是在光学系统中利用衍射光栅来实现多路、不同频率光波信号的合成与分解。

2.3.4　时分多路复用

时分多路复用（TDM）主要用于传输数字信号的通信系统。时分多路复用将物理信道按时间分成多个等长的时间片，轮流、交替地分配给多路信号源，这样使多路输入信号能共享物理信道。一个时间片就是一个子信道，每个子信道所占用的带宽相同。时间片越短，子信道越多，所容纳的用户数也就越多，带宽也就越少，如图2-17和图2-18所示。

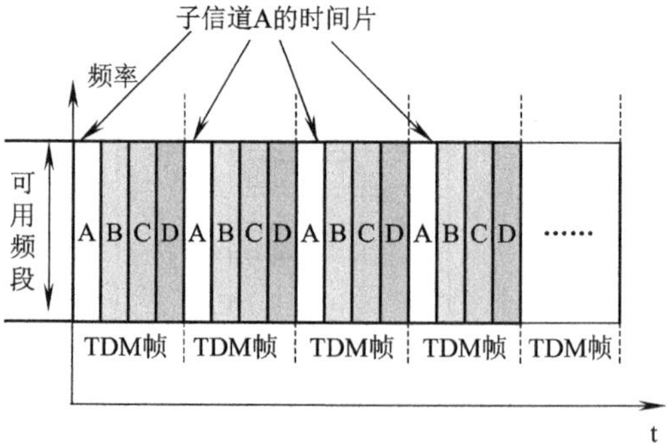

图2-17　时分多路复用子信道

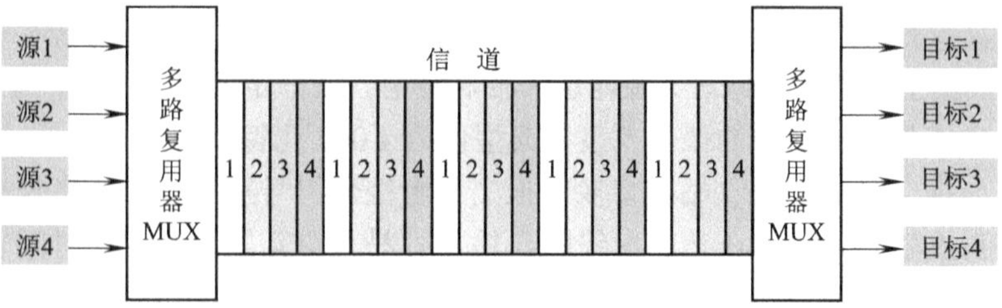

图 2-18　时分多路复用

根据时间片的分配方法，可分为同步时分多路复用（Synchronous TDM，STDM）和异步时分多路复用（Asynchronous TDM，ATDM）。

（1）同步时分多路复用

在同步时分多路复用中，时间片是预先分配好的，而且是固定不变的，即每个时间片与一个信号源对应，不管此时是否有信息发送。在接收端，根据时间片序号即可判断出是哪一路信号。这种时分多路复用方式的缺点是浪费带宽。

（2）异步时分多路复用

异步时分多路复用技术允许动态分配信道的时间片，以实现按需分配。如果某路信号源没有信息发送，则允许其他信号源占用这个时间片，这样可大大提高信道的利用率。异步时分多路复用是目前计算机网络中应用较广泛的多路复用技术。

2.4　分组交换技术

在两个互连的设备之间直接进行数据通信是最简单的。但是，让网络中所有的设备都直接两两相连是不现实的，通常要经过多个中间节点才能将数据从信源逐点传送到信宿，从而实现两个互连设备之间的通信。

这些中间节点并不关心数据内容，它的功能只是提供一个交换设备，把数据从一个节点传送到另一个节点，直至到达目的地。数据在各节点间的传输过程称为数据交换。

网络中常用的数据交换技术可分为两大类：线路交换（Circuit Exchanging）和“存储—转发”交换，其中“存储—转发”交换技术又可分为报文交换（Message Exchanging）和分组交换（Packet Exchanging）。分组交换是计算机网络中使用较广泛的一种交换技术。

2.4.1　分组交换概念

传统的数据交换方式不能满足计算机通信网的新要求，如线路交换方式不利于实现不同类型数据终端设备之间的相互通信；报文交换方式的信息传输延迟太长，不能满足许多数据通信系统的实时性要求。分组交换技术的出现，较好地解决了这些矛盾。

分组交换采用“存储—转发”的方式，但不像报文交换方式那样以“报文”为交换单位，而是把报文“分成”若干个比较短的“报文分组”（或称为包），如图 2-19 所示。

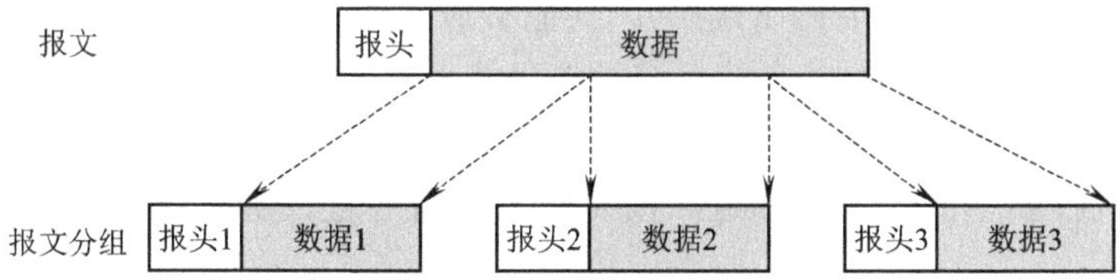

图 2-19　报文与报文分组

当采用报文交换方式发送数据时，无论发送的数据长度是多少，都把它看成一个逻辑单元，在发送的数据上加上目的地址、源地址和控制信息，按一定的格式打包后组成一个报文。而报文分组的方式是限制数据的最大长度（典型值为1 000比特或几千比特），发送站将一个长报文分成多个报文分组，接收站再将多个报文分组按分组号重新组成一个长报文。

由于分组长度较短，因此在传输出错时，检错容易且重新发送花费的时间较少，这样便于提高“存储—转发”节点的存储空间利用率和传输效率，因此成为当今公共数据交换网的主要交换技术。美国的Telenet和中国的ChinaPAC都采用分组交换技术，这类通信子网称为分组交换网。

分组交换技术在实际应用中可以分为数据报（Datagram，DG）方式和虚电路（Virtual Circuit，VC）方式。

2.4.2 数据报交换

1. 工作过程

数据报（DG）是报文分组“存储—转发”的一种形式。在数据报方式中，节点间不需要建立从源主机到目的主机的固定连接。源主机所发送的每一个分组都独立地选择一条传输路径。每个分组在通信子网中可以通过不同的传输路径，从源主机到达目的主机。

数据报方式的数据交换过程如图2-20所示，具体可分为以下几步：

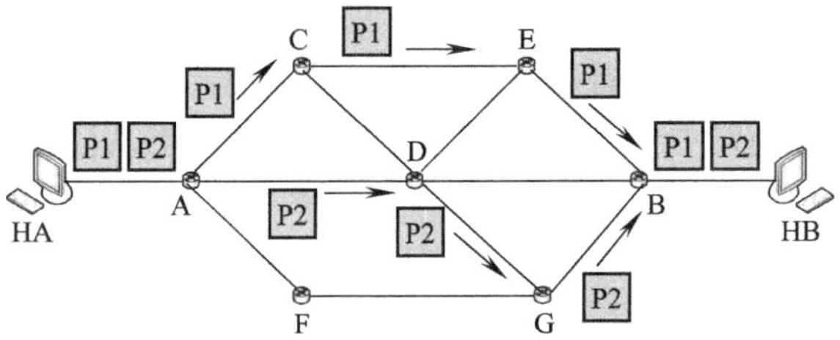

图2-20 数据报方式的数据交换过程

1）源主机HA将报文M分成多个分组P1、P2，依次发送到与其直接连接的通信控制处理机A（节点A）。

2）节点A每接收一个分组都要进行差错检测，以保证HA与节点A数据传输的正确性。节点A接收分组P1、P2后，要为每一个分组进入通信子网的下一个节点启动路由选择算法。由于网络的通信状态是不断变化的，分组P1的下一个节点可能选择C，而分组P2的下一个节点可能选择D，因此同一报文的不同分组通过子网的路径可能是不同的。

3）节点A向节点C发送分组P1时，节点C要对P1传输的正确性进行检测。如果传输正确，节点C向节点A发送正确传输的确认信息ACK。节点A收到节点C的ACK信息后，确认P1已正确传输，然后废弃P1的副本。其他节点间的传输与交换过程与此类似。这样，报文分组P1通过通信子网中的多个节点进行“存储—转发”，最终到达目的节点B。P2及其他分组传输的情况也类似。

4）目的主机收到全部的报文分组，按照报文分组号进行重新排列和组装，还原成原来的报文。

2. 数据报的特点

1）同一报文的不同分组可以经不同的传输路径通过通信子网。

2）同一报文的不同分组到达目的节点时可能出现乱序、重复和丢失现象。

3）每一个分组在传输过程中都必须带有目的地址和源地址。

4）报文传输延迟较明显，适用于突发性通信，不适用于长报文或会话式通信。

2.4.3　虚电路交换

数据报在分组发送之前，发送方与接收方之间不需要预先建立连接。而虚电路（VC）在分组发送前，需要在发送方与接收方之间建立一条逻辑通路，如图 2-21 所示。每个分组除了包含数据以外，还包含一个虚电路标识符。预先建好的路径上的每个节点都知道把这些分组引导到哪里去，不再需要路由选择判定。之所以称为“虚”电路，是因为这条电路不是专用的。

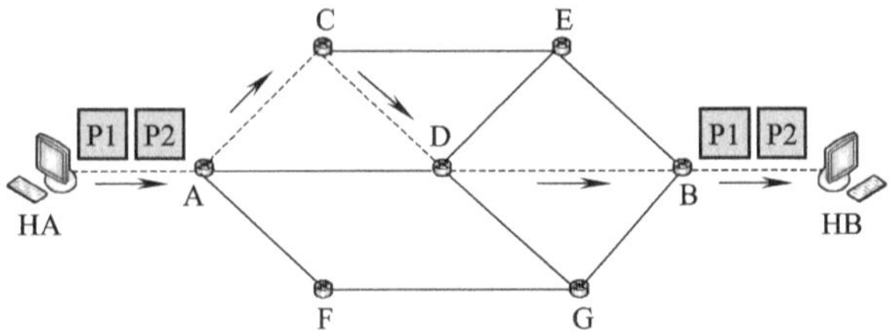

图 2-21　虚电路交换的工作过程

1. 工作过程

与线路交换方式相同，虚电路的通信过程也分为 3 个阶段，即虚电路建立阶段、数据传输阶段和虚电路拆除阶段。

1）在虚电路建立阶段，节点 A 启动路由选择算法，选择下一个节点（设为 C），向节点 C 发出“呼叫请求分组”，节点 C 同样启动路由选择算法确定下一个节点（设为 D），发出“呼叫请求分组”，依次类推。“呼叫请求分组”经 A—C—D—B，送到目的节点 B。目的节点向源节点发出“呼叫接收分组”，至此虚电路建立。

2）在数据传输阶段，虚电路方式利用已建立的虚电路，逐站以“存储—转发”方式顺序传输数据分组。

3）传输结束后，进入虚电路拆除阶段，可以以 B—D—C—A 的顺序依次拆除虚电路。

2. 虚电路的特点

1）在每次分组发送之前，必须在发送方与接收方之间建立一条逻辑连接，这是因为不需要真正建立一条物理链路，连接双方的物理链路已经存在。

2）一次通信的所有分组都通过这条虚电路顺序传送，因此报文不必带目的地址、源地址等辅助信息，分组到达目的地节点时不会出现丢失、重复和乱序等现象。

3）分组通过虚电路上的每个节点时，节点只需要进行差错检测，不需要进行路径选择。通信子网中的每个节点可以和任意节点建立多条虚电路。

2.5 差错控制技术

2.5.1 差错控制的基本概念

1. 差错的概念

所谓差错，就是在通信接收端收到的数据与发送端实际发出的数据出现不一致的现象。差错的产生是不可避免的，如在通信系统模型中，数据从信源出发，经过通信信道进行传输，由于通信信道总是有一定的噪声存在，因此到达信宿时，接收信号将与噪声信号叠加。如果噪声影响了接收电路的取样和判断，那么就会形成传输差错，简称差错。

2. 差错类型

通信信道的噪声分为热噪声和冲击噪声两种，由这两种噪声分别产生两种类型的差错，即随机差错和突发差错。

热噪声是由传输介质导体的电子热运动产生的，它的特点是时刻存在、幅度较小且强度与频率无关，但频谱很宽，是一类随机噪声。由热噪声引起的差错称为随机差错，此类差错的特点是孤立的，在计算机网络应用中是极个别的。

与热噪声相比，冲击噪声幅度较大，是引起传输差错的主要原因。冲击噪声的持续时间比数据传输中的每比特发送时间长，因此冲击噪声会引起相邻多个数据位的出错。冲击噪声（如电源开关的跳火、外界强电磁场的变换等）引起的传输差错称为突发差错，它的特点是差错呈突发状，影响一批连续的比特（突发长度）。计算机网络中的差错主要是突发差错。

通信过程中产生的传输差错是由随机差错和突发差错共同构成的。

3. 误码率

在数据传输过程中用误码率来衡量信道数据传输的质量。由于差错的出现具有随机性，所以当实际测量一个数据传输系统时，只有被测量的传输二进制码元足够大，才会得到较为真实的误码率值。

当电话线路的传输速率为300～2 400bit/s时，平均误码率为10^{-6}～10^{-4}；传输速率为4 800～9 600bit/s时，平均误码率为10^{-4}～10^{-2}。而现在计算机通信系统的平均误码率要求低于10^{-9}，所以使用普通电话线路进行计算机通信时，必须采用差错控制技术。

4. 差错控制

差错控制是指在数据通信过程中发现（检测）或纠正差错，并将差错限制在尽可能小的允许范围内。差错检测是通过差错控制编码来实现的，而差错纠正则通过差错控制方法来实现。

2.5.2 差错控制编码

差错控制编码的原理如下：发送方对准备传输的数据进行抗干扰编码，即按某种算法附加上一定的冗余位，构成一个码字后再发送；接收方收到数据后进行校验，即检查信息位和附加的冗余位之间的关系，以检查传输过程中是否有差错发生。

差错控制编码分为检错码和纠错码两种，检错码是能自动发现差错的编码，纠错码是不仅能发现差错而且能自动纠正差错的编码。纠错码方法虽然能及时纠正传输错误，但实现复杂、造价高且费时，一般的通信场合不宜采用。检错码方法虽然需要通过重发机制实现纠错，但其原理简单、实现容易、编码和解码速度快，因此得到了广泛应用。

计算机网络中常用的差错控制编码是奇偶校验码和循环冗余码。

1）奇偶校验码（Parity Check Code）是一种最简单的检错码，通过增加冗余位来使得码字中“1”的个数保持为奇数（奇校验）或偶数（偶校验）。

2）循环冗余码（Cyclic Redundancy Code，CRC），简称循环码。CRC 检错能力强且容易实现，在计算机网络中被广泛应用。

2.5.3 差错控制方法

差错检测是通过差错控制编码来实现的，而差错纠正需要通过差错控制方法来实现。常用的差错控制方法有反馈检测、自动请求重发（Automatic Repeat reQuest，ARQ）和前向纠错（Forword Error Correction，FEC）。

（1）反馈检测

反馈检测方法又称为回送校验法。双方在进行数据传输时，接收方将接收到的数据重新发回发送方，由发送方检查是否与原始数据完全相符。如果不相符，则发送方发送一个控制信息通知接收方删去出错的数据，并重新发送该数据；如果相符，则发送下一个数据。

反馈检测方法的特点是原理简单、实现容易、可靠性强，但系统开销大，信道利用率低。

（2）自动请求重发

自动请求重发（ARQ）是计算机网络中较常采用的差错控制方法。自动请求重发的原理是发送方给要发送的数据附加上一定的冗余检错码，然后一起发送，接收方则根据检错码对数据进行差错检测。如果发现差错，则接收方返回请求重发的信息，发送方在收到请求重发的信息后，重新传送数据；如果没有发现差错，则发送下一个数据。

自动请求重发的特点是使用检错码（奇偶校验码和 CRC 等）、必须是双向信道、发送方需设置缓冲器。

（3）前向纠错

前向纠错（Forward Error Correction，FEC）方法的原理如下：发送方给要发送的数据附加上一定的冗余纠错码，然后一起发送，接收方则根据纠错码对数据进行差错检测，如果发现差错，则由接收方进行纠正。

前向纠错的特点是使用纠错码（纠错码编码效率低且设备复杂）、单向信道、发送方无须设置缓冲器。前向纠错方法在卫星和电视传输中广泛使用，在计算机网络中较少使用。

本章小结

本章主要学习了数据通信的基础知识，包括数据通信的基本概念和常用术语、多路复用技术、分组交换技术的过程、数据通信的主要技术指标和通信方式、数据通信中的编码方法与传输技术以及差错控制的概念。这些知识是以后学习网络技术的基础。

习题及课后实训

1. 选择题

（1）使用调制解调器通过电话系统实现两个计算机之间的通信属于______。

A. 模拟信号传输模拟数据　　B. 数字信号传输数字数据

C. 数字信号传输模拟数据　　D. 模拟信号传输数字数据

（2）下列编码中，属于自同步编码的是______。

A. 单极性归零编码　　B. 双极性归零编码

C. 曼彻斯特编码　　D. 幅移键控编码

（3）数据报和虚电路属于______。

A. 线路交换　　B. 报文交换　　C. 分组交换　　D. 信元交换

（4）数据在通信子网中各结点间的传输过程称为数据交换，网络中常用的数据交换技术可分为两大类，即______。

A. 线路交换和“存储—转发”交换　　B. 线路交换和电话交换

C. “存储—转发”交换和交换机交换　　D. 路由器和交换机

2. 填空题

（1）按数据通信的方向性结构可分为单工通信、________和________。

（2）在数据通信中，表示一个信道传输数字信号最大能力的指标是________，衡量数据通信系统在正常情况下传输可靠性的指标是________。

（3）时分多路复用是将时间分成若干时间片，轮流地分配给各设备使用。按时间片分配方法的不同，可分为________和________。

3. 简答题

（1）举例说明单工通信、半双工通信和全双工通信。

（2）请举出生活中的频分多路复用和时分多路复用的例子。

4. 课后实训

（1）通过网络搜索时分多路复用的相关资料并阅读。

（2）通过网络搜索分组交换的相关资料，了解这些技术的相关细节。

第 3 章　局域网基础

➢ 教学目标

本章主要介绍局域网的基础知识。通过本章的学习，可以掌握局域网的特点，理解 3 种基本拓扑结构，掌握传输介质及介质访问控制方法。最后通过实训，理解局域网的基本运作方式，为后续组网技能的训练做准备。

➢ 教学要求

知 识 要 点	能 力 要 求	相 关 知 识
局域网特点	理解局域网的基本特点及应用范围	覆盖范围、传输速率、3 个技术要素
拓扑结构	掌握局域网的 3 种基本拓扑结构	总线型、环形、星形及混合型拓扑结构
传输介质	掌握局域网的主要传输介质及其特性	同轴电缆、双绞线、光缆
介质访问控制方法	理解局域网的基本工作过程	MAC 地址、MAC 帧

➢ 教学要点

重　点	拓扑结构、传输介质、介质访问控制方法
难　点	介质访问控制方法

3.1 局域网基础知识

局域网是在 20 世纪 70 年代末发展起来的，局域网技术在计算机网络中占有非常重要的地位。在计算机网络技术的发展过程中，局域网技术一直是最为活跃的领域之一。目前，局域网技术已经在各行各业得到了广泛的应用。

局域网标准是由 IEEE（Institute of Electrical and Electronics Engineers，电子与电气工程师协会）下属的 IEEE 802 委员会制定的。IEEE 802 委员会制定了多种局域网标准，其中包括著名的以太网（Ethernet）、令牌环网（Token Ring）、光纤分布式接口网（FDDI）、异步传输模式网（ATM）和无线局域网（WLAN）等。

3.1.1 局域网工作的网络层次

局域网工作在 OSI 体系结构的物理层和数据链路层，即 TCP/IP 体系结构的网络接口层，负责解决局域网的通信问题，如图 3-1 所示。

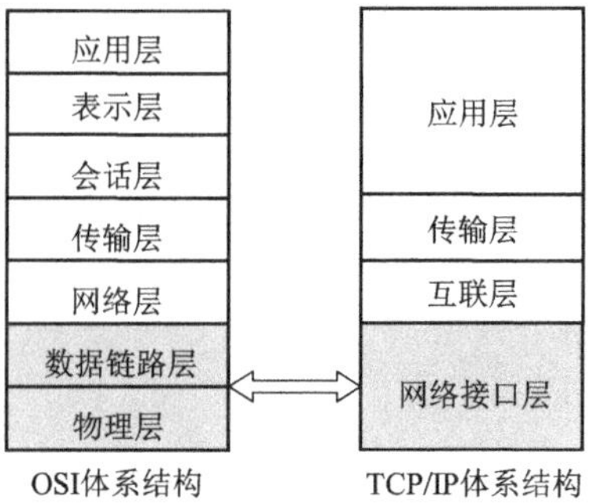

图 3-1　局域网工作的网络层次

从实际应用的角度来看，局域网的主要功能集中在数据链路层，因此，数据链路层的内容需要了解更多一些。

通信信道有以下两种使用方式。

1）广播通信方式：一对多的通信方式，存在信道争用（冲突）问题，相对复杂，必须使用专门的共享信道协议来协调各个主机的发送和接收，如共享式（使用同轴电缆或集线器进行连接）以太网。

2）点对点通信方式：一对一的通信方式，不存在信道争用问题，如交换式（使用交换机进行连接）以太网。

3.1.2　局域网的主要特点

局域网的主要特点如下：

1）局域网覆盖有限的地理范围，一般不超过几千米。

2）局域网传输速率高（10～100 000Mbit/s），误码率低（通常低于 10^{-11}）。

3）通信延迟时间短，可靠性较高。

4）价格便宜，组建容易，易于管理和维护。

决定局域网特性的技术要素有 3 个方面，即拓扑结构、传输介质和介质访问控制方法。

3.2　局域网拓扑结构

拓扑是使用一些简单的几何图形来表示复杂结构的一种方法。网络中的计算机等设备要实现互联，就需要以一定的几何结构方式进行连接，这种连接方式称为“拓扑结构”。把网络中各个节点以及节点之间的通信线路的几何关系画成拓扑图，可反映局域网中各个实体的组成关系。

局域网的拓扑结构主要有总线型结构、环形结构和星形结构 3 种基本类型，这 3 种基本类型还可以组成混合型拓扑结构。

3.2.1　总线型拓扑结构

总线型拓扑结构是最早期的局域网所采用的形式，现在已较少使用。总线型拓扑结构如

图 3-2 所示，其中左边是总线型局域网的计算机连接示意图，右边是总线型拓扑结构示意图。

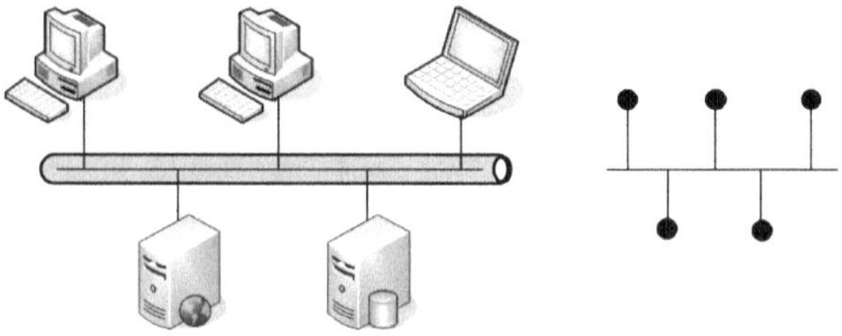

图 3-2　总线型拓扑结构

在总线型拓扑结构的局域网中，所有的节点都通过自己的网络接口卡（简称网卡）连接到一条作为公共传输介质的总线上，因此每次只能由一个节点传输数据，数据的传输通常以"共享介质"方式进行，也就是数据在总线上以"广播"的方式传播，每个节点都会收到发送节点传输的数据，但只有真正的接收者才会保留数据。这种模式类似于生活中的广播找人。

总线型局域网有结构简单、接入灵活、扩展容易等优点，因此成为早期局域网使用最广泛的一种网络拓扑结构。但总线型局域网也有物理扩展范围有限、故障诊断困难、通信效率较低等缺点，很快便被其他类型的网络所替代。

3.2.2　环形拓扑结构

环形拓扑结构的局域网也从早期到现在一直被使用着，其特点是每个节点都与两个相邻的节点相连，节点之间采用点到点的链路，网络中的所有节点构成一个闭合的环，环中的数据沿着一个方向绕环逐站传输。

在环形拓扑结构中，所有的节点共同使用一个环形信道，环上传输的任何数据都必须经过所有节点。在单环结构中，断开环中的一个节点，意味着整个网络的通信终止，这是环形拓扑结构的一个主要缺点。后来发展的双环结构可弥补此缺点。

图 3-3 所示的为环形局域网的拓扑结构图，其中左边是环形局域网的计算机连接示意图，右边是环形拓扑结构示意图。

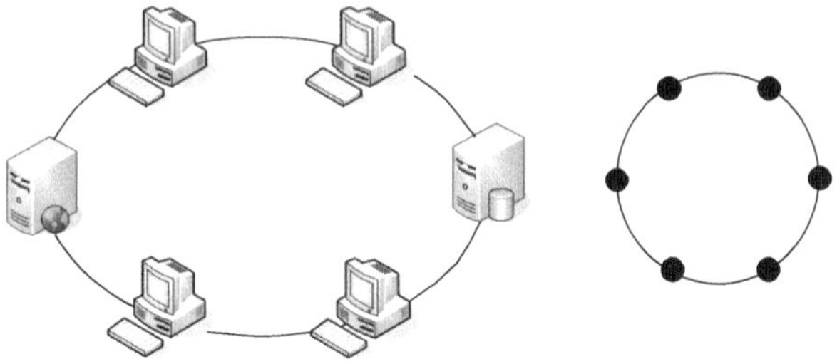

图 3-3　环形拓扑结构

3.2.3　星形拓扑结构

星形拓扑结构是由中央节点通过"点到点"通信链路连接到其他节点组成的。中央节点执行集中式通信控制。在星形拓扑结构中，当一台计算机要和另外一台计算机进行通信时，必须先把信息传递给中央节点，然后由中央节点转发给目的计算机。中心节点通常是集线器或交换机。

图 3-4 所示的是星形局域网拓扑结构示意图，其中左边是星形局域网的计算机连接示意图，右边是星形局域网拓扑结构示意图。

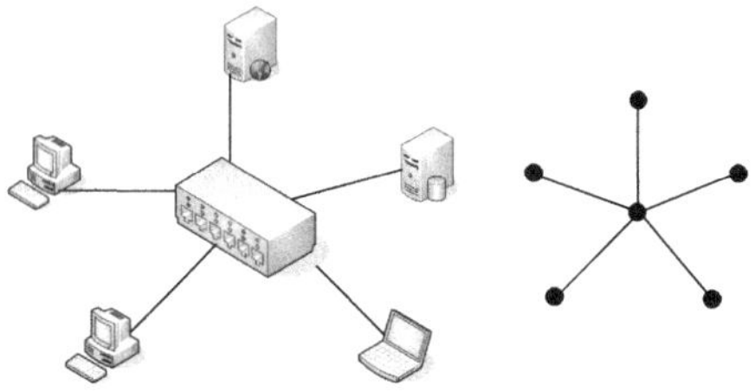

图 3-4　星形拓扑结构

星形拓扑结构的主要优点如下：

1）控制简单。在星形网络中，任何一节点只要和中央节点相连接，就能通信。

2）故障诊断和隔离非常容易，网络易于管理和维护。在星形网络中，中央节点和线路可以逐一分开进行故障检测和定位，单个连接点的故障只影响一个节点，不会影响全网，因为传输信息时靠的是中央节点而不是计算机本身。

3）可扩展性好，配置灵活。中央节点可以方便地为各个节点提供服务和对网络进行重新配置。

4）网络延迟时间短。由于各个节点计算机之间的通信必须通过中央节点，而点到点之间计算机的通信只需要一步转发（中央节点转发）即可。

星形拓扑结构的主要缺点是中央节点的通信负担重，容易形成瓶颈效应，而且在可靠性方面要求较高，因为星形局域网依赖于中央节点，如果中央节点出现问题，会导致全网瘫痪。

3.2.4　混合型拓扑结构

局域网的总线型结构、环形结构和星形结构这 3 种基本拓扑结构类型，在理论上可以任意组合成混合型拓扑结构。但目前较常见的组合是多个星形结构组成的树形结构，如图 3-5 所示。

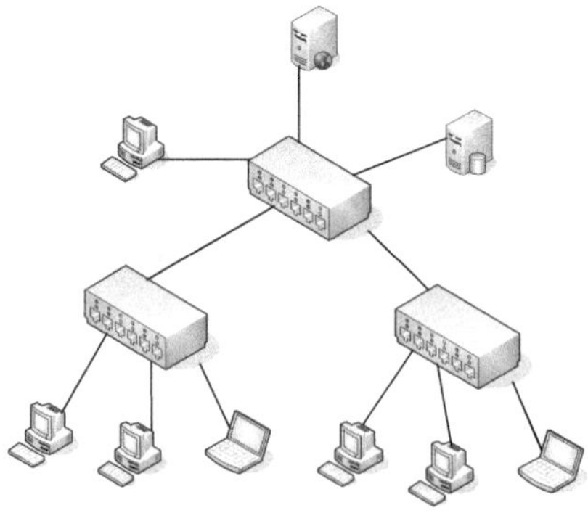

图 3-5　树形拓扑结构

3.3　局域网传输介质

传输介质是指传输信号经过的各种物理通信线路。连接计算机网络所使用的传输介质有很多种，包括同轴电缆、双绞线和光缆等。另外，还有无线通信介质，会在后面无线局域网相关章节中介绍。

3.3.1　同轴电缆

同轴电缆由中心铜线、绝缘层、金属屏蔽网以及塑料外套组成，如图 3-6 所示。由于金属屏蔽网的作用，同轴电缆具有良好的抗干扰特性，被广泛用于较高速率的数据传输中。同轴电缆可以分为两种，一种是 50Ω的粗同轴电缆，另外一种是 50Ω的细同轴电缆。

在局域网发展早期，曾广泛地使用同轴电缆作为传输介质，但随着技术的进步，现在在局域网领域中大都采用双绞线作为传输介质。

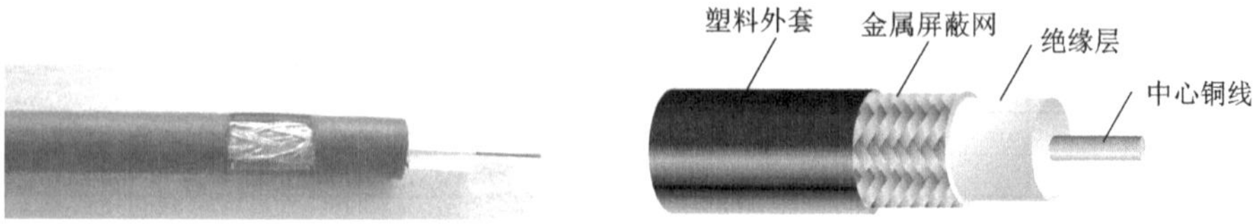

图 3-6　同轴电缆示意图

3.3.2　双绞线

双绞线是现在局域网中采用最多的一种传输介质，一般由 8 根绝缘铜线组成。为了减少信号传输中的相互串扰及外界电磁干扰，通常每两根相互绞在一起形成 4 对，外部再套上一个塑料保护管。双绞线可分为非屏蔽双绞线（Unshielded Twisted Pair，UTP）和屏蔽双绞线（Shielded Twisted Pair ，STP）两种，如图 3-7 所示。屏蔽双绞线里面多了一层铝箔包裹，用于屏蔽外界电磁干扰。

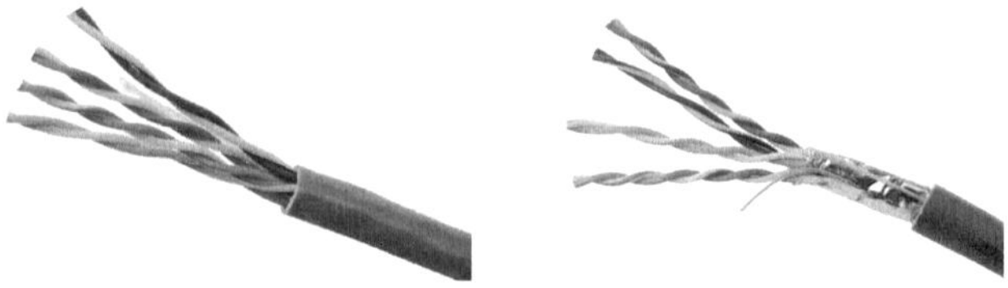

a）　　b）

图 3-7　双绞线

a）UTP　b）STP

双绞线特别适合用于短距离的信息高速传输，传输距离一般为 100m 左右。由于非屏蔽双绞线的成本低于屏蔽双绞线，所以非屏蔽双绞线的使用更为广泛。双绞线主要用于星形拓扑结构的网络，需要通过 RJ-45 接头（俗称水晶头）与网卡、交换机、集线器、路由器等设备相连，如图 3-8 所示。

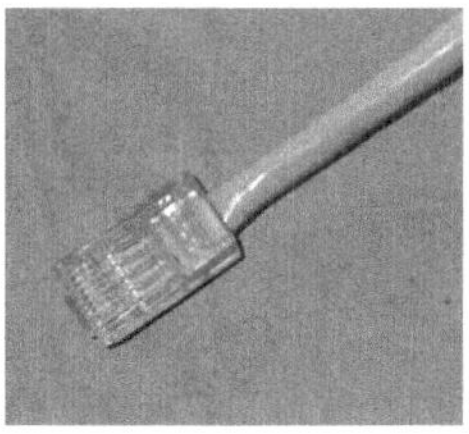

图 3-8　带 RJ-45 接头的双绞线

1991 年，美国电子工业协会（EIA）和电信行业协会（TIA）联合发布了一个商用建筑物布线标准 EIA/TIA-568。表 3-1 给出了目前常用的双绞线的类别、最高传输速率和典型应用。

表 3-1　常用的双绞线的类别、最高传输速率和典型应用

双绞线类别	最高传输速率	典 型 应 用
1 类	2Mbit/s	电话线（模拟信号）
2 类	4Mbit/s	电话线（模拟信号）
3 类	16Mbit/s	10 Mbit/s 以太网
4 类	20Mbit/s	10Mbit/s 或 100 Mbit/s 以太网
5 类	100Mbit/s	100 Mbit/s 以太网
超 5 类（5E）	1 000Mbit/s	100 Mbit/s 或 1 000 Mbit/s 以太网
6 类	24Gbit/s	1 000 Mbit/s 以太网

3.3.3　光缆

光缆是一种常用的网络连接介质，它能高速传输光脉冲信号。光缆由封装在隔开鞘中的多条光导纤维（简称光纤）组成，如图 3-9 所示。从横截面观察，每根光纤都被反射包层、加固材料和外保护套包围。光纤可由石英、玻璃和塑料等材质制造，分为内核和包层，内核折射率很高，而包层折射率很低。这样在光纤中传输的光将在内核（纤芯）与包层的交界处形成全反射，这个过程不断重复，光线也就沿着光纤持续传输下去，如图 3-10 所示。现代的生产工艺可以制造出超低损耗的光纤，即做到光线在纤芯中传输数公里而基本上没有什么损耗，这一点正是光纤通信得到飞速发展的关键原因。

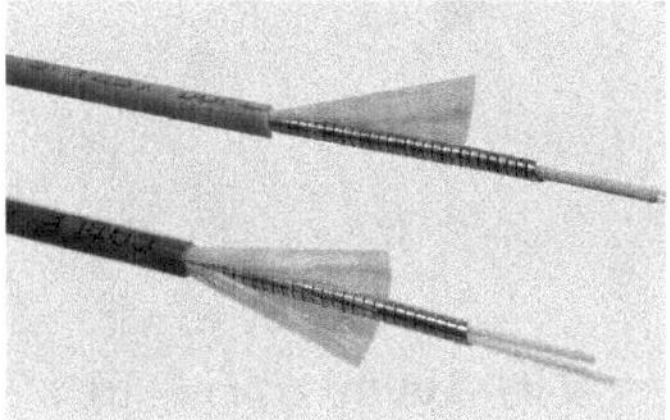

图 3-9　光缆

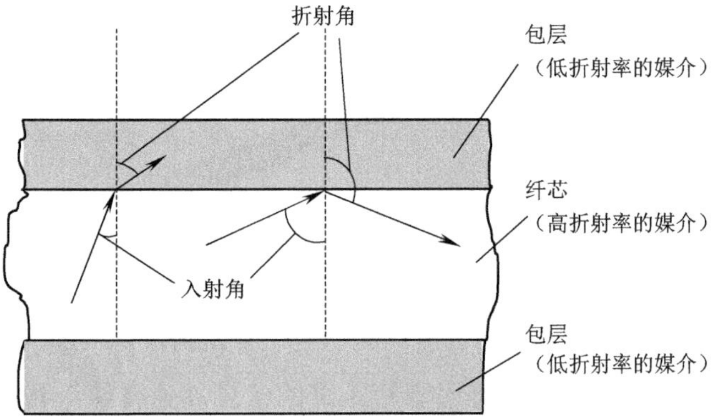

图 3-10　光纤的全反射传输

加固层的作用是衬垫和保护细如发丝的玻璃光纤，而外保护套则为整个光缆提供保护。

当需要掩埋光缆时，有时还需要增加多根不锈钢丝，以增加其强度。

与双绞线和同轴电缆相比，光缆的传输速率更高。由于光缆中传输的是光而不是电信号，所以基本不受外界干扰，更不会成为雷击的接入点。光缆还具有防止内外噪声和传输损耗低等特性，使光纤中的信号能够传输相当远的距离，这对设计覆盖范围广的网络非常有用。

光纤可以分为多模光纤和单模光纤。多模光纤允许多条不同角度入射的光线在一条光纤中传输。但多个光脉冲在多模光纤中传输时会逐渐展宽（发生色散现象），造成失真。因此，多模光纤只适用于近距离传输。单模光纤使光纤的直径缩小到只有一个光的波长的长度，则光纤就像一根水管那样，可使光线一直向前传播，而不会产生多次反射，损耗也更小，传输距离也更远。多模光纤成本低，无中继传输距离相对较短；单模光纤成本高，无中继传输距离相对较长。

光纤的光源通常使用发光二极管或半导体激光器，在接收端利用光电二极管接收光信号，还原出电信号。在光纤通信中，一般使用波长为 0.85μm、1.30μm 和 1.55μm 3 种光信号。

光缆的主要优点如下：

1）传输损耗小，中继距离长，特别适用于远距离传输。

2）抗雷电和电磁干扰性能好，在有大电流脉冲干扰的环境中非常适用。

3）无串音干扰，保密性好，也不易被窃听或截取数据。

4）体积小，重量轻。

5）传输速率高，从 100Mbit/s 到 1Gbit/s（1 000Mbit/s），甚至可达到 1Tbit/s（1 000Gbit/s）。

光缆的主要缺点是要将两根光纤精确地连接需要专用设备，并且高速光-电转换接口的相关设备价格较高。目前，光缆主要用于长距离的数据传输和网络的主干线。

3.4　传输介质访问控制方法

早期的局域网是“共享”（使用同轴电缆或集线器）式局域网，使用一对多的广播通信方式。在共享式局域网中，传输介质是共享的，所有的节点都可以通过共享介质发送和接收数据，但不允许两个或多个节点在同一时刻同时发送数据，也就是说，数据传输是以“半双工”方式进行的（即通信的双方都可以发送和接收，但不能双方同时发送和接收，即在一个时刻一方只能发送，另一方只能接收）。但是，若不加以控制，也有可能出现两个或多个节点同时发送、相互干扰的情况。这时，接收节点收到的信息就有可能出现错误，这就是所谓的“冲突”问题。冲突问题的产生就如一个有多人参加的讨论会议，一个人发言不会产生问题，如果两个以上的人同时发言，听众就会被干扰而无法听清发言内容。图 3-11 所示的为总线型局域网中的“冲突”现象示意图。

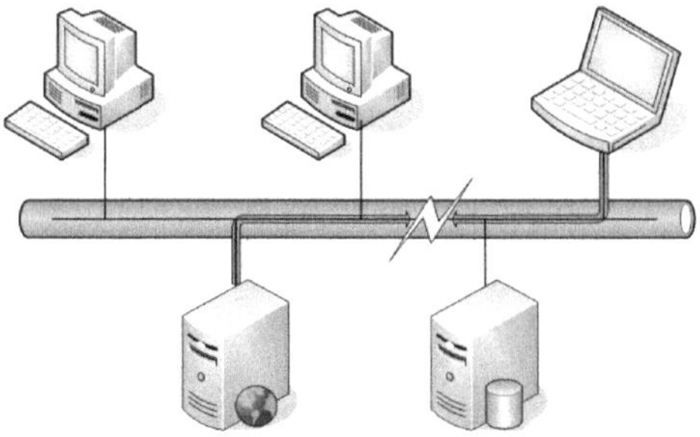

图 3-11　总线型局域网中的“冲突”现象

实际上，在共享式局域网中并不总要进行一对多的广播式通信，大多数情况下，更需要的“一对一”的通信方式。为了保证能把信息正确地传送到每一台计算机，就必须解决几个问题：多台主机如何识别、用什么格式传输信息以及多台主机如何共用同一条通信线路。

3.4.1　MAC 地址

网络中的每台主机都至少有一个网络接口卡（Network Interface Card，NIC），简称网卡。每个网卡上都有一个全球唯一的地址，该地址被固化在网络接口卡的只读存储器中，就像人的身份证号码一样不可修改。该地址通常被称为介质访问控制地址（Media Access Control，MAC），简称 MAC 地址，也可称为物理地址或硬件地址。

MAC 地址是一个 48 位的二进制数，一般用 12 个十六进制数表示，如 00-E0-4C-C1-61-31。MAC 地址分为两个部分，前 24 位表示网卡制造商的识别码，由 IEEE 统一分配；后 24 位是网卡的编号，由网卡制造商自行分配，如图 3-12 所示。

规定	前24位：制造商识别码	后24位：制造商自定的编号
例子	00-E0-4C	C1-61-31

图 3-12　网卡的 MAC 地址

当源主机向网络发送数据时，数据带有目的主机的 MAC 地址。网络中的节点接收到该数据后，检查数据中的目的主机 MAC 地址是否与自己 MAC 地址相符，如果相符，网卡就保留该数据；如果不符，网卡就丢弃该数据。

3.4.2　MAC 帧

当局域网的主机进行通信时，其所发送的数据必须遵循一定的格式，这个格式称为“帧”，属于数据链路层的内容。以太网的标准帧格式如图 3-13 所示。

长度	6	6	2	46～1 500	4
字段	目的地址	源地址	类型	数据	CRC

图 3-13　以太网 MAC 帧格式

以太网的帧由以下 5 个字段组成。

1）目的地址：长度是 6 字节，是帧接收者的 MAC 地址。

2）源地址：长度是 6 字节，是帧发送者的 MAC 地址。

3）类型：长度是 2 字节，用来标识上一层（网络层）使用的是什么协议，以便把收到的 MAC 帧的数据上交给上一层的这个协议。例如，当类型字段的值是 0x0 800 时，就表示上层使用的是网络互联协议（IP），数据区的内容是一个 IP 数据报的内容。

4）数据：长度在 46～1 500 字节之间，是帧所运送的内容。

5）CRC：长度是 4 字节，称为校验数据，用于检测帧在传输过程中是否出错，也称为帧校验序列（FCS），使用 CRC 校验方式。

在以太网上传送数据是以帧为单位进行的，一个帧的长度至少是 64 字节（才能检测到冲突），最长不超过 1 518 字节（帧太大碰撞冲突的几率也大，在检测到有错误的情况下需要重发，影响效率）。一个帧就相当于现实生活中的一封信，数据部分相当于信纸，其他部分相当于信封。

根据帧的接收者的不同，可以把局域网通信帧分为以下几种。

1）单播（Unicast）帧：一对一，即发送给本局域网上的某一台主机。帧的目的 MAC 地址为接收主机的 MAC 地址。

2）广播（Broadcast）帧：一对全体，即发送给本局域网上的所有主机。帧的目的 MAC 地址为二进制的全 1。

3）多播（Multicast）帧：一对多，即发送给本局域网上的一部分站点的帧。帧的目的 MAC 地址为多播地址。

3.4.3 传输介质访问控制方法

因为早期局域网所采用的传输介质是共享的，所以必须解决多个主机对传输介质的“争用”问题。不同类型的局域网采用不同的介质访问方法解决“争用”问题，主要包括带有冲突检测的载波侦听多路访问（CSMA/CD）方法、令牌总线（Token Bus）方法，以及令牌环（Token Ring）方法。

最早的以太网采用总线型拓扑结构。尽管现在在组建以太网的过程中通常使用集线器（注意不是交换机）组成星形拓扑结构，但在逻辑上其与总线型是一样的，如图 3-14 所示。因此，使用集线器组成的星形以太网在工作原理上与总线型以太网是一样的。

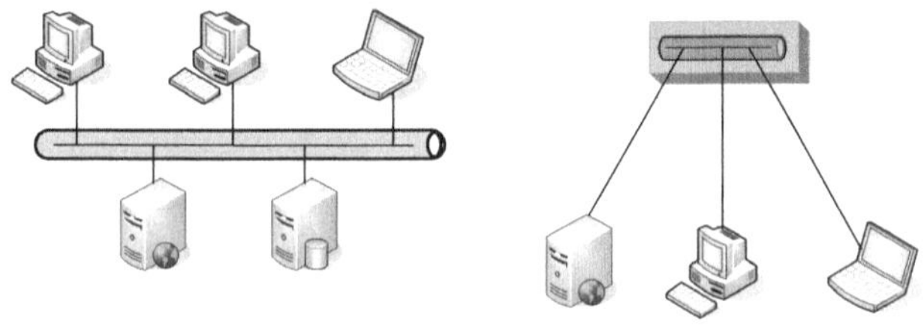

图 3-14 总线型以太网与使用集线器组成的星形以太网

以太网采用带有冲突监测的载波侦听多路访问（Carrier Sense Multiple Access with Collision Detection，CSMA/CD）方法实现对共享介质的访问控制。CSMA/CD 是一种典型的分布式介质访问控制方法，它没有集中控制中心，网中的所有节点具有相同的优先级，多台主机随机“竞争”使用同一条链路。由于发送信息采用竞争机制，因此发送等待延迟并不确定，而且在高负载时，冲突机率的增大会使网络的性能大幅下降。但是，由于其方法简单、实现容易、组网方便，因此得到了广泛应用。

总线上只要有一台主机在发送数据帧，总线的传输资源就被占用，其他的所有主机都会收到这个数据帧。因此，在同一时间只能允许一台主机发送信息，否则各主机之间就会相互干扰而产生冲突，总线上传输的信号就会出现严重的失真，从而各主机均无法从中接收正确的信息。

显然，使用 CSMA/CD 方法的以太网采用的是广播通信方式，一台主机不能同时发送和接收数据，即不可能进行全双工通信而只能进行半双工通信。因此，一个以太网就构成了一个冲突域（Collision Domain），又称为碰撞域，在任一时刻，只能有一个主机发送数据。

1. 以太网的发送

以太网中的一个节点如果要发送数据，它将数据送往共享介质从而“广播”出去，因此，连在总线上的所有节点都能“收听”到发送节点发送的数据信号。由于以太网中所有节点都可以利用总线传输，并且没有控制中心，因此，冲突的发生将是不可避免的。为了有效地对共享信道进行控制，CSMA/CD 的发送流程可以概括为“先听后发，边听边发，冲突停止，延迟重发”。图 3-15 所示的是以太网节点的发送流程。

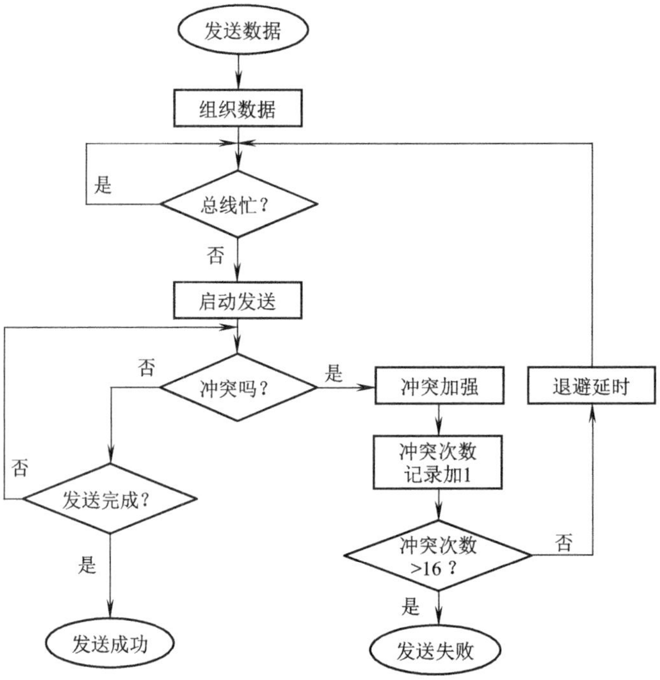

图 3-15　CSMA/CD 的发送流程

在采用 CSMA/CD 的局域网中，每一个节点利用总线发送数据时，首先需要将发送的数据组织成 MAC 帧，然后侦听总线的忙、闲状态。如果总线上已经有数据信号在传输，那么它必须等待，直到总线空闲为止；在总线空闲的状态下，节点可以启动发送过程。当然，在以太网中也存在着两个或多个节点在同一时刻同时发送的可能性，一旦出现这种情况，冲突就会产生。因此，CSMA/CD 在发送的过程中，需要一直监测信道的状态，当冲突发生时，必须立即停止发送，并且在随机延迟一段时间后再次进行发送的尝试。如果发送次数超过 16 次都没有发送出去，则向系统报告发送失败。

2. 以太网的接收

在接收过程中，以太网中的各节点同样需要侦听信道的状态。如果发现信号畸变，说明信道中有两个或多个节点同时发送数据，有冲突发生，这时必须停止接收，并将已接收到的数据废弃。如果在整个接收过程中没有发生冲突，接收节点在收到一个完整的数据后即可对数据进行接收处理：检查数据中包含的目的 MAC 地址是否与自己的 MAC 地址相符，如果相符就保留该数据，否则就丢弃该数据。图 3-16 为以太网的接收流程。

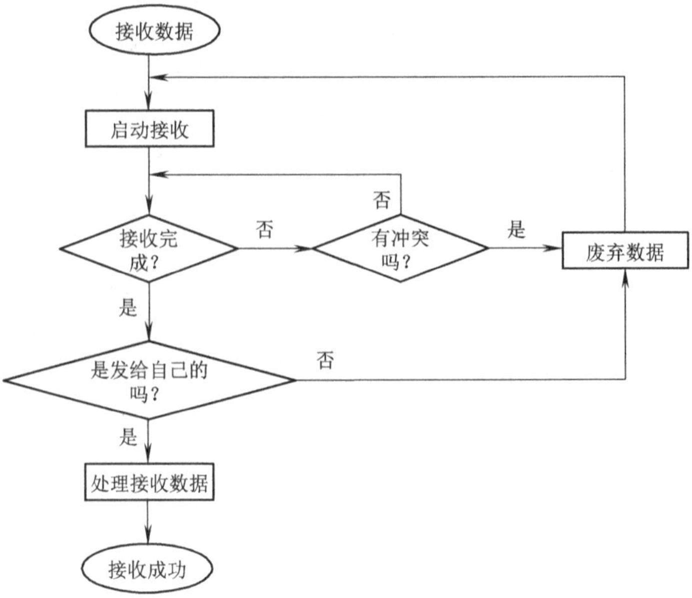

图 3-16　CSMA/CD 的接收流程

说明：CSMA/CD 只是检测冲突的发生并停止数据的传送，而没有能力将已经发生冲突的数据还原成原始的、正确的数据；以太网网卡芯片已经具备了 CSMA/CD 的功能，所以只要用户选用了以太网网卡，就不必专门设置和选择这种介质访问控制方法了。

因为早期以太网工作在半双工模式，存在冲突问题，所以必须使用 CSMA/CD 方法来协调各台主机的数据发送问题；如果有办法解决冲突，让以太网中的每一台主机工作在全双工模式，那么将会大大提高工作效率。虽然 CSMA/CD 方法仍然存在，但是实际上不会用到它。采用交换机联网的以太网就属于后一种情况。

3.5　观察 MAC 地址和以太网帧实训

通过具体实例查看 MAC 地址和以太网帧。

3.5.1　查看计算机网卡的 MAC 地址

要查看计算机网卡的 MAC 地址，需要单击 Windows 系统中的“开始”→“程序”→“附件”→“命令提示符”命令，在 DOS 命令窗口中输入“ipconfig/all”命令并按<Enter>键，输出信息如图 3-17 所示。

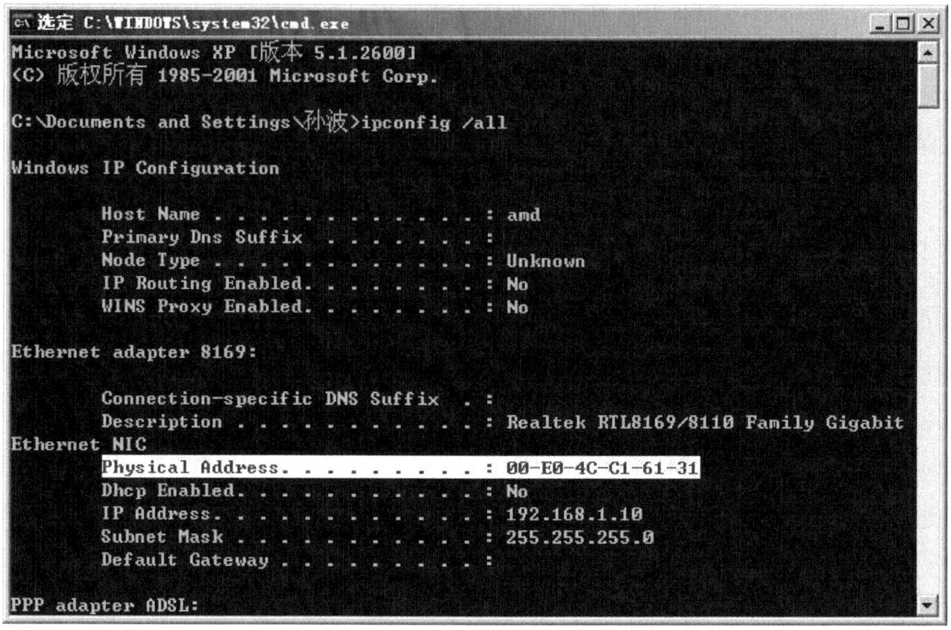

图 3-17　查看计算机网卡的 MAC 地址

其中，“Physical Address”后面的“00-E0-4C-C1-61-31”就是网卡的 MAC 地址。每一个网卡的 MAC 地址都是不一样的。

观察不同计算机的网卡 MAC 地址的前 3 个字节是否相同（若相同则表明网卡是同一制造商的产品）。

3.5.2　观察以太网 MAC 帧

可以通过专用软件设置以太网网卡，让它工作在一种特殊的混杂模式下。工作在混杂模式下的网卡将接收网络上的所有帧，而不管这些帧是否是发给自己的。当然，这样做实际上是“窃听”其他主机的通信，是一种黑客行为。而网络管理人员需要用这种方式来监视和分析网络中流动的数据帧，以便查找网络故障，分析网络性能。

Sniffer Pro 就是这样一个工具软件，通过捕获帧，观察网络的通信情况，从而帮助人们更好地理解各种网络协议的工作原理和过程。

Windows Server 2003 系统也自带了这种类型的工具软件，默认情况下并没有安装。单击“开始”→“控制面板”→“添加/删除程序”→“添加/删除 Windows 组件”命令，在“管理和监视工具”项中选中“网络监视器”，单击“确定”按钮开始安装，安装期间可能需要插入 Windows Server 2003 系统安装盘。安装完毕后，单击“开始”→“控制面板”→“管理和监视工具”，命令启动“网络监视器”。

1）初次启动，需要对网络及网卡进行设置，如图 3-18、图 3-19 所示。

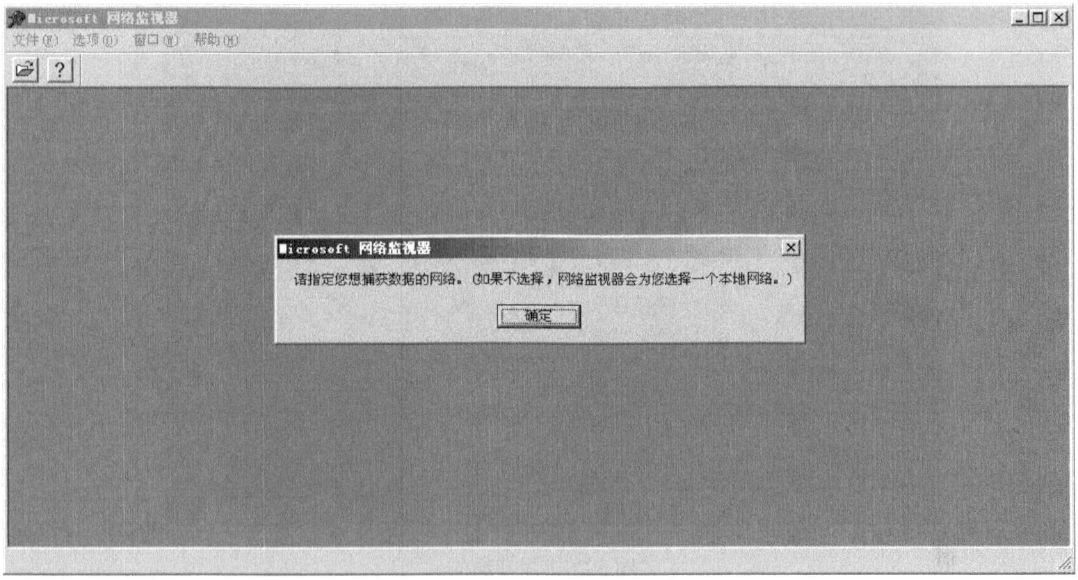

图 3-18　观察以太网帧 1

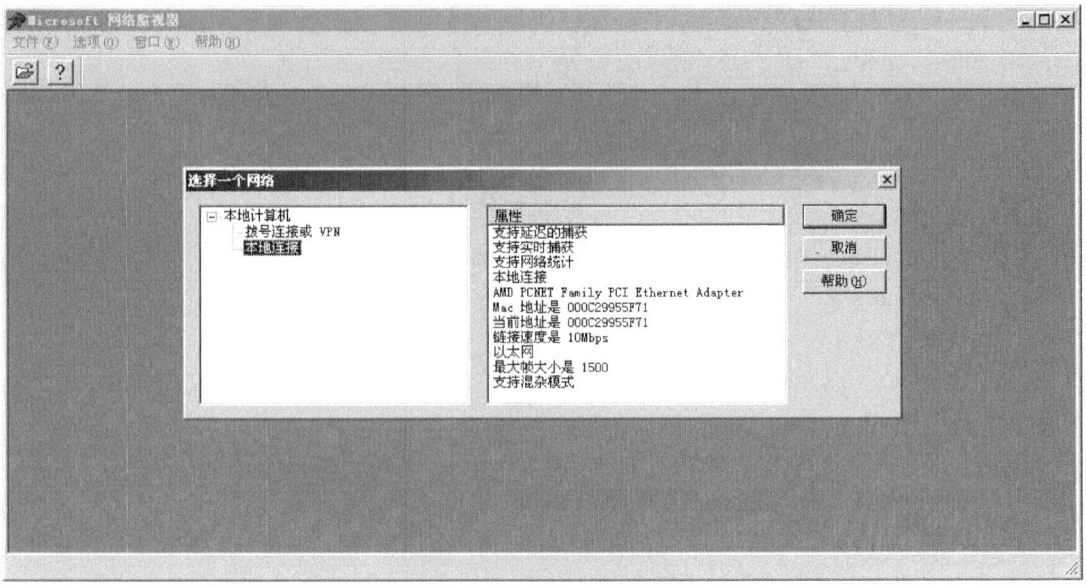

图 3-19　观察以太网帧 2

2）在捕获以太网帧之前，网络中必须有计算机在通信。因此，首先要从本台计算机发送信息到另一台计算机。在 DOS 命令窗口中输入：“ping　192.168.1.10　-t”。这条命令的意思是连续不断地发送 ping 信息到另一台计算机（IP 是 192.168.1.10），另一台计算机收到此信息后，将回复信息发送至源计算机。如果实际 IP 不一样，请自行修改。总之，要让这台计算机和其他计算机处在通信状态，如图 3-20 所示。

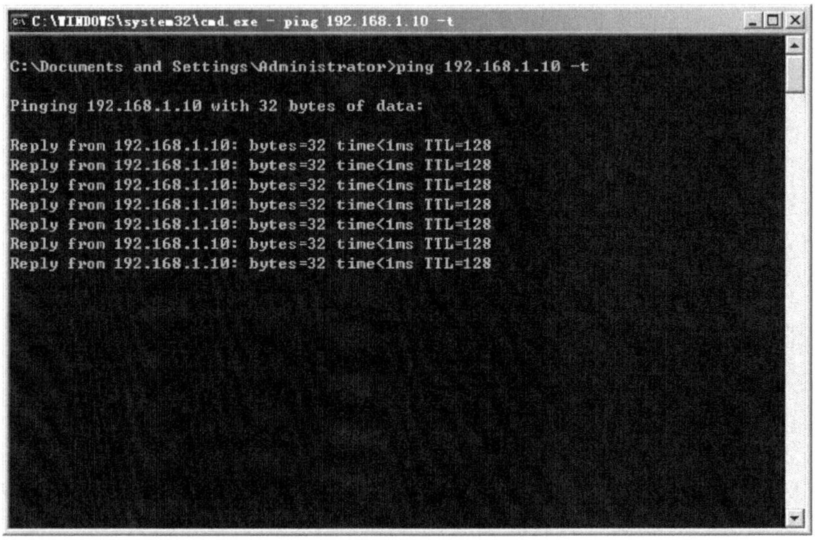

图 3-20 保持通信

3）单击网络监视器中的“启动捕获”按钮，开始捕获帧，如图 3-21 所示。

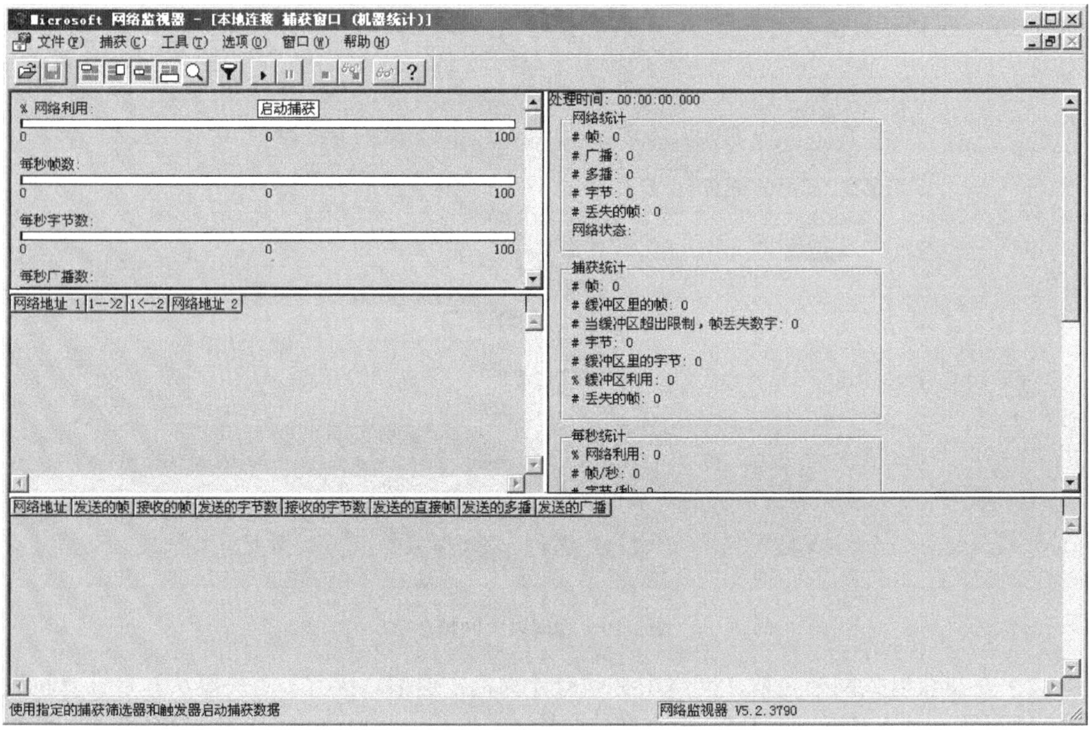

图 3-21 开始捕获帧

4）经过几秒后，单击“停止并查看捕获”按钮，将打开帧的查看窗口，如图 3-22、图 3-23 所示。

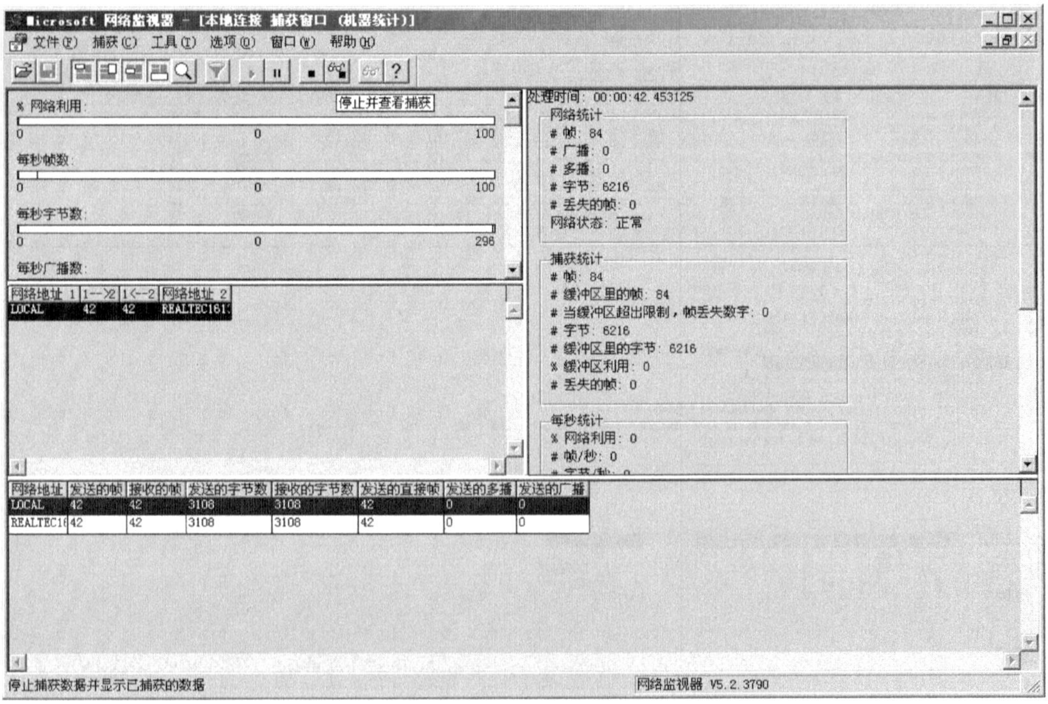

图 3-22　停止捕获

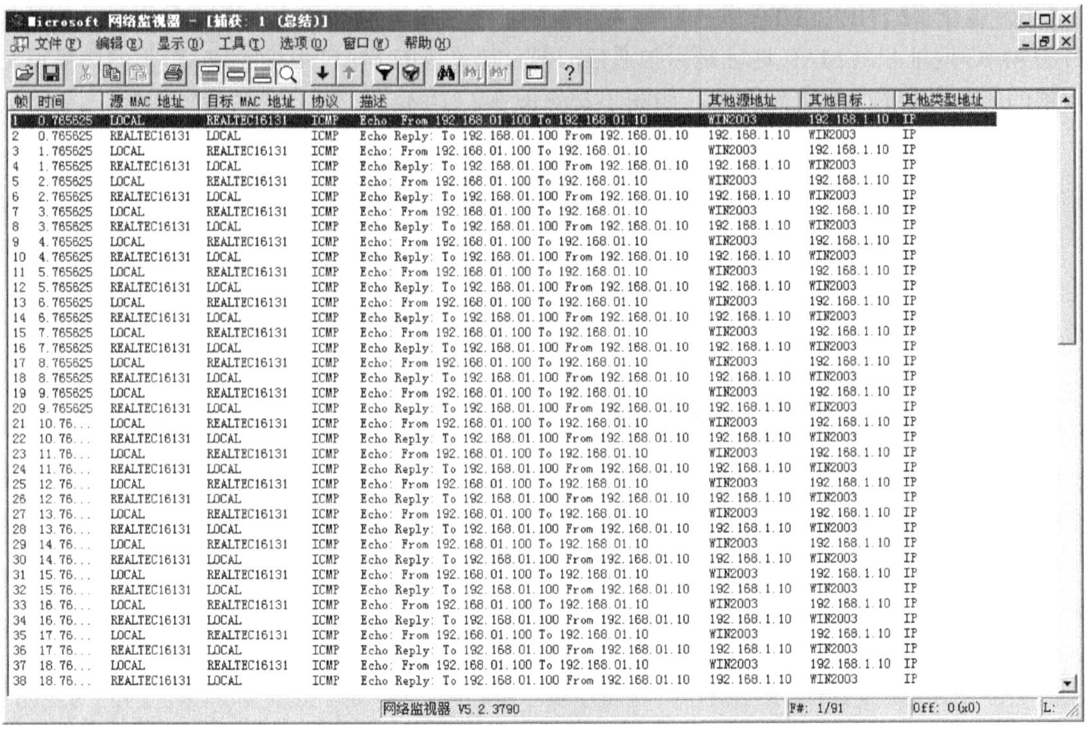

图 3-23　查看以太网帧

5）任意选择并双击一个帧，将打开帧的详细查看窗口，如图 3-24 所示。

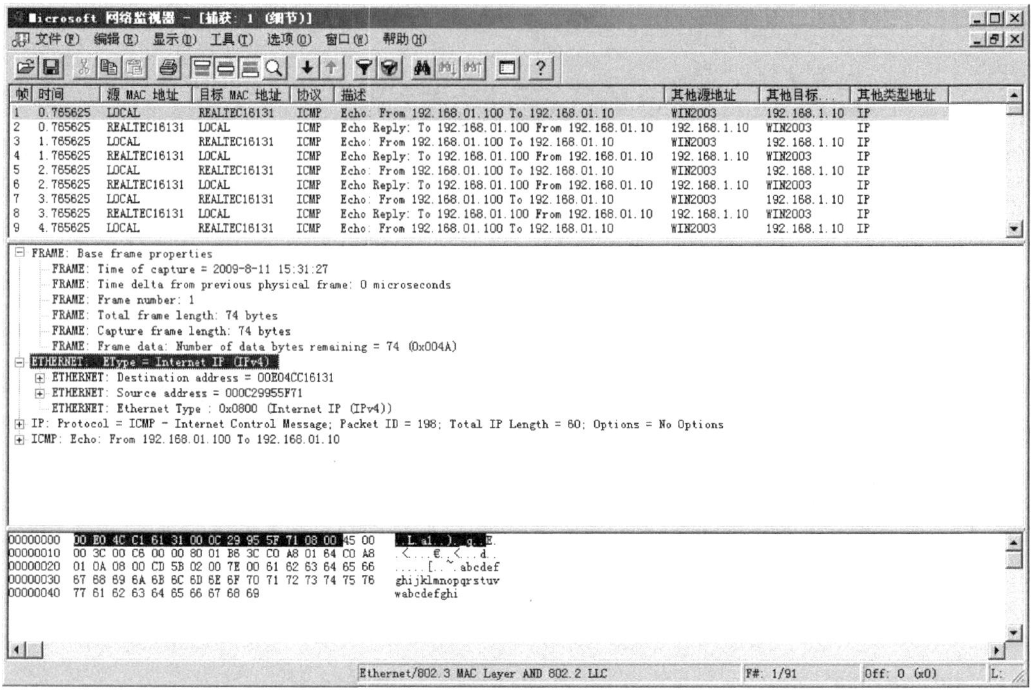

图 3-24　详细查看帧

6）展开“ETHERNET”项，将显示该帧的各个字段。观察各个字段的具体值，尤其是目的 MAC 地址和源 MAC 地址是否与通信的两台计算机的 MAC 地址一致。最下面的窗口是该帧的所有内容的十六进制表示，如图 3-25～图 3-27 所示。

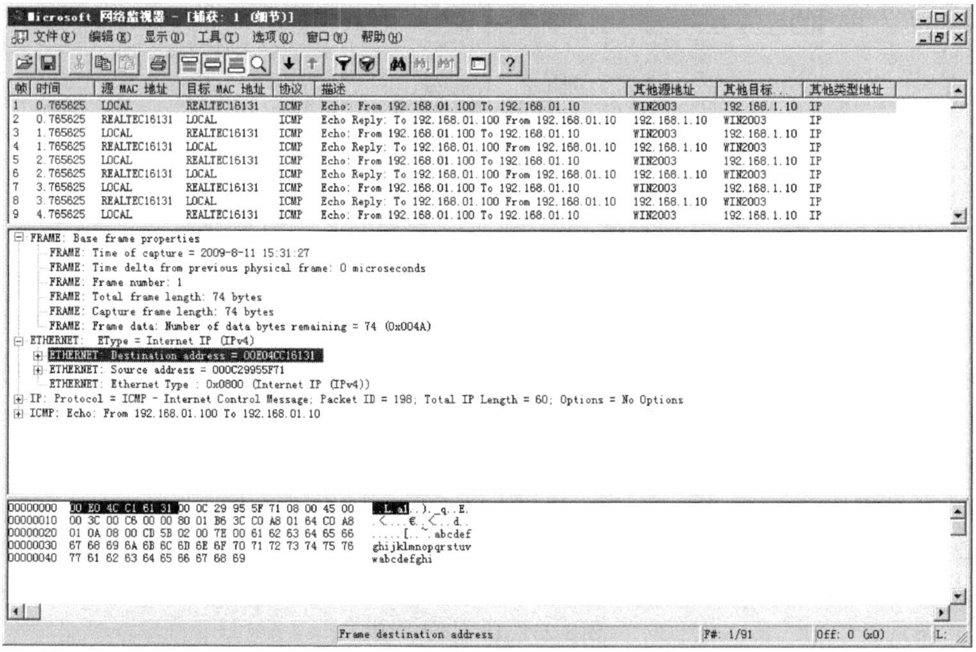

图 3-25　观察以太网帧 3

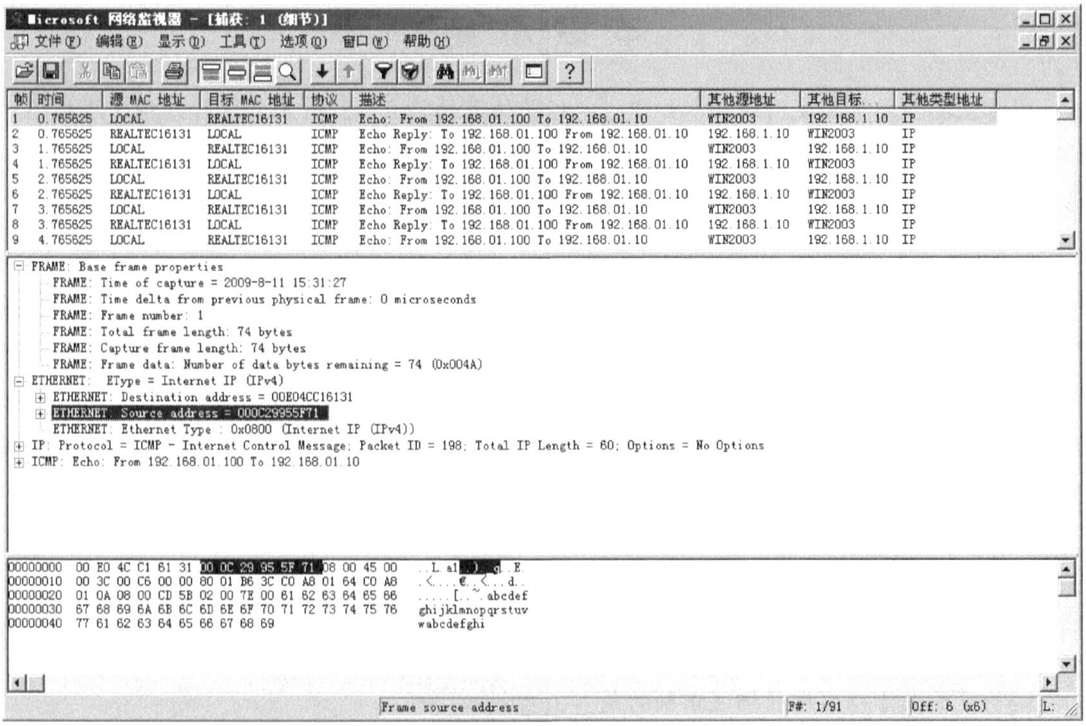

图 3-26　观察以太网帧 4

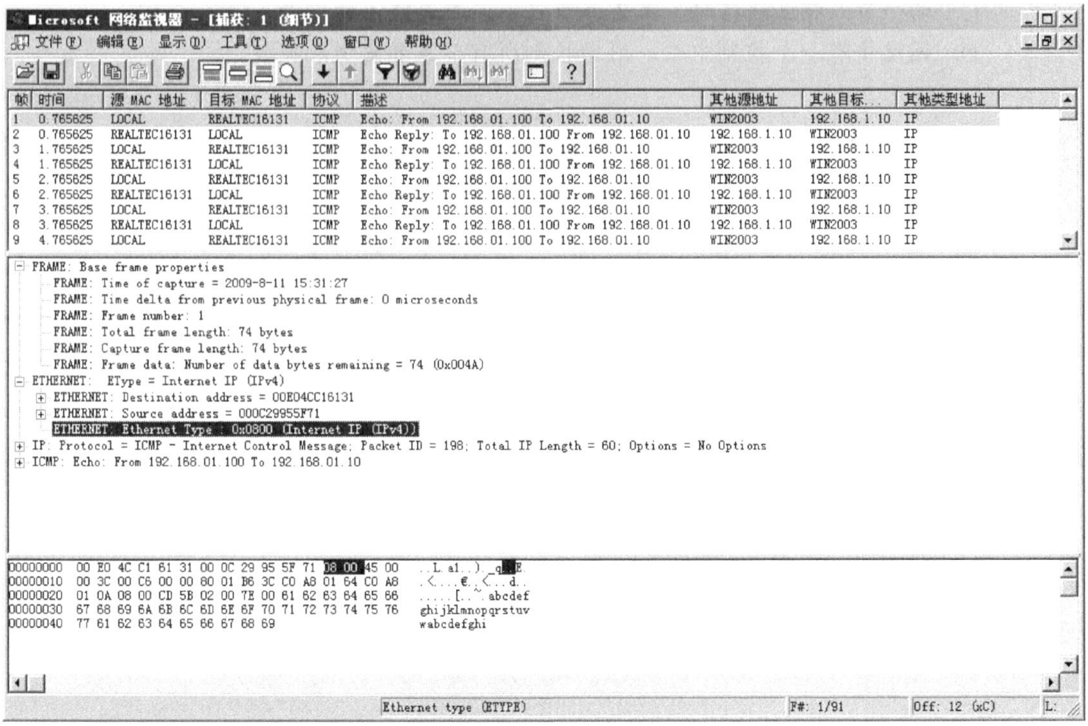

图 3-27　观察以太网帧 5

本章小结

本章主要介绍了局域网的基本知识，包括局域网的特点、3 种基本拓扑结构（总线型、环形、星形）、主要传输介质（同轴电缆、双绞线、光缆）及介质访问控制方法（CSMA/CD）。最后，进行了 MAC 地址和 MAC 帧的观察实训。

习题及课后实训

1. 选择题

（1）MAC 地址通常存储在计算机的______。

A. 内存中　　B. 网卡上　　C. 硬盘上　　D. 高速缓冲区中

（2）在以太网中，冲突______。

A. 是由于介质访问控制方法的错误使用造成的

B. 是由于网络管理员的失误造成的

C. 是一种正常现象

D. 是一种不正常现象

（3）下面关于以太网的描述正确的是______。

A. 数据是以广播方式发送的

B. 所有节点可以同时发送和接收数据

C. 两个节点相互通信时，第 3 个节点不检测总线上的信号

D. 网络中有一个控制中心，用于控制所有节点的发送和接收

2. 填空题

（1）基本的网络拓扑结构有 3 种，分别是________、________和________。

（2）局域网的技术要素是________、________和________。

3. 问答题

请简述以太网的工作原理和数据传输过程。

4. 课后实训

（1）参观学校的计算机网络实训实验室，画出网络拓扑结构图。

（2）参观企业或学校的网络中心，了解网络的硬件系统，并画出校园网络拓扑结构图，试着分析为什么要这样设计。

第 4 章　以太网组网技术

➢　教学目标

本章主要介绍以太网的基本组网方法。通过本章的学习，可以了解以太网的主要标准，掌握非屏蔽双绞线的制作方法，理解以太网交换机或集线器组网模式，掌握小型以太网的组建过程及连通性测试。

➢　教学要求

知识要点	能力要求	相关知识
以太网标准	了解以太网的主要标准	IEEE 802.3 标准
网络组件	掌握交换机、集线器、网卡，制作 UTP	EIA/TIA 线序标准
组网结构	理解局域网的两种组网结构	单一结构、级联结构
组建以太网	掌握组建小型以太网的基本过程	组网、测试

➢　教学要点

重　点	以太网的主要标准、UTP 电缆制作、组建小型以太网
难　点	以太网的主要标准、UTP 电缆制作

4.1　以太网的相关标准

以太网是美国施乐（Xerox）公司发明的，并以曾经在历史上表示传播电磁波的以太（Ether，实际上不存在这种物质）来命名。以太网属于众多类型的局域网中的一种，因此也工作在 OSI 体系结构的物理层和数据链路层，即 TCP/IP 体系结构的网络接口层。

经过三十多年的发展，以太网以较高的性价比，在局域网市场中占据了绝对优势。现在，以太网几乎成为了局域网的同义词。因此，学习计算机网络必须掌握以太网组网技术。

由于目前以太网的数据传输率已达到每秒百兆比特、吉比特或甚至 10 吉比特，因此通常以“早期以太网”或“传统以太网”来表示最早流行的 10Mbit/s 速率的以太网。

4.1.1　IEEE 802 标准

IEEE 802 委员会成立于 1980 年初，专门从事局域网标准和城域网标准的制定工作。IEEE 802 标准包含多个子标准，并且根据实际需求不断地制定新标准。第一个以太网标准 IEEE 802.3 是 1983 年制定的，后来根据市场需要又陆续制定了其他以太网标准。

在 OSI 模型标准化之前，IEEE 已开发了这些标准，但 IEEE 802 标准仍被作为 OSI 模型的物理层和数据链路层的具体规范，其主要内容见表 4-1。

表 4-1　IEEE 802 标准

标　准	主要内容
IEEE 802.1	局域网体系结构、寻址、网络互联以及网络管理
IEEE 802.2	逻辑链路控制（LLC）子层的功能与服务
IEEE 802.3	定义了以太网标准，包括 CSMA/CD 和物理层规范
IEEE 802.4	令牌总线（Token Bus）
IEEE 802.5	令牌环（Token Ring）
IEEE 802.6	城域网（MAN）
IEEE 802.7	宽带网络技术
IEEE 802.8	FDDI 光纤传输技术
IEEE 802.9	综合语音与数据局域网（IVD LAN）技术
IEEE 802.10	局域网安全规范（SILS）
IEEE 802.11	无线局域网标准
IEEE 802.12	100VG-AnyLAN 快速局域网
IEEE 802.13	未使用
IEEE 802.14	有线电视网（Cable Modem）网络接入技术
IEEE 802.15	无线个人局域网（WPAN），如蓝牙（Bluetooth）、紫蜂（Zigbee）
IEEE 802.16	宽带无线接入

后续的 IEEE 802 标准还在陆续制定中。

4.1.2　以太网的常见标准

IEEE 802.3 定义了多种以太网标准，其中较为常见的标准见表 4-2。

表 4-2　IEEE 802.3 以太网标准

以太网标准	IEEE 规范	批准时间	速　率	拓扑结构	网段长度/m	传输介质
10Base5	802.3	1983	10Mbit/s	总线型	500	50Ω粗同轴电缆
10Base2	802.3a	1988	10Mbit/s	总线型	185	50Ω细同轴电缆
10Base-T	802.3i	1990	10Mbit/s	星形	100	3 类及以上非屏蔽双绞线
100Base-TX	802.3u	1995	100Mbit/s	星形	100	5 类非屏蔽双绞线
100Base-FX	802.3u	1995	100Mbit/s	星形	2 000	多模/单模光纤
1000Base-T	802.3ab	1998	1000Mbit/s	星形	100	5 类（4 对）非屏蔽双绞线
1000Base-X（SX/LX/CX）	802.3z	1998	1000Mbit/s	星形	550/5 000/25	多模/单模光纤，屏蔽双绞线
10GBaseR/W/X	802.3ae	2002	10Gbit/s	星形	65～40 000	多模/单模光纤
10GBaseR/W/X	802.3ba	2002	40～100Gbit/s	星形	65～40 000	多模/单模光纤

10Base5 和 10Base2 的传输速率都为 10Mbit/s，分别采用 50Ω的粗同轴电缆和 50Ω的细同轴电缆。10Base5 和 10Base2 在早期的以太网中被广泛使用，但以后逐渐被易于结构化布线的 10Base-T 和 100Base-TX 所取代。100Base-FX 采用光缆作为传输介质，其传输速率可以达到 100Mbit/s。但是，由于光缆的连接设备和安装比较昂贵，因此，100Base-FX 也未成为

主流以太网的组网方式。

10Base-T 的传输速率为 10Mbit/s，可以使用 3 类及以上的非屏蔽双绞线作为其传输介质。100Base-TX 又称为快速以太网，传输速率为 100Mbit/s，它使用 5 类非屏蔽双绞线作为其传输介质。1000Base-T 的传输速率为 1 000Mbit/s，它也使用 5 类非屏蔽双绞线作为其传输介质，但是与 100Base-TX（使用 5 类非屏蔽双绞线的其中的 2 对）所不同的是，它使用 5 类非屏蔽双绞线的全部导线（4 对）。

一般数情况下，使用 3 类或 5 类非屏蔽双绞线的最大长度为 100m。传输速率达到 100Mbit/s 的网络称为快速以太网；传输速率达到 1 000Mbit/s 的网络称为千兆以太网或吉比特以太网；传输速率达到 10 000Mbit/s（10Gbit/s）的网络称为万兆以太网或 10 吉比特以太网（10GE）。

1000Base-X 是千兆以太网的另一个标准。根据使用传输介质的不同可以分为 3 个子标准：1000Base-SX，使用传输短波长（使用 550nm 激光器）的光纤，最长传输距离 550m；1000Base-LX，使用传输长波长（使用 1300nm 激光器）的光纤，最长传输距离为 5 000m；1000Base-CX，使用 2 对屏蔽双绞线，最长传输距离为 25m。

万兆以太网由于传输速率很高，因此只使用光缆，并且工作在全双工模式下，不存在介质争用问题，也不使用 CSMA/CD 方法，但是帧格式仍然与以前的以太网保持一致。

由此可以看到，以太网从 10Mbit/s 到 10Gbit/s 不断地演变进化，并且保持与以前网络的兼容性，具有价格相对低廉、组网灵活、可扩展性强、易于安装、稳定性好等特点，市场占有率逐渐提高，成为当今局域网的主流技术。

4.2　以太网的网络组件

目前，大部分小型局域网使用的是性价比较高的 100Base-TX 标准，即以 5 类非屏蔽双绞线为传输介质的 100Mbit/s 以太网（快速以太网）。因此，本章也以此标准讲述相关内容。

4.2.1　集线器和交换机

星形拓扑结构的以太网需要专用的通信设备，主要是集线器和交换机两种。

1．集线器

集线器（Hub）又称为多端口中继器，是一个工作在物理层的网络通信设备，用于构建星形拓扑结构的以太网。

集线器通常采用 RJ-45 标准接口，如图 4-1 所示为一个具有多个 RJ-45 端口的以太网集线器。主机或其他网络设备可以通过双绞线与集线器 RJ-45 端口相连，成为网络的一部分。由于集线器具有对信号的放大功能，因此，也可以利用集线器的级联将以太网的覆盖范围扩大。

图 4-1　集线器示意图

使用 10Base2 和 10Base5 的总线型网络和以集线器为核心的星形网络都属于共享式以太网。从本质上讲，以集线器为核心的以太网同原先的总线型以太网并无根本区别，集线器只不过是一个“集中式”的总线，把原先以总线形式的连接转换成了以双绞线为传输介质的星形连接，在逻辑上仍然是一个总线网络，使用半双工方式通信，因此必须使用 CSMA/CD 方法（解决共享介质争用问题）。因为工作在物理层，所以它的每个端口仅仅简单地向其他所有端口转发收到的数据位（bit）：收到 1 就转发 1，收到 0 就转发 0，没有识别帧的能力。

所有连接到集线器的设备共享同一介质，因此集线器和它所连接的设备组成了一个单一的冲突域。如果一个主机发出一个广播信息，集线器会将这个广播传播给所有同它相连的主机，因此它也是一个单一的广播域。

共享式以太网存在以下弊端：由于所有的主机都在同一冲突域中，因此不管哪一个主机发送数据，所有其他主机都能接收到这个数据，并且此时其他主机都不能发送数据。随着主机数量的增加，冲突可能性也大大增加，大量的冲突将导致网络性能急剧下降。另外，集线器在同一个时刻只能传输一个数据帧，这意味着集线器的所有端口都要共享同一带宽。例如，10Mbit/s 集线器以太网有 5 台主机，则理论上每台主机的带宽只有 2Mbit/s。

集线器的工作特点如下：

1）集线器多用于简单、小规模的以太网。

2）集线器同中继器一样都是工作在物理层的网络设备。

3）放大接收到的信号。

4）无过滤和交换功能。

5）不同速率的集线器不能级联。

因为性能差、功能单一等原因，现在组建以太网时已经越来越少使用集线器，一般都使用交换机。

2．交换机

交换机（Switch）又称为多端口网桥，是一个工作在数据链路层的网络通信设备，用于构建星形拓扑结构的以太网，如图 4-2 所示。

图 4-2 交换机示意图

在使用交换机的以太网中，由于交换机能识别数据帧，并能根据收到的帧中的 MAC 地址决定数据帧应发向交换机的哪个端口，因此不会干扰其他主机通信，即各个端口独享带宽。

交换机的外观与集线器相似，联网方法也类似，最重要的区别在于使用交换机的以太网是全双工的以太网，效率更高，限制更少，功能更多。下一章将详细介绍交换机的工作原理。

4.2.2 网络接口卡

网络接口卡（Network Interface Card，NIC）又称为网络适配器，简称网卡，是计算机与网络的接口，如图 4-3 所示。目前绝大部分的计算机都在主板上集成了一个网卡，用户也可另外购买独立的网卡。计算机通过网卡将计算机与网络的通信介质相连，从而达到接入网络的目的。

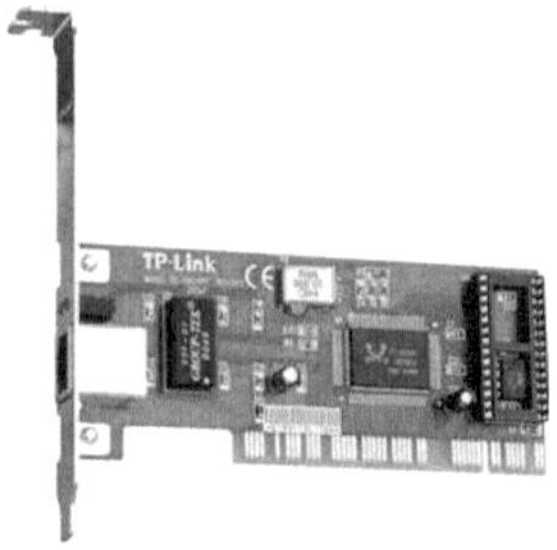

图 4-3　带 RJ-45 接口的以太网网卡

以太网网卡工作在数据链路层，执行 CSMA/CD 方法，发送和接收数据帧，进行差错校验等工作。每块网卡上都有一个全球唯一的固化地址，又称为 MAC 地址或物理地址。

组装星形以太网所需的网卡必须带有标准的 RJ-45 接口，以便与双绞线相连。另外，还有带光缆接口的网卡，与光缆直接连接。

按照传输速率的不同，网卡可以分为 10Mbit/s、100Mbit/s、1 000Mbit/s 几类，如果可以工作在多种速率（如 10/100/1 000Mbit/s 等），则称为自适应速率网卡。带有 RJ-45 接口的 100Mbit/s 网卡可以用来组装 100Mbit/s 的以太网，通常与符合 100Base-TX 的以太网交换机或集线器相连。对于 10/100/1 000Mbit/s 自适应网卡，则可以根据使用的以太网通信设备的速率，自动调整自己的工作速率。

以太网卡可以工作在两种模式下，即半双工（连接集线器）和全双工（连接交换机）。

半双工传输模式实现需要 CSMA/CD 方法。传统的共享式以太网就是在半双工下工作的，在同一时间只能传输单一方向的数据。当两个方向的数据同时传输时，就会产生冲突，这会降低网络的效率。例如，只有一条铁路，当两列火车相向而行，都需要通过它的时候，实际上只能一列先通过，另一列暂时等待。

全双工传输采用点对点连接，这种连接不存在冲突问题，因为它们使用双绞线中两个独立的发送和接收线路，相当于提高了带宽。例如，在上例中有两条铁路，则两列火车可以同时双向通行，无需等待。在全双工模式下，冲突检测电路无需工作（即无需使用 CSMA/CD 方法）。半双工以太网的传输效率可以达到 30%～40%，全双工以太网在两个方向上的传输效率均可达到 100%。

4.2.3　非屏蔽双绞线

非屏蔽双绞线（UTP）主要用于星形拓扑结构的网络，需要通过 RJ-45 接头与网卡、交换机或集线器等设备相连。在制作接头时，线序必须符合国际标准。EIA/TIA 国际协会制定的双绞线线序标准有 T568A 和 T568B 两种，其具体标准见表 4-3。

表 4-3　EIA/TIA 双绞线线序标准

标　准	1	2	3	4	5	6	7	8
T568A	白绿	绿	白橙	蓝	白蓝	橙	白棕	棕
T568B	白橙	橙	白绿	蓝	白蓝	绿	白棕	棕

UTP 包含 8 根导线，每两根线绞合在一起，形成 4 对；使用了 8 种不同的颜色标记，其中橙和白橙形成一对，绿和白绿形成一对，蓝和白蓝形成一对，棕和白棕形成一对。

注意：事实上，T568A 标准就是将 T568B 标准的 1 号线和 3 号线对调，2 号线和 6 号线对调，如图 4-4 所示。

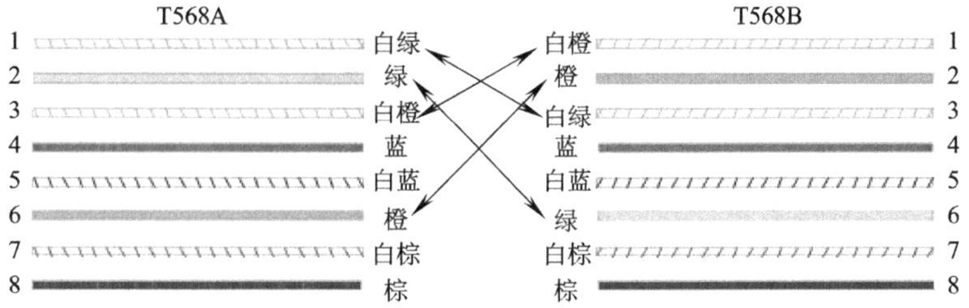

图 4-4　T568A 线序和 T568B 线序

实际应用中，大多数 UTP 均使用 T568B 标准，通常认为该标准对电磁干扰的抑制效果更好。本节的实例默认使用 T568B 的标准，不再另外说明。还需要注意的是，做 RJ-45 接头的时候，如果只是保证线两端的顺序一一对应，却并未按照标准去做，虽然能连通网络，但这种线的抗干扰性非常差，会降低实际的传输速率。

10Base-T 和 100Base-TX 规定，将 1、2 线做发送线，3、6 线作接收线，其他导线未用，如图 4-5 所示。

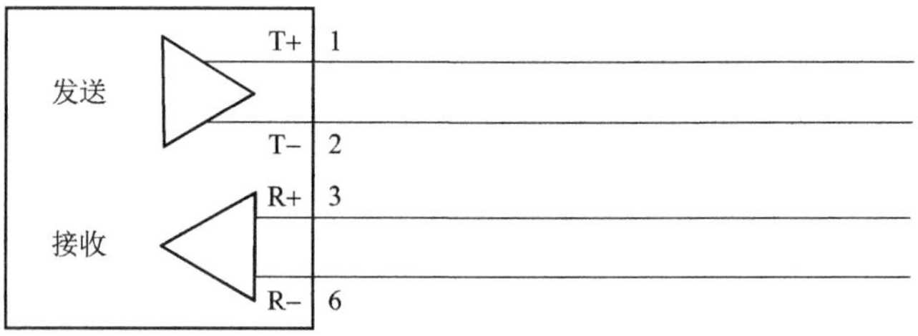

图 4-5　以太网的收发线

为了将 UTP 电缆与计算机网卡、集线器、交换机等设备相连接，每条 UTP 的两端都需要安装 RJ-45 接头，而网卡、集线器、交换机等设备上都配有 RJ-45 接口。图 4-6 显示了一条带有 RJ-45 接头的 UTP 电缆插入 RJ-45 接口的示意图。

图 4-6　带有 RJ-45 接头的 UTP 电缆插入 RJ-45 接口

带有 RJ-45 接头的 UTP 电缆可以使用专用的压线钳制作。根据 UTP 两端所连接网络设备的不同，要求制作过程中线的排列顺序也不同。常见的以太网 UTP 电缆分为直通线、交叉线和全反线 3 种。

制作 UTP 电缆的基本原则是自己的发送线要与对方的接收线相连；自己的接收线要与对

方的发送线相连。

为了使常用 UTP 连接更方便，交换机和集线器在每个 RJ-45 接口的内部把发送线和接收线的位置进行了调换，为了叙述方便，暂且把这种 RJ-45 接口叫做内部交叉接口（MDI-X，又称为交叉介质设备接口）；而网卡、路由器等其他网络设备的 RJ-45 接口在内部没有交叉，叫做正常接口（MDI-II，又称为平行介质设备接口）。部分交换机和集线器有一个或多个用于级联（Uplink）的 RJ-45 接口，属于正常接口，如图 4-7 所示。

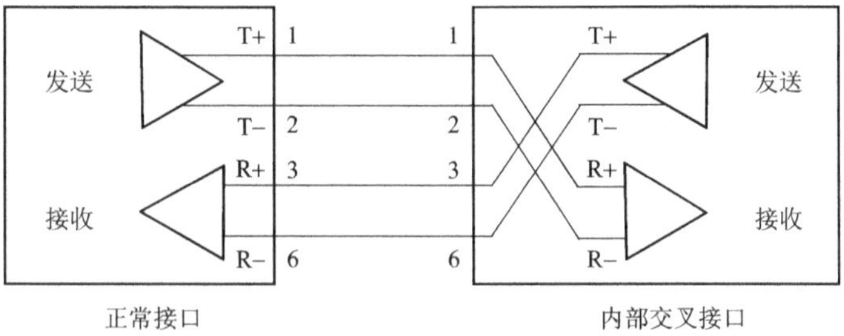

图 4-7　交换机和集线器内部交叉接口

总之，除了交换机和集线器的普通连接端口以外（不包括级联端口），其他 RJ-45 接口都是内部没有交叉的正常接口。

不管什么网络设备使用 UTP 相连，都要保证自己的发送线与对方的接收线相连。因此，如果 UTP 两端所连接的是相同的 RJ-45 接口，则要使用交叉线；如果 UTP 两端所连接的是不同的 RJ-45 接口，则要使用直通线。

（1）直通线

直通线是实际应用中使用得最多的 UTP。直通线的做法就是使两端的线序相同，要么两头都是 T568A 标准，要么两头都是 T568B 标准，建议使用 T568B 标准。直通线用来连接一端是正常接口、另一端是交叉口的情况，如网卡到交换机或集线器、路由器到交换机或集线器，以及交换机或集线器的级联口到另一台交换机或集线器的交叉口，如图 4-8 所示。

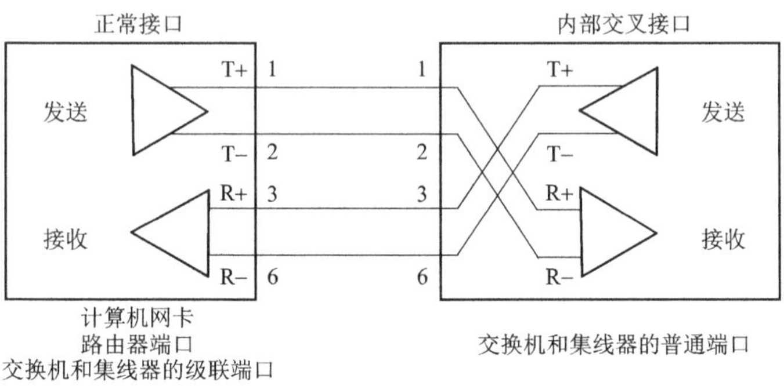

图 4-8　直通线示意图

符合 T568B 标准的直通 UTP 电缆中，水晶头触点与 UTP 线的对应关系如图 4-9 所示。

（2）交叉线

交叉线的做法就是使两端的线序不相同，具体来说就是一端做成 T568A 标准线序，另外一头做成 T568B 线序，从实际接线情况来看也就是一头的 1、3 线分别与另一头的 2、6 线相连接。

交叉线用来连接两端都是正常接口或者两端都是交叉接口的情况，如两台计算机网卡直接相连、计算机网卡直接与路由器相连、交换机或集线器的普通端口连接另一台交换机或集线器的普通端口、交换机或集线器的级联口连接另一台交换机或集线器的级联口、计算机网卡与 ADSL Modem 连接等，如图 4-10 和图 4-11 所示。

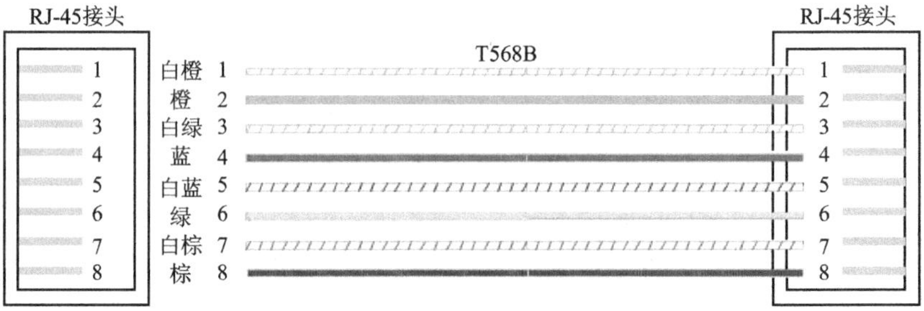

图 4-9　直通线连接示意图

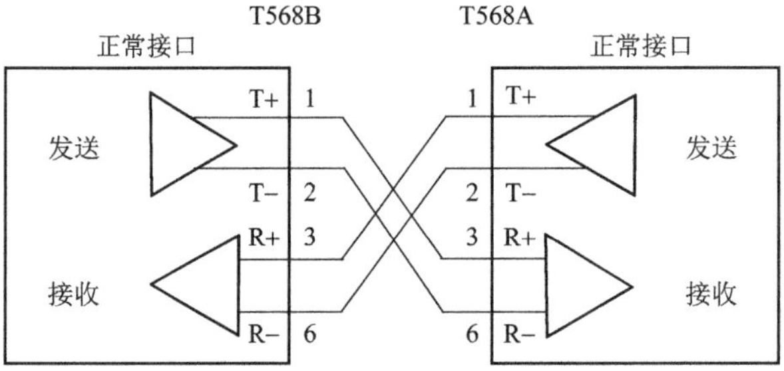

图 4-10　交叉线示意图（正常接口与正常接口连接）

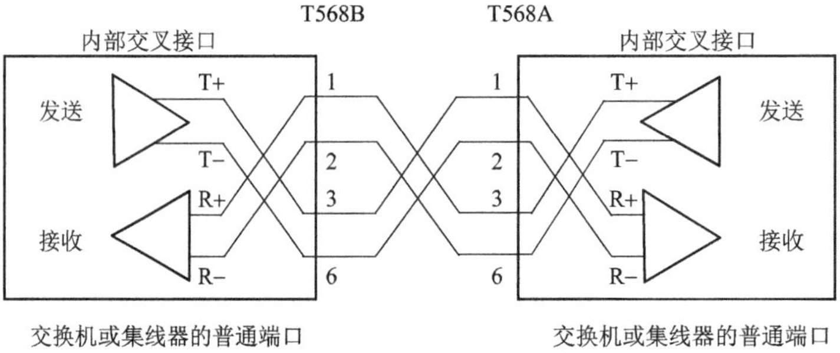

图 4-11　交叉线示意图（交叉接口与交叉接口连接）

交叉 UTP 电缆中，水晶头触点与 UTP 线的对应关系如图 4-12 所示。

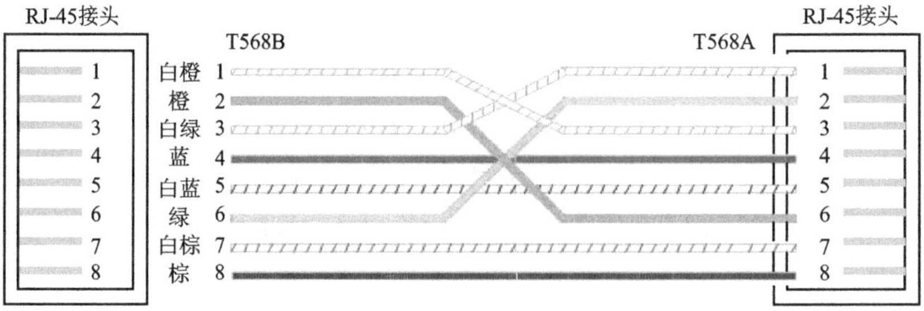

图 4-12　交叉线连接示意图

注意：部分新型交换机能识别直通线与交叉线，因此无论使用直通线还是交叉线都可连通。相关功能请自行查阅设备配送的说明书。

（3）全反线

全反线主要用于计算机的串行口和网络设备（路由器和交换机等）的 Console 口连接，不用于以太网的连接。这种连接允许网络管理员使用终端仿真软件登录网络设备，通过输入命令来配置设备。

全反线实际上就是用网线来充当串行口连接线，线序一般一头符合 T568B 标准，而另一头的颜色则全反过来。具体做法就是一端的线序是 12345678，另一端则是 87654321。

4.3　交换机或集线器的组网结构

交换机与集线器在外观上非常相似，基本使用方法也类似，可以混用。在组网的时候，为了方便，往往称速率 10Mbit/s 为 10M，速率 100Mbit/s 为 100M，如 100M 交换机指的是 100Mbit/s 速率的交换机，其他以此类推。

根据网络规模和计算机的数量多少及地理分布情况，交换机或集线器组建以太网可以采用单一交换机结构和多交换机级联结构。

4.3.1　单一交换机（集线器）结构

如果网络的规模不大，需要联网的计算机比较集中，则可以使用一个交换机（集线器）进行组网。根据网络应用对网络速率的要求，可以组成 10M 或 100M 的网络。

如果组建单一结构的 100M 以太局域网，计算机中必须有 100M 网卡（或 10M/100M 自适应网卡），并通过 5 类及以上的非屏蔽双绞线与 100M 交换机（集线器）相连。主机到交换机（集线器）的非屏蔽双绞线最大长度不能超过 100m，否则主机发送的信号就会衰减过多，以至于网络无法正常工作。

单一交换机（集线器）结构的以太网适用于小型工作组规模的局域网，所连接的主机数量由交换机的端口数量决定，一般为 4 到 24 个端口，如图 4-13 所示。

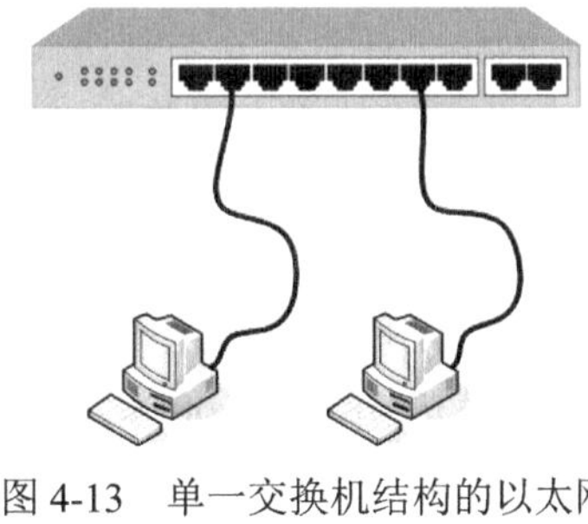

图 4-13　单一交换机结构的以太网

4.3.2　级联交换机（集线器）结构

当需要联网的计算机数超过单一交换机（集线器）所能提供的端口数，或者需要联网的计算机位置比较分散时，可以使用多交换机（集线器）级联方式进行组网。

通常，交换机（集线器）都提供一个级联（Uplink）端口，专门用来同其他交换机（集线器）进行连接。利用级联端口，可以使用直通UTP电缆与另一台交换机（集线器）的普通端口进行级联。当交换机（集线器）无级联端口或级联端口被占用的情况下，则需要使用两个交换机（集线器）上的普通端口进行级联。利用一个交换机（集线器）的普通端口与另一交换机（集线器）的普通端口级联必须使用交叉UTP电缆。

多交换机（集线器）进行级联时，一般可采用平行级联和树形级联两种方式，如图4-14和图4-15所示。

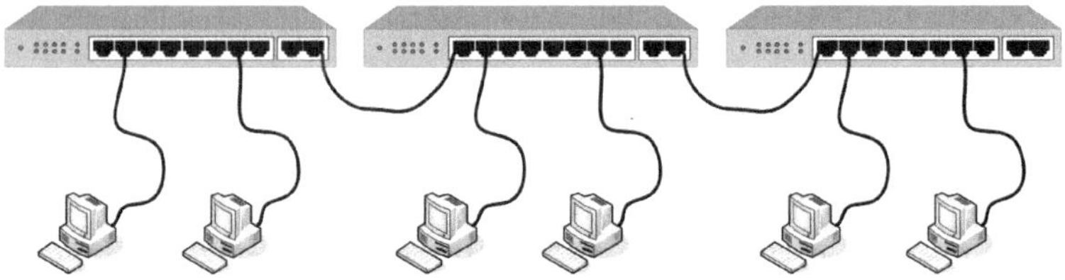

图4-14　平行级联结构

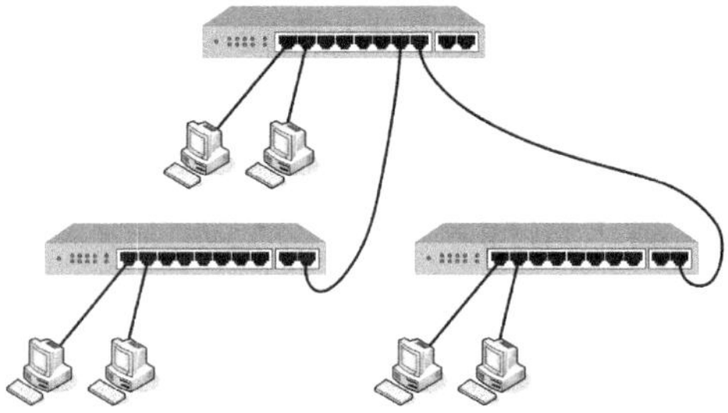

图4-15　树形级联结构

利用多级联可以构成规模较大的以太网。但是，如果全部使用集线器组网，则只能组建单一的10M或100M速率的网络，只有交换机才可能组成10M、100M甚至是1 000M混合速率的网络。使用集线器在联网方面主要有以下几点限制：

1）10M集线器所构成的级联网络，任意两个主机之间最多可以有5个网段，经过4个集线器，整个网络的最大覆盖范围为500m。

2）100M集线器所构成的级联网络，任意两个节点之间最多可以经过2个集线器，集线器之间的电缆长度不能超过5m，整个网络的最大覆盖范围是205m。

3）整个网络要求使用单一速率的10M或100M集线器，不能混用。

4）网络中不能出现环路。

交换机则无以上限制。交换机和集线器可以混用，但要注意速率的匹配。目前大多数的交换机和集线器都具有10M/100M自适应功能，1 000M及以上的交换机一般用于大中型网络的主干网部分。

4.4　组建小型以太网实训

本章的实训任务是组建一个只有两台计算机的简单以太网，如图4-16所示。网络组件包括交换机（或集线器）、网卡和非屏蔽双绞线。

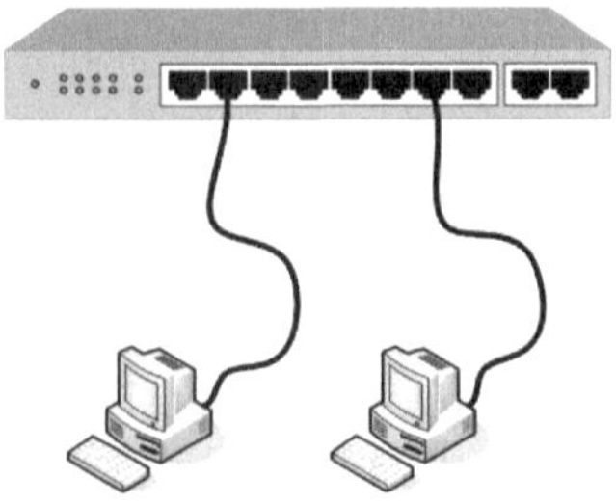

图 4-16　简单以太网组网

通过本次实践训练，积累组建网络的一些经验，为后续组建更大型、更复杂的网络打好基础。

4.4.1　所需设备和器件

在开始组装以太网之前，需要准备两台带网卡的计算机、交换机（或集线器），这些设备必须能支持同一数据传输速率，如 100Mbit/s。

为了制作双绞线，必须准备 5 类非屏蔽双绞线、RJ-45 接头（水晶头）以及压线钳和电缆测试仪等工具，如图 4-17 所示。

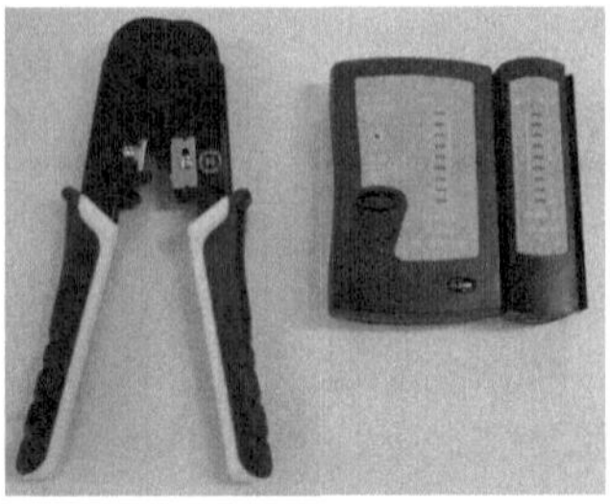

图 4-17　压线钳和电缆测试仪

4.4.2　制作直通 UTP 电缆

制作非屏蔽双绞线的步骤如下：

1）取一段长度适中的非屏蔽双绞线，用压线钳将电缆两端的外皮剥去约 13～15mm，观察电缆内部 8 芯引线的色彩，并按照 T568B 标准排好顺序，再用压线钳将 8 芯引线剪齐，留下约 12mm。

2）取出水晶头，将排好顺序的非屏蔽双绞线按照图 4-9 所示的方法插入接头内，用压线钳将接头压紧，确保无松动现象。在电缆的另一端，按照同样的方法，将水晶头与非屏蔽双绞线相连，形成一条直通 UTP 电缆。

3）根据需要制作多条电缆，并用电缆测试仪测试连通性，保证全部正确。

4.4.3　将计算机接入网络

按图 4-16 所示的方式，利用制作的直通 UTP 电缆将计算机与交换机连接起来，构成一个简单的以太网。

4.4.4 网络连通性测试

在完成计算机与交换机的连接后，打开交换机及计算机的电源，观察交换机的状态指示灯和网卡的状态指示灯的变化情况。

可通过检查各网卡的指示灯和交换机各端口上的指示灯的状态，来检查网络的连通状况。如果插线端口对应的指示灯都亮，则网络连通正常；如果有指示灯不亮，则说明相应的连接存在问题。问题可能有接头接触不良、网线不通、网卡损坏等情况。

4.4.5 交换机级联

如果有多台交换机（能支持同一速率），那么就可以尝试进行级联。如果使用集线器，则应当注意集线器的联网限制规则。

如果交换机具有级联端口，那么就可以通过直通 UTP 电缆将一台交换机的级联端口连入另一台交换机的普通端口，如图 4-18 所示。这条直通 UTP 电缆与计算机接入交换机使用的 UTP 电缆相同，这样在安装过程中不容易产生混乱，管理较为方便。如果可能，建议尽量采用这种方式进行级联。

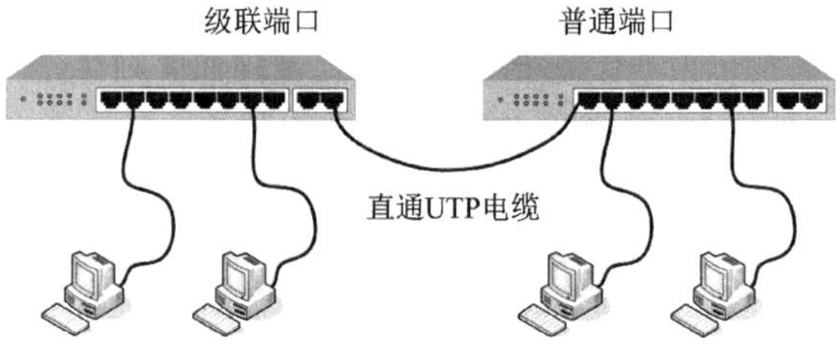

图 4-18 使用直通 UTP 电缆级联

如果交换机没有级联端口，那么可以使用两台交换机上的普通端口进行级联。使用普通端口进行级联，必须采用交叉 UTP 电缆，如图 4-19 所示。由于该交叉 UTP 电缆与计算机接入交换机使用的直通 UTP 电缆不同，因此，如果采用这种方式进行级联，一定要将级联使用的交叉 UTP 电缆做好标记，以免与其他直通 UTP 电缆混淆。

完成交换机的级联后，可以按照 4.4.4 节所述的方法测试网络的连通性，尤其是要观察级联线所连接的两个交换机端口的指示灯的情况。

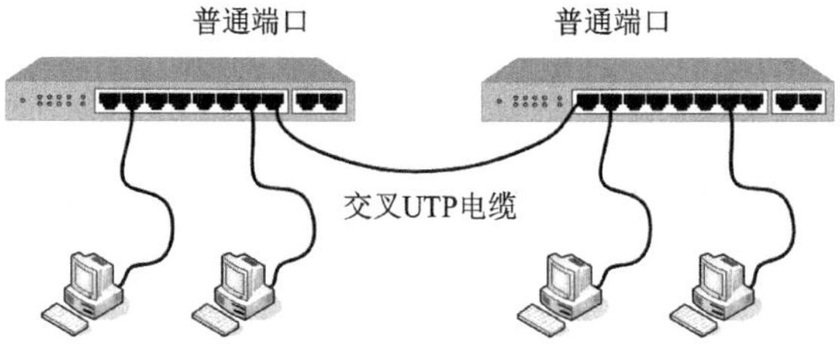

图 4-19 使用交叉 UTP 电缆级联

4.4.6　网络软件的安装和配置

网络硬件安装完成并通过连通性检测后，就可以安装和配置网络软件了。网络软件通常由网络操作系统提供。Windows XP、Windows Server 2003 及其以后的各版 Windows 操作系统都提供了很强的网络功能。下面以 Windows Server 2003 为例，介绍网络软件的安装和配置的基本过程。

1．网卡驱动程序的安装和配置

网卡必须有网卡驱动程序才能正常工作，以便软件对其进行访问和控制。不同的网卡需要不同的驱动程序。

Windows 系列操作系统已经集成了常见的网卡的驱动程序，一般在安装系统的时候就自动安装好了。如果网卡较为特殊，那么就必须手动安装随同网卡配备的驱动程序。单击系统中的“开始”→“设置”→“控制面板”→“添加/删除硬件”命令，然后按向导提示操作即可。

2．TCP/IP 配置

为了实现联网，操作系统需要安装相应的网络通信协议。网络通信协议有多种，TCP/IP 就是其中用得较多的一种，并且 Windows 系统已经默认安装了此协议。下面简单介绍 TCP/IP 配置过程，以便进一步测试组建的以太网。关于 TCP/IP 的详细内容将在本书的后面章节进行介绍。

1）启动 Windows Server 2003，单击“开始”→“设置”→“控制面板”→“网络和拨号连接”→“本地连接”→“属性”命令，打开“本地连接 属性”对话框，如图 4-20 所示。

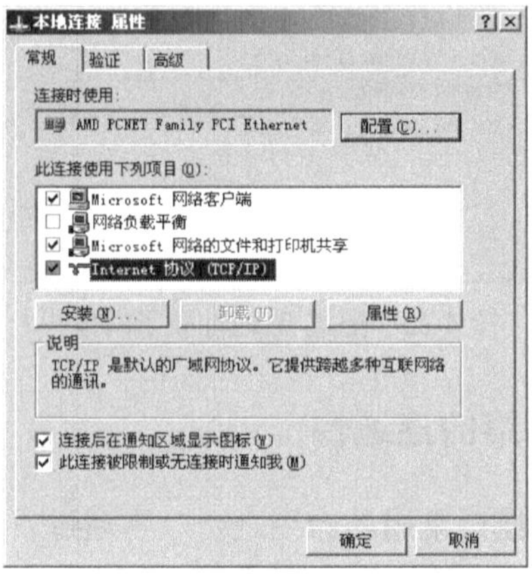

图 4-20　“本地连接 属性”对话框

2）在“此连接使用下列项目”列表框中选中“Internet 协议（TCP/IP）”项，单击“属性”按钮，进行 TCP/IP 配置，如图 4-21 所示。

3）在“Internet 协议（TCP/IP）属性”对话框中，选中“使用下面的 IP 地址”单选按钮，在 192.168.0.1～192.168.0.254 中任选一个 IP 地址填入“IP 地址”后面的文本框中（注意网络中每台计算机的 IP 地址必须不同）。然后，在“子网掩码”后面的文本框填入“255.255.255.0”，如图4-22所示。单击“确定”按钮，返回“本地连接 属性”对话框，再单击“确定”按钮，完成TCP/IP的基本配置。

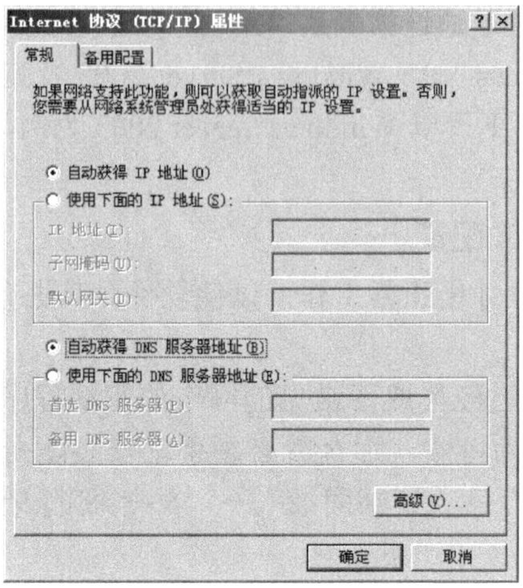

图4-21　TCP/IP配置

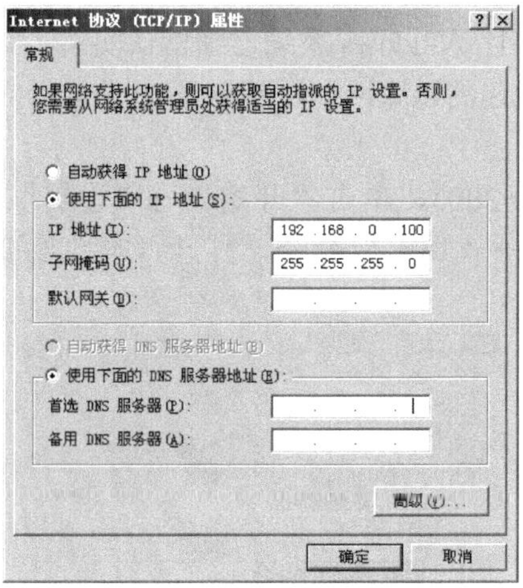

图4-22　配置IP地址和子网掩码

4.4.7　用ping命令测试网络的连通性

ping命令是测试网络连通性最常用的命令之一。它通过发送测试数据包到对方主机，再由对方主机将该数据包送回，以测试网络的连通性。ping命令的测试成功不仅表示网络的硬件连接是有效的，而且也表示操作系统中的网络协议也是正确的。

单击“开始”→“程序”→“附件”→“命令提示符”命令，打开DOS命令窗口，输入所需的ping命令，如图4-23所示。ping命令非常容易使用，使用基本格式是：ping+空格+对方IP地址，如“ping 192.168.0.163”。

ping局域网中其他计算机的IP地址，测试该计算机与其他计算机的连通状况。当所有的计算机都能ping通后，整个网络就能正常工作了。

如果测试成功，ping 命令将给出测试数据包从发出到收回所用的时间。在以太网中，这个时间通常小于 10ms。如果网络不通，ping 命令将给出超时提示。这时，需要重新检查网络的硬件和软件，直到 ping 通为止。

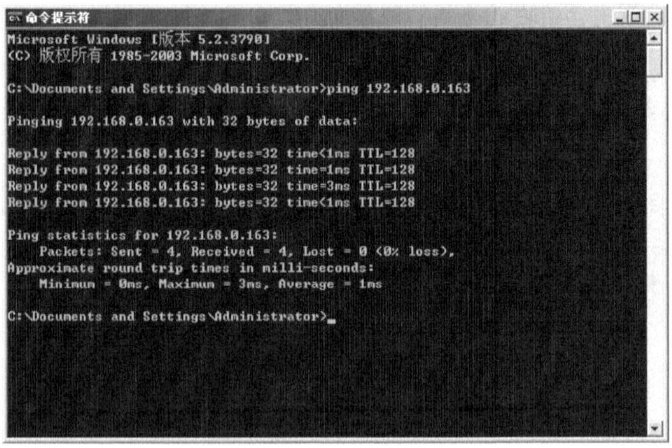

图 4-23 用 ping 命令测试网络的连通性

网络的硬件和软件安装配置完成后，就可以享用网络带来的便利了。通过打开桌面上的“网上邻居”，可以看到其他计算机，双击其中一台计算机的图标，则可以访问它提供的共享资源（需要单独设置），如共享文件夹、共享打印机等。

本章小结

本章主要学习了以太网的基本组网方法，包括以太网的主要标准、非屏蔽双绞线的制作方法和以太网交换机或集线器的组网模式。最后，进行了小型以太网的组建及连通性测试实训。

习题及课后实训

1. 选择题

（1）最早的以太网标准是______。

A. IEEE 802.1 B. IEEE 802.2 C. IEEE 802.3 D. IEEE 802.4

（2）属于快速以太网标准的是______。

A. 10Base5 B. 10Base-T C. 100Base-TX D. 1000Base-T

（3）下列说法正确的是______。

A. 集线器可以对接收到的信号进行放大

B. 集线器具有信息过滤功能

C. 集线器具有路径检测功能

D. 集线器具有交换功能

2．填空题

（1）将计算机与100Base-TX的交换机（或集线器）连接时，UTP电缆的长度不能大于________m。

（2）非屏蔽双绞线用于传输的导线的线序是________、________、________和________。

3．问答题

制作一条UTP电缆，只接通1、2、3、6这4根线行不行？

4．课后实训

如果两台计算机都有RJ-45接口的网卡，可以在没有集线器或交换机的情况下，使用双绞线进行联网。想一想，需要做一条直通线还是交叉线？亲自动手试一试，验证你的想法是否正确。

第 5 章　交换机与虚拟局域网

➢ **教学目标**

本章主要介绍交换式以太网的基本组网方法及虚拟局域网的基本划分方法。通过本章的学习，可以理解交换式网络的特性，理解交换机的基本工作原理和工作过程，理解虚拟局域网的作用。最后通过组网实训，可以掌握虚拟局域网的基本划分方法。

➢ **教学要求**

知识要点	能力要求	相关知识
交换技术	理解交换技术如何提升网络性能	共享式网络及网络分段
交换机	理解交换机的工作原理和工作过程	端口—MAC 地址映射表
VLAN	理解虚拟局域网的作用并能按要求进行划分	VLAN 划分方法
组网实训	掌握 VLAN 的划分方法	交换机常用命令

➢ **教学要点**

重　点	交换机的工作原理及工作过程、VLAN
难　点	交换机的工作原理及工作过程、VLAN

5.1　交换技术

随着网络的应用越来越广泛，对以太网的性能要求也越来越高。传统的以太网暴露出许多缺点，也变得越来越拥塞和不堪重负。为了提高局域网的效率和性能，必须采用交换技术来解决这个问题。

5.1.1　共享式以太网的缺点

共享式以太网存在以下几个缺点：

1）共享带宽。传统的总线型以太网与集线器组建的星形以太网，由于都是采用共享介质的广播通信方式，各个主机以竞争方式分时使用信道，在一个主机使用传输介质的过程中，另一主机必须等待，因而网络带宽被整个网络共享。随着局域网规模的扩大，网络中的主机数量不断增加，每个主机能分配到的带宽越来越少，网络的响应速度也就越来越慢。例如，对于一个使用 100Base-TX 技术的 100Mbit/s 以太网，如果连接 10 个主机，则每个主机的平均带宽为 10Mbit/s，如果连接主机增加到 100 个，则每个主机的平均带宽下降为 1Mbit/s。另外，在发送主机竞争共享介质的过程中，冲突和碰撞是不可避免的。冲突和碰撞会造成发送节点随机延迟和重发，从而浪费网络带宽。随着网络中主机数的增加，冲突和碰撞必然加大，相应的带宽浪费也会越大。当网络通信负荷加重时，冲突与重发数据的现象将大量发生，导致网络效率急剧下降，甚至会使网络通信中断。

2）不能支持多种速率。在一个大中型的网络中，有的应用信息传输量小，低速网络就可以满足要求；有的应用信息传输量大，要求快速的网络响应，必须要求高速传输。不同速率的混合型组网不但是现实的要求，而且也可以减少组网的费用。但是，由于传统以太网共享传输介质，所以网络中的设备和主机必须保持相同的传输速率，否则速率不匹配，一个设备发送的信息，另一个设备接收的时候会出错。单一的共享式以太网不可能提供多种速率的设备支持。

3）不支持高级的网络功能，如虚拟局域网等。

5.1.2　交换技术

共享式以太网的问题的根源来自于主机“共享介质”所引发的“冲突”，导致任意时刻只有一台主机能发送信息。如果所有主机都能同时发送信息，则可以大大提高网络的性能。

一个共享介质的网络是一个“冲突域”或称为“碰撞域”。根据以太网 CSMA/CD 方法的特点，在一个“冲突域”内，如果主机越多，冲突就会越多，性能也会下降；如果主机越少，冲突就会越少，性能会更好。如果把一个大的共享式网络分解成多个小型的共享式网络，用交换机连接起来，性能会变得更好。如果每一个小型的共享式网络里面只有一台主机，则相当于把每一台主机都直接连在了交换机上，此时的网络性能最好。

为了解决这个问题，人们提出将“共享方式”转变为“交换方式”，通过尽量减少冲突域，将网络“微分段”，使各主机间的通信成为点到点的无冲突通信，这就是交换式以太网技术。

交换机将集线器的共享端口改造成了独享的、可并行通信的端口，它使得每一个端口到其他任意端口都有一条单独的点到点的信道。这样，网络拓扑由共享式公共信道变成了交换机内部的全连通结构，主机间由分时串行数据传输变成了可以同时传输数据的并行通信。交换机对数据的转发是以各个工作站的 MAC 地址为依据的。交换机监测通过每个端口的数据帧，从中获得源、目的计算机的 MAC 地址，在需要通信的两个端口之间才转发数据帧，不像集线器从一个端口向其他所有端口无条件转发数据，干扰其他主机通信，因此，效率大大提高。

在一个有多个主机的冲突域内（共享介质），由于要执行 CSMA/CD 方法，某一个具体时刻只能有一个主机在发送数据，因此只能实现半双工通信，不可能实现全双工通信。如果冲突域中只有两个主机，两个主机使用双绞线或光缆连接，就可以使用一路介质专门发送，另一路介质专门接收（双绞线使用两对线传输信号，每一对线是一路介质；光缆使用一对光纤传输信号，每一根光纤是一路介质），就不用使用 CSMA/CD 方法，可实现同时发送和接收数据，即全双工通信。

交换式局域网可从根本上改变共享介质的方式，可通过交换机支持端口主机之间的多个并发连接，实现多主机之间数据的并发传输，因此可以增加局域网带宽，改善局域网的性能和服务质量。

以太网交换机实质上就是一个多端口的网桥，与工作在物理层的中继器和集线器有很大的差别，因为其工作在数据链路层（第二层），所以也称为第二层交换机。

图 5-1 所示为对一个大型以太网进行分段的方法。其中，图 5-1a 给出了一个通过集线器级联组成的大型以太网。尽管部门一、部门二和部门三都通过各自的集线器组网，但是，由于使用了共享式集线器来连接各个部门的集线器，因此，所构成的网络仍然属于一个大的共享式以太网，每台计算机发送的信息将在全网流动，即使它访问的是本部门的计算机也是如此。

通常，部门内部计算机之间的相互访问是比较频繁的。为了限制部门内部信息在全网流动，可以将整个以太网进行分段，每个部门组成一个小的以太网，部门之间通过交换机相互连接。交换机通过对数据帧有选择性的过滤，既可以保证部门内部信息不会流至其他部门，又可以保证部门之间的信息正常交互，使以太网主机出现冲突和碰撞的几率更小，网络的效率更高。不仅如此，分段之后，各段可按需要选择自己的网络速率，组成性价比更高的网络。

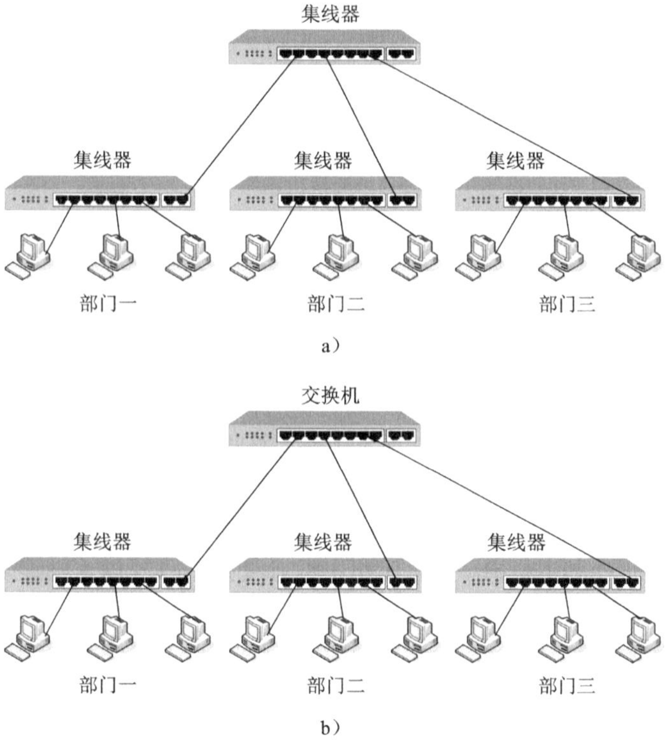

图 5-1　对大型以太网进行分段

a）由集线器组成的共享式以太网　b）交换机对共享式以太网分段

5.2　以太网交换机的工作过程

以太网交换机可以通过交换机端口之间的多个并发连接，实现多个主机之间数据的并发传输。这种并发数据传输方式与共享式以太网在某一时刻只允许一个主机占用共享信道的方式相比，效率要高得多。

交换式以太网建立在以太网基础之上，利用以太网交换机组网，交换机的端口可以连接计算机，也可以连接其他交换机或集线器。无论连接什么设备，交换机的每个端口都提供同样的带宽。

若交换机的每个端口的传输速率为 100Mbit/s，则称其为 100Mbit/s 交换机。假设有一台 100Mbit/s 的交换机，如果交换机的一个端口只连接一台主机，那么这台主机就可以独享 100Mbit/s 的带宽；如果交换机的一个端口连接的是集线器，那么这个端口的带宽将被一个集线器所连的多台主机所共享；如果交换机的一个端口连接的是第二个交换机，那么这个端口的带宽将被一个第二个交换机所连的多台主机共享，但是在连接到第二个交换机的所有主机独享第二个交换机各个端口的带宽，如图 5-2 所示。

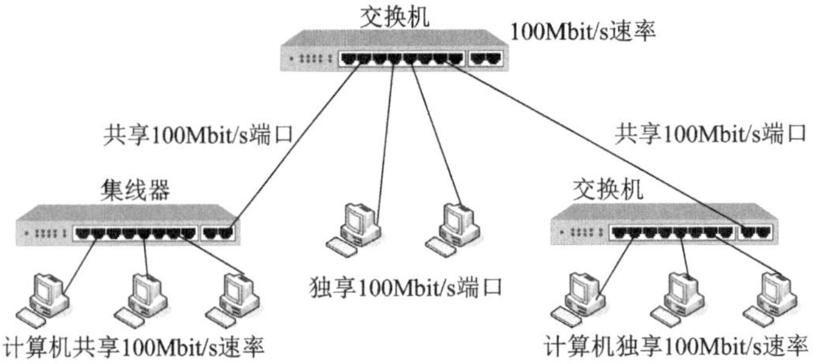

图 5-2　交换机组网

5.2.1　工作过程概述

交换机对数据的转发是以主机网卡的 MAC 地址为基础的。交换机监测发送到每个端口的数据帧，通过数据帧中的源主机 MAC 地址信息，就会得到与每个端口所连接的主机 MAC 地址（一般情况下，一个 MAC 地址就代表一台计算机），并在交换机的内部建立一个“端口—MAC 地址映射表”。建立地址映射表后，当某个端口接收到数据帧后，交换机就会查看该帧中的目的主机 MAC 地址，并通过查找地址映射表，将数据帧转发到相应的端口。

典型的交换机工作过程如图 5-3 所示。图中的交换机有 6 个端口，其中端口 1、5、6 分别连接了主机 A、主机 D 和主机 E。主机 B 和主机 C 通过共享式以太网连入交换机的端口 4。交换机会根据以上端口与主机 MAC 地址的对应关系建立地址映射表。

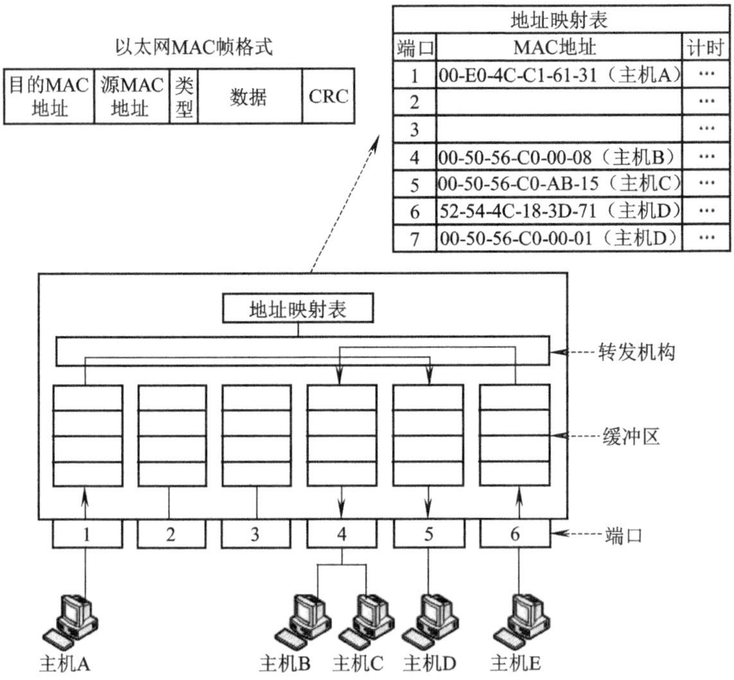

图 5-3　交换机的工作过程

当主机 A 需要向主机 D 发送信息时，主机 A 首先将目的 MAC 地址指向主机 D 的帧发往交换机端口 1。交换机接收该帧，并在检测到其目的 MAC 地址后，在交换机的地址映射表中查找主机 D 所连接的端口号。一旦查到主机 D 所连接的端口号 5，交换机将在端口 1 与端口 5 之间建立连接，将信息转发到端口 5。

与此同时，主机 E 需要向主机 B 发送信息。于是交换机的端口 6 与端口 4 也建立一条连接，并将端口 6 接收到的信息转发至端口 4。

这样，交换机在端口 1 至端口 5 和端口 6 至端口 4 之间建立了两条并发的连接。主机 A 和主机 E 可以同时发送信息，主机 D 和接入交换机端口 4 的以太网可以同时接收信息。根据需要，交换机的各端口之间可以建立多条并发连接。交换机利用这些并发连接，对通过交换机的数据信息进行转发和交换。

5.2.2　数据转发方式

以太网交换机的数据交换与转发方式可以分为直接交换、存储转发交换和改进的直接交换 3 类。

1．直接交换（Cut-Through）

在直接交换方式中，不用接收完整个数据帧，只要收到数据帧帧头的源 MAC 地址和目的 MAC 地址，就可根据数据帧目的 MAC 地址查找地址映射表，找到对应端口后马上将该据帧转发出去，而不管这一数据帧是否有错。

这种交换方式的优点是速率高、延时小；缺点是在转发帧时不进行错误校验，可靠性相对较低，不能对不同速率的端口转发，如从 100Mbit/s 到 10Mbit/s 的端口不能直接转发。

2．存储转发交换（Store-and-Forward）

在存储转发交换方式下．交换机先将收到的数据帧放入缓冲存储器，然后进行 CRC 校验，滤掉不正确的帧（一旦发现错误就通知源主机重新发送帧）。确认数据帧正确后，取出目的地址，通过地址映射表找到相应的输出端口，然后把数据帧转发出去。

这种交换方式的优点是具有帧差错检测能力，并且能够支持不同速率端口之间的数据帧转发；缺点是交换的时间延迟长（因为要接收并校验整个数据帧后才能转发出去）。

3．改进的直接交换

改进的直接交换方式是介于直通交换方式和存储转发交换方式之间的一种解决方案。它检查数据帧的长度是否达到 64B（512bit），如果小于 64B，则说明该帧是碎片（即在数据发送过程中由于冲突而产生的残缺不全的帧），因此丢弃该帧；如果大于 64B，则转发该帧。这种交换方式的特点是对于短帧，交换延迟时间与直接交换方式相同；对于长帧，交换延迟时间减少。总的来说，这种交换方式比存储转发交换方式快，但比直通交换方式慢。

5.2.3　地址学习

以太网交换机利用“端口—MAC 地址映射表”进行信息的交换。因此，地址映射表的建立和维护显得相当重要。一旦地址映射表出现问题，就可能造成信息转发错误导或导致通信中断、网络瘫痪。

以太网交换机从一个端口收到数据帧后，查看帧的源 MAC 地址并记住该帧进入的端口号（也就是知道了哪一台计算机连接在哪一个端口上），交换机将检查地址映射表中是否已经存在该对应关系。如果不存在，交换机就将该对应信息添加到地址映射表；如果已经存在，则交换机将更新该表项。因此，在以太网交换机中，地址是动态的。只要这个主机发送信息，交换机就能捕获到它的 MAC 地址与所在端口的对应关系。

在每次添加或更新地址映射表的表项时，添加或更改的表项被赋予一个计时器。这使得该端口与 MAC 地址的对应关系能够维持一段时间。如果在计时器计时结束之前没有再次捕获到该端口与 MAC 地址的对应关系，则该表项将被删除。通过删除过时的表项（或定时更新），交换机维护了一个精确、有效的地址映射表。这样做的目的是保证在网络变化时，地址映射表能随变化而更新。

5.2.4　通信过滤

交换机建立了地址映射表之后，它就可以对通过的信息进行过滤了。假设图 5-3 中的主机 B 向主机 C 发送数据，因为主机 B 连接到交换机的端口 4，所以，交换机将从端口 4 接收数据帧，通过查询地址映射表，交换机发现主机 B 和主机 C 都连接到端口 4，即发送地址与目的地址处于同一端口。遇到这种情况，交换机不再转发，简单地将帧抛弃，帧被限制在本地流动。

以太网交换机隔离了本地信息，从而避免了网络上不必要的数据流动。这是交换机通信过滤的主要优点，也是它与集线器截然不同的地方。集线器会无条件地向其他所有端口转发信息，每个与集线器相连的主机都会收到该网段上的所有信息。而交换机所连的网段只会收到发给它们的信息，无关的信息都会被“挡”在外面，减少了局域网上总的通信负载，因此提供了更多的带宽。

但是，如果主机 A 需要向主机 G（新接入交换机的主机）发送信息，交换机在端口 1 收到数据帧后查询地址映射表，结果发现主机 G 在不在地址映射表中。在这种情况下，为了保证信息能够到达正确的目的地，交换机将向除端口 1 之外的所有端口转发信息。当然，一旦主机 G 发送信息，交换机就会捕获到它与端口的对应关系，并将得到的结果存储到地址映射表中。当主机 A 再次向主机 G 发送信息的时候，就会直接转发到端口 4 了。

另外，如果一个数据帧的目的 MAC 地址是全 1（二进制），则表示它是一个广播帧，交换机将向所有的端口转发此帧，以便网络上的所有主机都能收到这个广播信息。但是过多的广播信息将会干扰其他主机通信，降低网络效率，甚至导致“广播风暴”。广播不能不用，只是要尽量少用。

5.3　生成树协议

集线器的级联不能出现环路，否则发送的数据帧将在网络中兜圈子，其他主机会认为共享介质始终被占用，而不能发送信息，造成整个网络的瘫痪。集线器工作在物理层，本身不能解决这个问题。

在由交换机构成的交换式网络中，通常设计有冗余链路和设备，这种设计的目的是防止一个点的失败导致整个网络瘫痪。虽然冗余设计可能消除单点失败的问题，但也导致了环路的产生，它会导致广播风暴、同一帧的多份复制、不稳定的地址映射表等问题。因此，在交换机中必须有一个机制来阻止环路，而生成树协议（Spanning Tree Protocol）的作用正在于此。

多台执行生成树协议的交换机，通过相互交换信息，并利用这些信息将网络中的某些环路断开（即故意不使用某些线路），从而在逻辑上形成一种不包含任何环路的树形结构。交换机按照这种树形结构转发信息，保证网络上发送的帧不会兜圈子。

图 5-4 所示的具有环路的网络形成的树形无环路逻辑结构如图 5-5 所示。

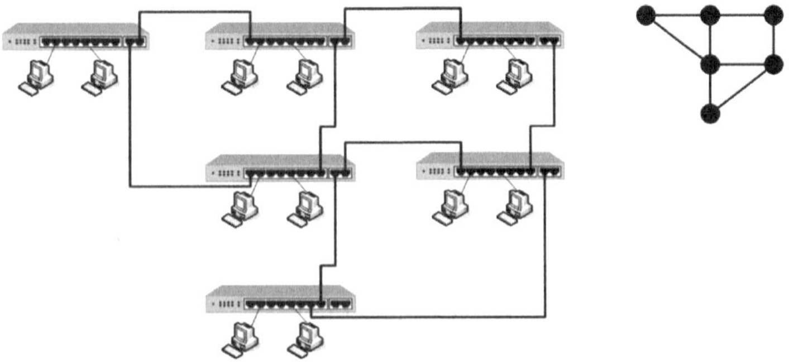

图 5-4　具有环路的网络

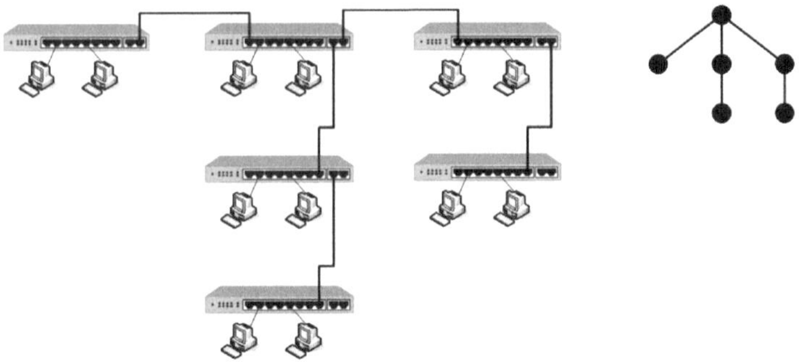

图 5-5　生成树协议生成的树形无环路逻辑结构

生成树协议在交换机上一般是默认开启的，不经人工干预即可自动工作。为了反映网络拓扑结构的变化，生成树协议会定期更新数据，有可能会生成不同的树形结构。

5.4　虚拟局域网（VLAN）

交换式以太网不但可以提高网络性能，还可以引入虚拟局域网（Virtual LAN，VLAN）技术。虚拟局域网只是交换式局域网提供给用户的一种服务，并不是一种新型局域网。

虚拟局域网是建立在交换技术基础之上的，将网络上的主机按工作需要划分成若干个“逻辑工作组”（无须考虑所处的物理位置），一个逻辑工作组就组成一个虚拟局域网。IEEE 802.1q 规定了虚拟局域网的标准。

每一个虚拟局域网的主机不能直接向其他虚拟局域网的主机传送广播信息。这样，虚拟局域网限制了接收广播信息的主机数量，使得网络不会因传播过多的广播信息（即所谓的“广播风暴”）而引起性能恶化。由于虚拟局域网是用户和网络资源的逻辑组合，因此可按照需要将有关的设备资源非常方便地重新组合，使局域网变得更加灵活。

另外，IEEE 802.3q 标准定义了以太网的扩展的帧格式，在传统以太网的帧格式中插入了一个 4 字节的标识符，称为 VLAN 标记（TAG），用来指明发送该帧的工作站属于哪一个虚拟局域网，以便支持虚拟局域网，如图 5-6 所示。如果还使用传统的以太网帧格式，那么就无法划分虚拟局域网。

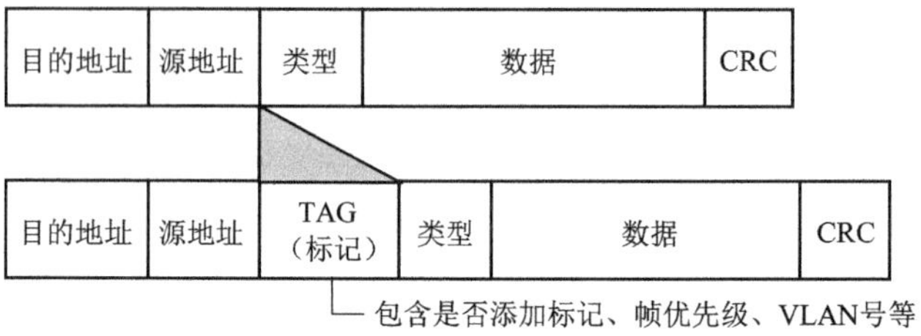

图 5-6　IEEE 802.3q 标准的帧格式

IEEE 802.3q 帧主要在交换机内部及交换机与交换机之间使用，普通计算机并不能识别该帧。因此，帧从 PC 发送到交换机的时候，将加入标记；帧从交换机发送到 PC 的时候，将去掉标记。

5.4.1　交换式以太网与 VLAN

在传统的以太网中，通常一个工作组处于同一个网段上，工作组的主机的物理位置相互靠近，如图 5-7 所示的 LAN1、LAN2 和 LAN3。

如果 LAN1 的一台主机因工作需要分配到 LAN3（物理位置不动），就需要将该计算机从一楼的交换机撤出，连接到三楼的交换机，即使它距离一楼的交换机更近。如果 LAN1 的一台主机仅仅需要将物理位置移动到三楼，那么为了保证该站点仍然隶属于 LAN1，它必须连接一楼的交换机，即使它连入三楼的交换机更方便。在某些情况下，移动主机的物理位置可能需要重新布线。因此，工作组的组成受到了主机所在网段以及物理位置的限制。

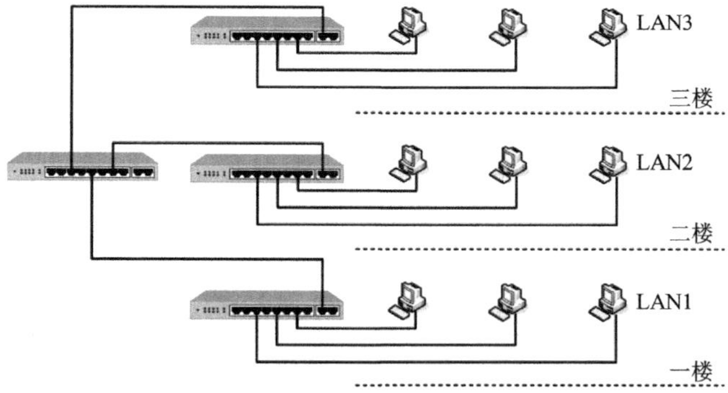

图 5-7　传统的工作组的主机物理位置

虚拟局域网（VLAN）建立在交换机之上，它以软件方式实现逻辑工作组的划分与管理。因此，工作组的站点组成不受物理位置的限制，如图 5-8 所示。

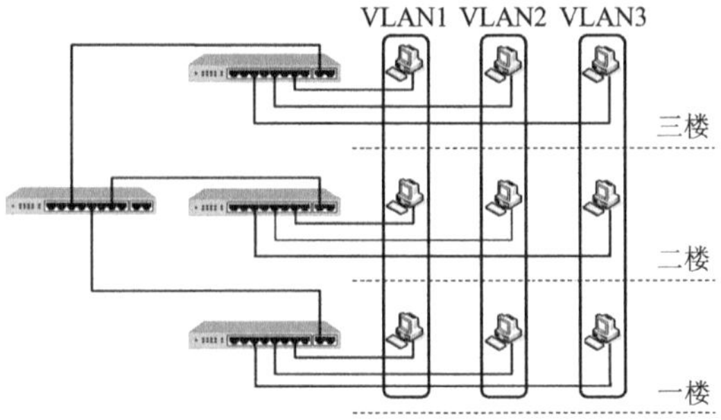

图 5-8　虚拟局域网示意图

同一逻辑工作组的成员可以不必连接在同一个物理网段上。只要以太网交换机是互联的，它们既可以连接在同一个局域网交换机上，也可以连接在不同的局域网交换机上。当一个主机从一个逻辑工作组转移到另一个逻辑工作组时，只需要通过软件设定，而不需要改变它在网络中的物理位置。当一个主机从一个物理位置移动到另一个物理位置时，只要将该计算机接入另一台交换机，通过交换机软件设置，这台计算机还可以成为原工作组的一员。同一个逻辑工作组的站点可以分布在不同的物理网段上，但它们之间的通信就像在同一个物理网段上一样。

VLAN 在功能和操作上与传统的局域网基本相同，它与传统局域网的主要区别在于“虚拟”二字上，即 VLAN 的组网方法与传统局域网不同。VLAN 的一组主机可以位于不同的物理网段上，但是并不受物理位置的束缚，相互间通信就好像在同一个局域网中一样。VLAN 可以跟踪主机位置的变化，当主机的物理位置改变时，无需人工重新配置。因此，VLAN 的组网方法十分灵活。

5.4.2　VLAN 的划分方法

构造虚拟局域网的方法很多，网络管理者可以根据具体的需要选择合适的 VLAN 划分方法。当然，不同 VLAN 的划分方法在功能上有一些差别。VLAN 的划分无须考虑用户的物理位置。

不同的 VLAN 划分方法的区别主要表现在对 VLAN 成员的定义方法上，也就是说，在一个 VLAN 中应包含哪些主机。划分 VLAN 之后，每一个 VLAN 就是一个广播域。在同一个 VLAN 中，主机之间可以任意通信，就像是在同一个局域网一样；不同的 VLAN 的主机相互隔离，不能直接通信，仿佛网络没有连通。这样将隔离各个 VLAN 之间的通信，各个 VLAN 内的广播信息将被限制在本地，而不会广播到其他 VLAN，这将全面提高网络的性能。

VLAN 的划分方法有以下几种。

1．基于端口的 VLAN

基于端口的 VLAN 也称为静态 VLAN，是实现虚拟局域网的一种常用的方法。这种方法认为一个虚拟局域网实际上是一些交换机端口的集合，交换机可以是一个或多个。基于端口的虚拟局域网构造简单，一般每一个端口只能属于一个 VLAN。

在图 5-9 所示的单交换机 VLAN 配置中，以太网交换机端口 1、2 和 6 组成 VLAN1，端口 3 和 4 组成 VLAN2。

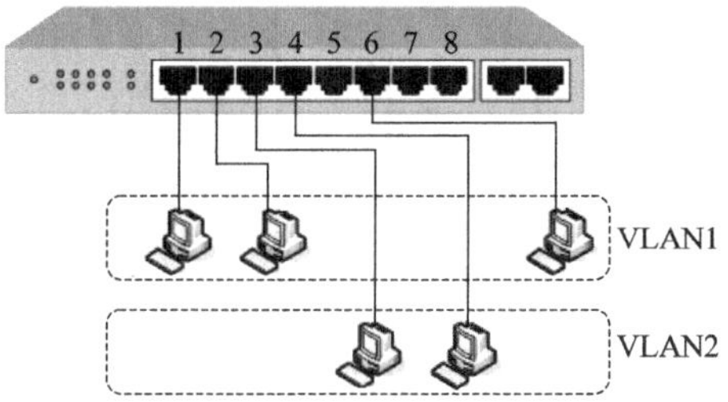

图 5-9 在单交换机上配置 VLAN

虚拟局域网既可以在单台交换机中实现，也可以跨越多个交换机实现。在图 5-10 中，VLAN 的配置跨越两台交换机。左边的以太网交换机的端口 1、4、6 和右边以太网交换机的端口 2、6 组成 VLAN1；左边的以太网交换机的端口 2、3 和右边以太网交换机的端口 1、3、4 组成 VLAN2。

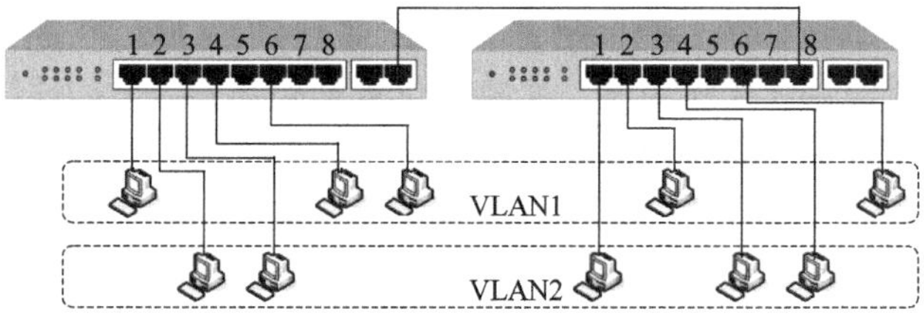

图 5-10 跨越多交换机配置 VLAN

基于端口的 VLAN 配置简单，方便直接监控，适合主机的物理位置相对比较固定的场合。但是，基于端口的 VLAN 无法很好地解决设备的移动、增加、变更等问题。如果一个设备移到另一个交换机端口上，那么该虚拟局域网就可能要重新设置。如果设备移动到属于其他虚拟局域网的端口上，那么它就无法与原来的虚拟局域网通信。

2. 基于 MAC 地址的 VLAN

基于 MAC 地址的 VLAN 是根据主机的 MAC 地址来划分 VLAN 的一种方法。这种方法认为每一个 VLAN 实际上就是一群 MAC 地址的集合。这种通过 MAC 地址配置的虚拟局域网允许一个主机同时属于多个 VLAN，并且当主机在网络中移动时，虚拟局域网能够自动识别，因为 MAC 地址是全球唯一的。

通过 MAC 地址划分的 VLAN 可以解决基于端口的 VLAN 所不能解决的主机任意移动的问题，基于 MAC 地址的 VLAN 可以看做是基于用户的 VLAN。

基于 MAC 地址的 VLAN 的缺点是网络管理员需要对大量的 MAC 地址进行操作，而且所有的主机在最初都必须被手工配置到至少一个 VLAN 中。只有在手工配置之后，才可实现对 VLAN 成员的自动跟踪。因此，要在一个大型的网络中完成初始的配置显然并不是一件容易的事，而且日后管理也将更为繁琐。

3. 基于 IP 地址的 VLAN

基于 IP 地址的 VLAN 采用在路由器中常用的 IP 子网来构造虚拟局域网，这是基于第三层的虚拟局域网。划分 VLAN 时，交换机将每一台主机的 MAC 地址和它的 IP 地址对应关联起来，使用主机的 IP 地址来配置 VLAN。

使用这种划分方法时，通常要求交换机能够处理 IP 数据，也就是说，要使用第三层交换机（有路由功能的交换机）。这种方法的优点是用户可以随意移动节点而无需重新配置 IP 地址，一个 VLAN 可以扩展到多个交换机的端口上，甚至一个端口能对应多个 VLAN；缺点是它与基于 MAC 地址的 VLAN 相比，检查网络层地址比检查 MAC 地址要花费更多的时间，会造成一定的延迟，从而影响了交换机的交换时间以及整个网络的性能，同时，维护地址表也增加了管理负担。

4. 基于策略的 VLAN

基于策略的 VLAN 可以使用上面提到的任一种划分 VLAN 的方法，并可以把不同方法组合成一种新的策略来划分 VLAN。当一个策略被指定到一个交换机时，该策略就在整个网络上应用，而相应的主机就被添加到不同的 VLAN 中。该方法的核心是采用何种策略的问题。目前，可以采用的策略有按 MAC 地址、按 IP 地址、按以太网协议类型和按网络的应用等划分。

目前，在交换机中融合了多种划分 VLAN 的方法，以便根据实际情况选择最合适的方式。同时，随着管理软件的发展，VLAN 的划分逐渐趋向于动态化。

5.4.3 VLAN 的优点

VLAN 与普通局域网从原理上讲没有什么不同，但从用户使用和网络管理的角度来讲，VLAN 与普通局域网最基本的差异体现在：VLAN 并不局限于某一网络或物理范围，VLAN 用户可以位于网内的任何区域。总体来说，VLAN 的优点有以下几个方面：

（1）简化网络管理

部门重组和人员流动是网络管理员最头痛的事情之一，也是网络管理的最大开销之一，有时候甚至需要重新布线、安装新的网络设备。而借助 VLAN 技术，网络管理员能轻松地管理整个网络。例如，需要为一个学校内部的行政管理部门建立一个逻辑工作组，其成员可能分布在学校的各个地方，网络管理员只需设置几条命令就能很快地建立一个 VLAN 网络，并将这些行政管理人员的计算机配置到这个 VLAN 网络中。

（2）控制广播活动

广播在每个网络中都存在。广播的频率依赖于网络应用类型、服务器类型、物理网段数目及网络资源的使用方法。尽管网络管理员一直在设法减少发送广播，但是多媒体技术的应用又会不可避免地产生广播和组播。

大量的广播会形成广播风暴，致使整个网络瘫痪。因此，必须采取一些措施来预防广播带来的问题。尽管以太网交换机可以利用地址映射表来减少网络流量，但却不能控制广播数据包在所有端口的传播。通过划分 VLAN，可将广播风暴限制在一个 VLAN 中，从而避免影响其他 VLAN 的性能。VLAN 的使用在保持了交换机良好性能的同时，可以尽量减少潜在的广播风暴影响，减少了对带宽的占用，弥补了局域网易受广播风暴影响的弱点。

（3）提供较好的网络安全性

提高安全性的一个经济实惠和易于管理的技术就是利用 VLAN 将局域网分成多个广播域。因为一个 VLAN 上的信息流（不论是单播信息流还是广播信息流）都不会流入另一个 VLAN。因此，通过适当地划分 VLAN 和配置该 VLAN 与外界的连接，可以在一定程度上隔离用户的访问，提高网络的安全性。

以上优点有效地提高了网络管理程序的可控性和灵活性，减少了管理的费用，增加了集中管理的功能。

5.5 以太网交换机的分类

以太网交换机根据性能的不同可以有多种分类方式。

1. 按工作层次划分

工作在数据链路层的交换机也称为第二层交换机，即通常所说的交换机。工作在数据链路层和网络层的交换机称为第三层交换机，它将交换功能和路由功能结合起来，实现“一次路由多次转发”。它既有路由功能，又能高速的转发数据帧，非常适合做核心交换设备。部分第三层交换机也同时具有第四层交换功能，可以根据数据帧的协议端口信息进行目标端口判断。第四层以上的交换机称为内容型交换机，主要用于互联网数据中心。

2. 按组网构成划分

按照现在复杂的网络构成方式，网络交换机被划分为接入层交换机、汇聚层交换机和核心层交换机。其中，核心层交换机全部采用机箱式模块化设计，基本上都设计了与之相配备的 1000Base-T 模块。接入层支持 1000Base-T 的以太网交换机基本上是固定端口式交换机，以 10/100Mbit/s 端口为主，并且以固定端口或扩展槽方式提供 1000Base-T 的上联端口。汇聚层 1000Base-T 交换机同时存在机箱式和固定端口式两种设计，可以提供多个 1 000Base-T 端口，一般也可以提供 1000Base-X 等其他形式的端口。接入层和汇聚层交换机共同构成完整的中小型局域网解决方案。

3. 按网络管理划分

可进行网络管理的交换机支持 SNMP、RMON 等网络管理协议，正面或背面一般有一个串口或并口，通过串口电缆或并口电缆可以把交换机和计算机连接起来，便于配置。可网络管理型交换机支持网络监控和流量分析，价格也相对较高。大中型网络在汇聚层应该选择可管理型交换机，在接入层视应用需要而定，核心层交换机则全部是可管理型交换机。

不支持网络管理的交换机一般没有 MAC 地址。支持网络管理的交换机至少有一个 MAC 地址，而三层交换机的每个端口都有一个 MAC 地址。交换机的 MAC 地址主要用于管理用途，与基本工作原理无关。

4. 按端口速率划分

根据交换机端口速率的不同，以太网交换机可分为 10Mbit/s 交换机、10/100Mbit/s 自适应交换机、100Mbit/s 快速以太网交换机、1Gbit/s 的吉比特交换机以及 10Gbit/s（万兆）交换机。

5. 按规模应用划分

交换机从规模应用上可分为企业级交换机、部门级交换机和工作组交换机等，各厂商划分的尺度并不完全一致。一般来讲，企业级交换机都是机架式，部门级交换机可以是机架式，也可以是固定配置式，而工作组级交换机则一般为固定配置式，功能较为简单。另一方面，从应用的规模来看，作为骨干交换机时，支持 500 个信息点以上的大型企业应用的交换机为企业级交换机，支持 300 个信息点以下的中型企业的交换机为部门级交换机，而支持 100 个信息点以内的交换机为工作组级交换机。

6. 按架构特点划分

根据架构特点，还可以将局域网交换机分为机架式、带扩展槽固定配置式、不带扩展槽固定配置式 3 种产品。机架式交换机是一种插槽式的交换机，这种交换机的扩展性较好，可支持不同的网络类型，如以太网、快速以太网、千兆以太网、ATM、令牌环及 FDDI 等，但价格较贵。不少高端交换机都采用机架式结构。带扩展槽固定配置式交换机是一种有固定端口并带少量扩展槽的交换机，这种交换机在支持固定端口类型网络的基础上，还可以通过扩展其他网络类型模块来支持其他类型网络，这类交换机的价格居中。不带扩展槽固定配置式交换机仅支持一种类型的网络(一般是以太网)，可应用于小型企业或办公室环境下的局域网，价格最便宜，应用也最广泛。

5.6 组建交换式以太网并划分 VLAN 实训

本章的实训任务是：在一间办公室有两个部门，共同使用同一台交换机，要求这两个部门的计算机隔离，部门内部的计算机可以相互访问，部门之间的计算机不能相互直接访问，具体如图 5-11 所示。

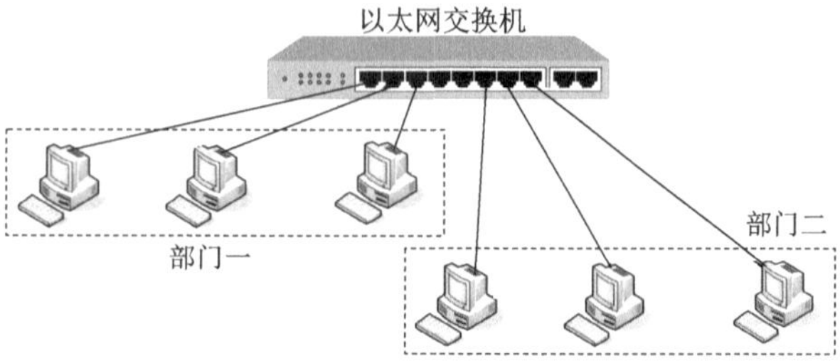

图 5-11　交换式以太网划分 VLAN

通过在交换机上划分基于端口的 VLAN 即可满足要求。按图 5-11 组建 100Mbit/s 交换式以太网，并进行网络连通性测试，保证网络正常运行。

5.6.1　以太网交换机的连接配置

以太网交换机的普通使用并不需要特别设置，属于“即插即用”型设备。如果要用到它的高级功能，就必须对交换机进行配置。对以太网交换机进行配置有多种方法，其中使用控制台（Console）端口连接和配置交换机是最基本、最常用的一种方法。

1. 通过控制台接口进行物理连接

通过控制台连接和配置交换机需要一台计算机，用于仿真终端。通过 Windows Server 2003 或 Windows XP 中的“超级终端”软件就可以完成。

从计算机的串行口（一般为 COM1 口）到交换机的 Console 口，有两种线缆可选，取决于交换机 Console 端口的形态。如果是传统的串行口，则使用串行口线缆与计算机相连；如果是 RJ-45 接口，则需要使用一端是 RJ-45 接头而另一端是串行口接头的线缆与计算机相连，如图 5-12 所示。通常该线缆与交换机一起配送。

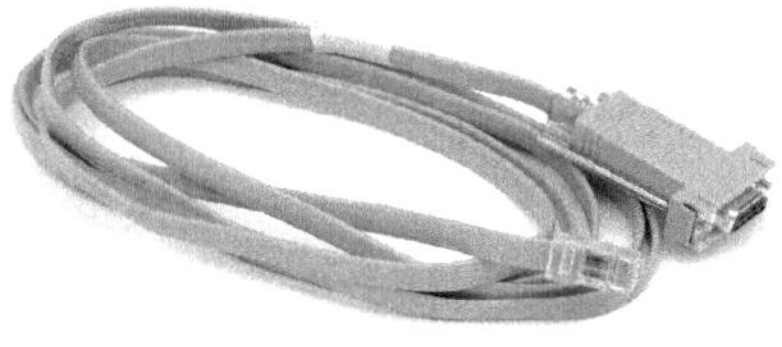

图 5-12　控制台线缆

2. 通过终端仿真软件进行软件连接

连接好控制台线缆后，启动计算机和交换机，就可以使用终端仿真软件与交换机进行连接。

1）在 Windows 系统中单击“开始”→“程序”→“附件”→“通讯”→“超级终端”命令，在打开的“连接描述”对话框中，填入自定义的连接名称，单击“确定”按钮继续，如图 5-13 所示。

2）在“连接到”对话框中，选择与交换机相连的计算机串行口，在本例中使用的是 COM1 口。单击“确定”按钮继续，如图 5-14 所示。

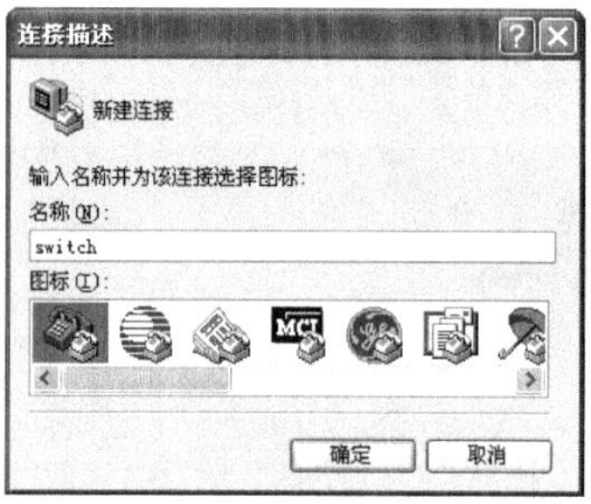

图 5-13　“连接描述”对话框

图 5-14　“连接到”对话框

3）在“COM1 属性”对话框中，对串行口属性进行设置。一般路由器的控制台接口所要求的参数是 9 600 比特、8 个数据位、无奇偶校验、1 个停止位、无数据流控制，如图 5-15 所示。如果连接有问题，请参考交换机说明书的参数设置。然后，单击“确定”按钮完成设置。

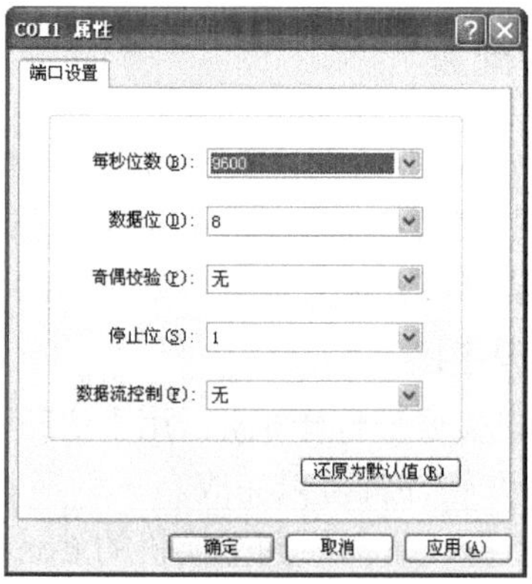

图 5-15　设置串行口属性

4）完成设置后，系统将进入“超级终端”窗口，如图 5-16 所示。如果此时交换机没有启动，则窗口上没有任何消息。打开路由器电源开关后，窗口将自动显示启动信息。

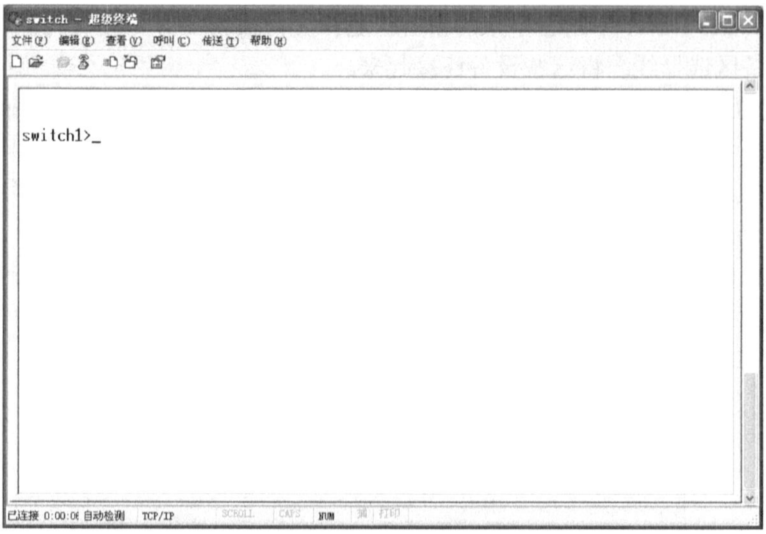

图 5-16　超级终端显示交换机连接信息

5.6.2　Cisco Packet Tracer 仿真软件

Cisco Packet Tracer 是由思科（Cisco）公司开发的一种网络设备仿真学习软件，为学习网络的初学者设计网络、配置网络、排除故障提供了直观的模拟环境。在软件的图形用户界面上可直接使用拖曳方法建立网络拓扑并配置设备，同时，提供数据包在网络中的详细处理过程，还可观察网络的实时运行情况。

目前，市场中较多采用思科、锐捷的网络设备，而这两家公司的网络设备的命令几乎相同。因此本书在交换机和路由器的实训章节中将直接使用 Cisco Packet Tracer 仿真软件，如图 5-17 所示。

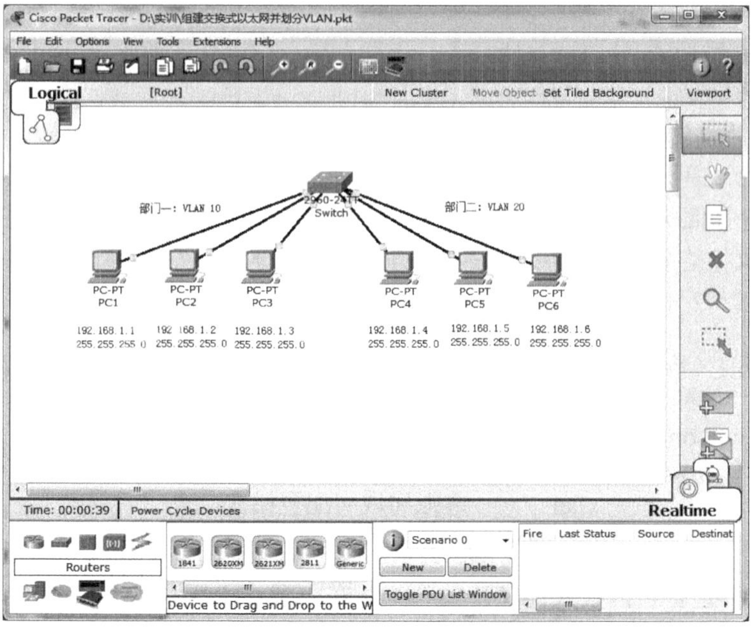

图 5-17　Cisco Packet Tracer 仿真软件

在 Cisco Packet Tracer 中的左下角的设备区选择交换机或 PC，拖放到窗口中央的空白区域，然后在设备区选择线缆将这些设备连接起来。

为 PC 配置 IP 地址的方法是：单击 PC，在弹出的对话框中选择“Desktop”→“IP Configuration”，然后在“IP Address”和“Subnet Mask”中分别填入 IP 地址和子网掩码。

PC 通过 ping 命令测试连通性的方法是：单击 PC，在弹出的对话框中选择“Desktop”→“Command Prompt”，然后输入“ping +对方 IP”。

配置交换机的方法是：单击交换机设备图标，然后在弹出的对话框中选择“CLI（命令行接口）”选项卡，按<Enter>键进入提示符“Switch>”，然后可以开始输入命令，如图 5-18 所示。

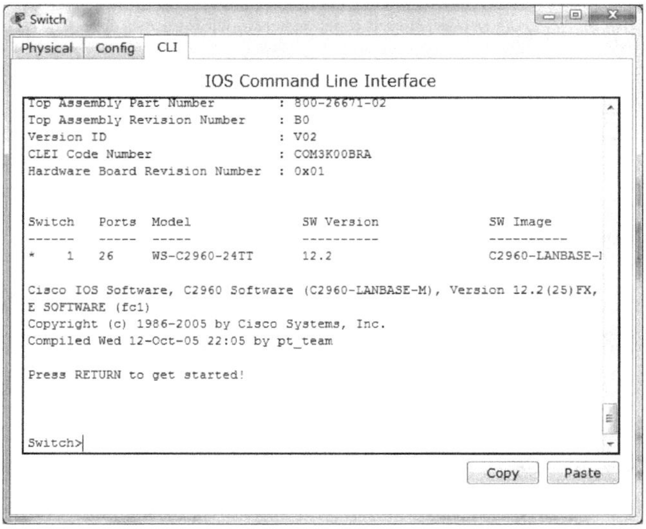

图 5-18　CLI 命令行接口

5.6.3　交换机常用命令模式框架

1．命令模式框架

交换机的命令是分级的，不同级别的用户有不同的权限，使用不同的命令集。命令模式实际上就是命令按照类别分别存放到不同的“目录”中。不同级别的用户能进入的“目录”是不同的。要执行某个命令，必须先“进入”命令所在的目录。不同级别的用户目录如下：

```
login  普通用户模式
   |
   enable  特权用户模式
      |
      configure terminal  全局配置模式
         |
         vlan       虚拟局域网配置模式
         interface  接口配置模式
```

输入“?”可查看当前模式能使用的命令，在一条命令后面输入“?”能查看这条命令能使用的子命令或参数。“exit”命令用于退回上一级模式；“end”命令用于退回到特权用户模式。

2. 进入各模式的命令

1）进入特权用户模式的命令：enable（如果设置了密码则需要输入密码）。

2）进入全局配置模式的命令：configure terminal。

3）进入接口配置模式的命令。交换机的常用接口主要是以太网接口，其配置命令是：interface fastethernet X/Y（如 interface fastethernet 0/1）。其中，X 表示插槽（slot）号，默认插槽号是 0（内置），其他插槽可能有 1、2……等；Y 表示端口号，交换机一般有 24 个快速以太网端口，编号是 1、2、……、24，在交换机中表示为 fastethernet0/1、fastethernet0/2、……、fastethernet0/24。

实际上，所有命令均可简写成前几个字母，只要在当前模式下保证简写具有唯一可识别性即可，如 int fa0/1。

3. 命令模式提示符

常用的命令模式提示符有以下几种。

1）普通用户模式，命令提示符形式为：switch>。

2）特权用户模式，命令提示符形式为：switch#。

3）全局配置模式，命令提示符形式为：switch（config）#。

4）VLAN 配置模式，命令提示符形式为：switch（config-vlan）#。

5）接口配置模式，命令提示符形式为：switch（config-if）#。

本节实训所用的命令主要在全局配置模式中，如图 5-19 所示。进入全局配置模式的完整命令是：

① enable　　　　　　（进入特权用户模式，需要密码）

② configure terminal　（进入全局配置模式）

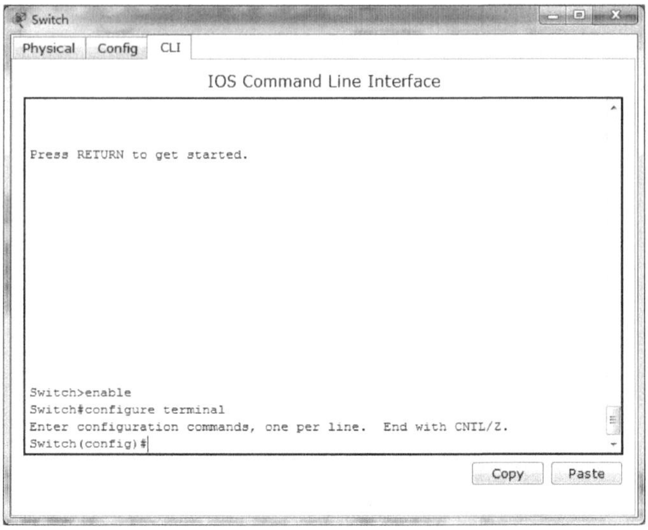

图 5-19　进入特权用户模式和全局配置模式

4. 查看信息常用命令

1）显示 VLAN 信息：show vlan。

2）显示接口信息：show interface。

3）查看启动配置命令：show startup-config。

4）查看运行配置命令：show running-config。

这些命令一般要求在特权用户模式下才可使用，如果其他模式下不能使用，则可在前面加上“do”，如“do show ip route”。

5.6.4　以太网交换机配置 VLAN

在图 5-17 中，各 PC 的 IP 地址和子网掩码已经标出，填入各 PC 的 IP 配置。其中，PC1、PC2、PC3 属于 VLAN 10，分别连接到交换机的 fa0/1、fa0/2、fa0/3 接口；PC4、PC5、PC6 属于 VLAN 20，分别连接到交换机的 fa0/4、fa0/5、fa0/6 接口。

（1）查看交换机的 VLAN 配置

在全局配置模式下，使用“show vlan”命令查看交换机的 VLAN 配置，如图 5-20 所示。该命令显示了交换机当前配置的 VLAN 情况，如 VLAN 编号、VLAN 名字、VLAN 所包含的交换机接口等。

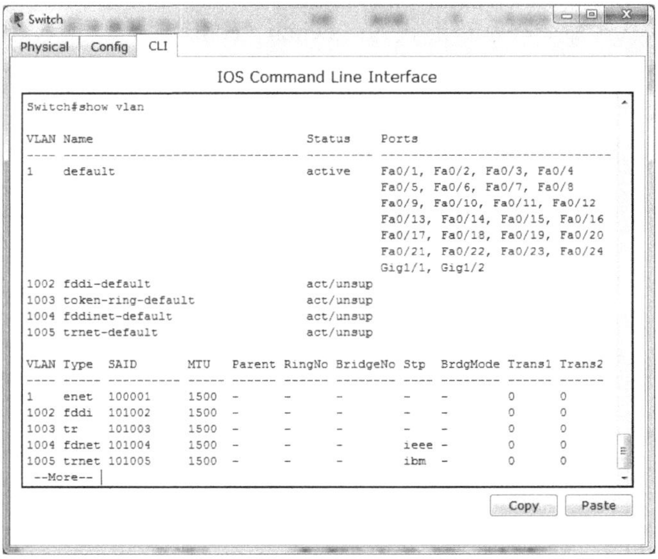

图 5-20　查看 VLAN 配置

（2）添加 VLAN

在全局配置模式下，添加编号为 10 和 20 虚拟局域网，命令如下（如图 5-21 所示）：

① vlan 10　　　　（建立编号为 10 的 VLAN，并进入 VLAN 配置模式）

② exit　　　　　（退出 VLAN 配置模式）

③ vlan 20　　　　（建立编号为 20 的 VLAN，并进入 VLAN 配置模式）

④ exit　　　　　（退出 VLAN 配置模式）

⑤ 使用“show vlan”（或“do show vlan”）命令再次查看交换机的 VLAN 配置，确认新的 VLAN 添加成功，如图 5-21 所示。

（3）为交换机接口分配 VLAN

在全局配置模式下，把一个交换机接口分配给一个虚拟局域网，命令如下：

① interface fa0/1　　　　　　　（进入 fa0/1 接口配置模式）

② switchport mode access　　　（将接口的工作模式切换为 access 模式）

③ switchport access vlan 10　　（将接口加入到 VLAN 10）

④ exit　　　　　　　　　　　　（退出接口配置模式）

⑤ 使用“show vlan”（或“do show vlan”）命令再次查看交换机的 VLAN 配置，确认接口加入 VLAN 成功，如图 5-22 所示。

图 5-21　添加 VLAN 并查看

图 5-22　交换机接口加入 VLAN

一般地，在划分 VLAN 时，交换机接口设置为 access（接入）模式，表示此接口用于连接计算机；接口设置为 trunk（中继）模式，表示此接口用于两台交换机之间的连接。

其他交换机接口按照上述方法加入到对应的 VLAN 中，具体命令如下：

```
interface fa0/1
switchport mode access
switchport access vlan 10
exit

interface fa0/2
switchport mode access
switchport access vlan 10
exit

interface fa0/3
switchport mode access
switchport access vlan 10
exit

interface fa0/4
```

```
switchport mode access
switchport access vlan 20
exit

interface fa0/5
switchport mode access
switchport access vlan 20
exit

interface fa0/6
switchport mode access
switchport access vlan 20
exit

show vlan
```

配置完成后，查看 VLAN 的完整配置，如图 5-23 所示。

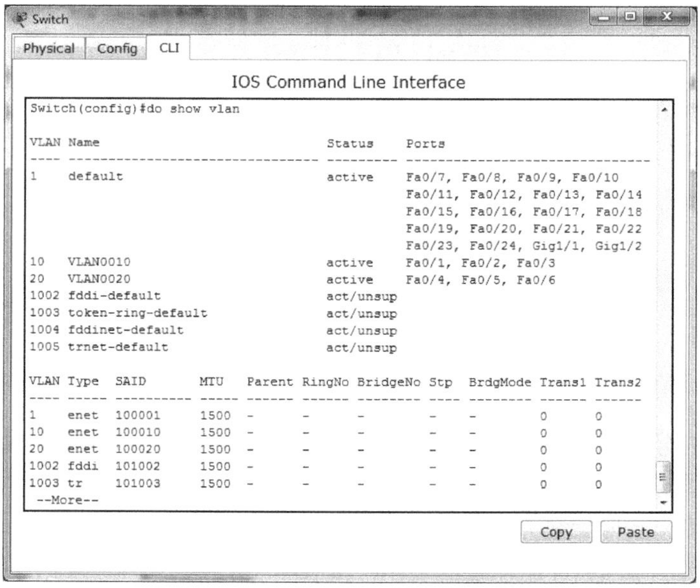

图 5-23　查看 VLAN 的完整配置

以上步骤完成后，接口 1、2、3 属于 VLAN 10，接口 4、5、6 属于 VLAN 20。然后，将位于同一 VLAN 的计算机相互 ping 一下，看看能否 ping 通；将位于不同 VLAN 的两台计算机相互 ping 一下，看看能否 ping 通。

（4）删除 VLAN

当一个 VLAN 不再需要时，可以将它删除。在全局配置模式下，删除 VLAN 的命令如下：

① no vlan 10　　　　（删除 VLAN 10）

② no vlan 20　　　　（删除 VLAN 20）

③ 使用“show vlan”（或“do show vlan”）命令查看 VLAN，确认 VLAN 已经删除，如图 5-24 所示。

图 5-24　删除 VLAN

本章小结

本章主要学习了交换式以太网的基本组网方法及虚拟局域网的基本划分方法，包括交换式网络的特性、交换机的基本工作原理和工作过程、虚拟局域网的作用等。最后，进行了虚拟局域网划分的实训。本章的内容也是网络设备配置与维护的基础内容。

习题及课后实训

1．选择题

（1）以太网交换机中的地址映射表______。

A. 是由交换机的生产厂商建立的

B. 是交换机在数据转发过程中通过学习动态建立的

C. 是由网络管理员建立的

D. 是由网络用户利用特殊的命令建立的

（2）下列说法中，错误的是______。

A. 以太网交换机可以对通过的信息进行过滤

B. 以太网交换机中接口的速率可能不同

C. 在交换式以太网中可以划分 VLAN

D. 利用多个以太网交换机组成的局域网不能出现环路

2．填空题

（1）交换机的数据转发方式有________、________和________。

（2）交换式局域网使用________（单工、半双工、全双工）通信方式。

3．课后实训

在交换式局域网中，可按多种方式划分 VLAN。参考以太网交换机的使用说明书，动手配置一个基于 MAC 地址的 VLAN，并验证配置的结果是否正确。

第 6 章　无线局域网

➢　教学目标

本章主要介绍无线局域网的基本知识。通过本章的学习，可以了解无线局域网的标准，理解无线局域网的工作模式，掌握基本参数的含义及设置方法。最后通过组网实训，可以掌握无线局域网的基本组网技能。

➢　教学要求

知识要点	能力要求	相关知识
WLAN 标准	了解 IEEE 802.11 常见标准及其优缺点	IEEE 802.11 系列标准
组网模式	理解 WLAN 的两种组网模式及应用范围	Ad-Hoc、Infrastructure
基本参数	掌握参数的含义并能按要求进行设置	SSID、WPA、无线信道
组网实训	掌握 WLAN 的基本组网方法	无线 AP、无线路由器、无线网卡

➢　教学要点

重　　点	无线局域网标准、组网模式、参数设置
难　　点	无线局域网组网模式、参数设置

6.1　无线局域网基础知识

无线局域网（Wireless Local Area Network，WLAN）使用非常广泛，是网络中的热门技术，被关注度较高，家庭和办公室已经在大量使用。

6.1.1　无线局域网的特点与应用环境

从 20 世纪 90 年代起，移动通信和因特网一样，得到了飞速的发展。与此同时，无线局域网也获得了用户的青睐，成为各类网络中不可或缺的组成部分。

1．无线局域网的特点

近年来，随着个人数据通信的发展，为了使用户能够在任何时间、任何地点均能实现数据通信的目标，传统的计算机网络逐步由有线向无线、由固定向移动、由单一业务向多应用发展，由此无线局域网技术得到了快速的发展。

无线局域网一般适用于家庭、大楼内部以及中小型园区，典型距离覆盖几十米至几百米，利用无线技术传输数据、话音和视频信号，作为传统布线网络的一种替代方案或拓展方案。无线局域网的出现，使得原来有线网络所遇到的布线问题迎刃而解。它可以使用户对有线网络进行扩展和延伸，只要在有线网络的基础上通过无线接入点、无线网卡等无线设备，即可使无线通信得以实现。在不进行传统布线的同时，提供有线局域网的所有功能，并能够随着用户的需要随意地更改扩展网络，实现移动应用。无线局域网把用户从办公桌边解放了出来，使他们可以随时随地获取信息。一般而言，相比于传统的有线网络，无线局域网的特点主要体现在以下几个方面：

1）可移动性。由于没有线缆的限制，用户可以在不同的地方工作，实时地获取信息。

2）建网容易。由于不需要布线，消除了穿墙或过天花板布线的繁琐工作，因此安装容易，建网时间可大大缩短。

3）组网灵活。无线局域网可以组成多种拓扑结构，可以十分容易地从少数用户的点对点模式扩展到上千用户的基础架构模式。

4）成本优势。这种优势体现在用户网络需要租用大量的电信专线进行通信的时候，自行组建的 WLAN 会为用户节省大量的租用费用。在需要频繁移动和变化的动态环境中，无线局域网是最佳的选择。

另外，无线网络的通信范围在室内可以传输数十、数百米，室外可以传输几十公里。

尽管无线局域网有许多优点，但是因为传输速率相对较慢、信号易受环境干扰导致不稳定、安全性相对较低等因素存在，在实际使用中并不是用来取代有线局域网的，而是用来弥补有线局域网络的不足的。

无线局域网与以太网一样，只是众多局域网种类中的一种。注意，无线局域网不是无线以太网。

2．无线局域网的应用环境

无线局域网时代意味着可以在任何地方学习、工作，享受充分的自由和灵活性。无线网络正在成为个人、企业必备的通信工具。无线局域网的特点使其可以广泛使用在以下的领域：

1）移动办公的环境，如在大型企业、医院、学校等场所移动办公的人员的工作环境。

2）难以布线的环境，如历史建筑、校园、工厂车间、城市建筑群、大型的仓库等不能布线或者难于布线的环境。

3）频繁变化的环境，如活动的办公室、零售商店、售票点、医院，以及野外勘测、试验、军事、公安和银行金融等网络结构经常变化或者临时组建的局域网。

4）公共场所，如机场、货运公司、码头、展览和交易会等。

5）小型网络环境，如办公室、家庭办公室。

6.1.2　无线局域网的标准

1990 年 11 月，IEEE 802 标准化委员会成立 IEEE 802.11 无线局域网标准工作组。工作组于 1997 年公布了第一个 WLAN 标准 IEEE 802.11，其后在 IEEE 802.11 的基础上相继推出了 IEEE 802.11a、IEEE 802.11b、IEEE 802.11g、IEEE 802.11n 和 IEEE 802.11ac 等标准，具体的技术指标见表 6-1。

表 6-1　常见的 4 种 WLAN 标准

性能/标准	802.11a	802.11b	802.11g	802.11n	802.11ac
传输速率（最高）	54Mbit/s	11Mbit/s	54Mbit/s	600Mbit/s	1Gbit/s
工作频率	5GHz	2.4GHz	2.4GHz	2.4/5GHz	5GHz
兼容性	无	不兼容 802.11a	兼容 802.11b	兼容 802.11a、802.11b 和 802.11g	兼容现有的所有标准
信道带宽	20MHz	22MHz	20MHz	20/40MHz	20/40/80/16080+80MHz
天线结构（最多）	1×1SISO	1×1SISO	1×1SISO	4×4MIMO	8×8MIMO
传输方式	OFDM	DSSS	OFDM/DSSS	MIMO–OFDM	MIMO–OFDM

IEEE 802.11 是 IEEE 最初制定的一个无线局域网标准，主要用于解决办公室局域网和校园网中用户与用户终端的无线接入，业务主要限于数据存取，速率最高只能达到 2Mbit/s。由于它在速率和传输距离上都不能满足人们的需要，因此，IEEE 小组又相继推出了 802.11a 和 802.11b 两个新标准。

IEEE 802.11a 标准的工作频率为 5GHz，传输速率为 54Mbit/s。802.11a 是一个非全球性的标准，与 802.11b 不兼容，但采用 OFDM 技术，使得数据流高达 54Mbit/s。

IEEE 802.11b 标准的工作频率为 2.4GHz，传输速率为 11Mbit/s。IEEE 802.11b 是所有无线局域网标准中最早普及的标准。

IEEE 802.11g 标准的工作频率为 2.4GHz（与 802.11b 相同），提供与 802.11a 相同的 54Mbit/s 传输速率，同时其安全性比 802.11b 标准好。另外，由于 802.11g 采用两种调制方式：OFDM 和 802.11b 中采用的 DSSS，做到了与 802.11b 的兼容。802.11g 的兼容性和高数据速率弥补了 802.11a 和 802.11b 各自的缺陷，使得 802.11b 产品可以平稳地向高数据速率升级，满足日益增加的带宽需求。因此，802.11g 一出现就得到了众多厂商的支持。802.11b 是所有 WLAN 标准演进的基石，后来许多的系统大都需要与 802.11b 向后兼容。

IEEE 802.11n 标准的工作频率为 2.4GHz 和 5GHz，提供最高 600Mbit/s 的传输速率。得益于将 MIMO（多入多出）与 OFDM（正交频分复用）技术相结合而应用的 MIMO OFDM 技术，提高了无线传输的质量，也使传输速率得到极大提升。在覆盖范围方面，802.11n 采用智能天线技术，通过多组独立天线组成的天线阵列，可以动态调整波束，保证让 WLAN 用户接收到稳定的信号，并可以减少其他信号的干扰。因此，其覆盖范围大大扩展，信号稳定性也大大提高。在兼容性方面，802.11n 采用了一种软件无线电技术，它是一个完全可编程的硬件平台，使得不同系统的基站和终端都可以通过这一平台的不同软件实现互通和兼容，即使得 WLAN 的兼容性得到极大改善。这意味着 WLAN 将不但能实现 802.11n 向前和向后兼容，而且还可以实现 WLAN 与无线广域网络（如 3G）的兼容。

IEEE 802.11ac 是在 IEEE 802.11a 标准之上建立起来的，主要工作在 5GHz 频段，使用 IEEE 802.11n 的 MIMO 技术，每个信道的工作频宽将由 IEEE 802.11n 的 40MHz 提升到 80MHz 甚至是 160MHz，再加上大约 10%的实际频率调制效率提升，最终的理论传输速度将由 IEEE 802.11n 最高的 600Mbit/s 提升至 1Gbit/s，完全可以在一条信道上同时传输多路压缩视频流。此外，IEEE 802.11ac 还兼容 IEEE 802.11 全系列所有的标准和规范，并且完全遵循 IEEE 802.11i 安全标准中的所有内容，使得无线连接能够在安全性方面达到企业级用户的需求。

自从实行 IEEE 802.11b 标准以后，无线局域网取得了长足的进步，基于此技术的产品也逐渐多了起来，解决各厂商产品之间的兼容性问题就显得非常必要。因为 IEEE 本身并不负责测试无线产品的兼容性，所以这项工作就由厂商自发组成的无线局域网联盟来担任。而 Wi-Fi（Wireless Fidelity）是无线局域网联盟的一个商标，有此商标则说明无线产品互相兼容，因此很多场合把 WLAN 与 Wi-Fi 并不加以区分，几乎成了同义词。

6.2 无线局域网的组网模式

WLAN 可以采用两种不同的组网模式，即点对点模式和基础架构模式。

6.2.1　点对点模式

点对点模式（Ad-Hoc）也称为对等模式，由无线工作站（STA）组成，用于一台无线工作站和另一台或其他多台无线工作站的直接通信，如图 6-1 所示。

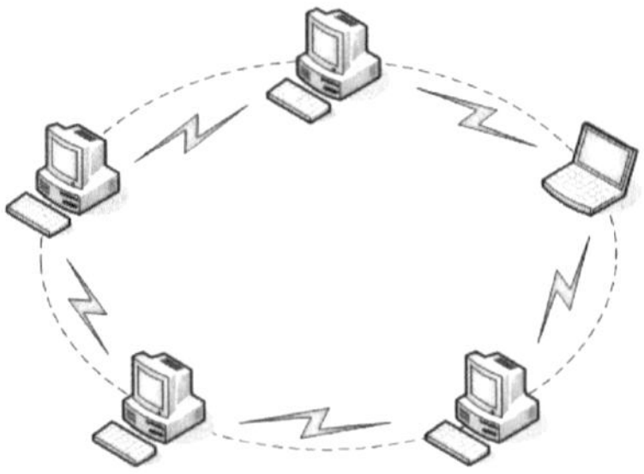

图 6-1　点对点模式

点对点模式是一种省去了无线 AP（无限访问点，见下节）而搭建起来的对等网络结构，只要安装了无线网卡的计算机，彼此之间即可实现无线互联。其原理是网络中的一台计算机主机建立点对点连接相当于虚拟无线 AP，而其他计算机就可以直接通过这个点对点连接进行网络互联与共享。

由于省去了无线 AP，点对点模式的无线局域网的网络架设过程十分简单。不过一般的无线网卡在室内环境下，传输距离通常为 40m 左右，当超过此有效传输距离时，就不能实现彼此之间的通信。因此，该种模式非常适合一些简单甚至是临时性的无线互联需求。

联网的计算机要有相同的工作组名、SSID（服务区别号）和密码（可选）。任何时间，只要两个或更多的无线网卡互相都在彼此的范围之内，它们就可以组建一个的网络。

6.2.2　基础架构模式

基础架构模式（Infrastructure），也称为基础结构模式，由无线 AP、无线工作站（STA）以及分布式系统（DSS）构成，覆盖的区域称为基本服务区（BSS），如图 6-2 所示。

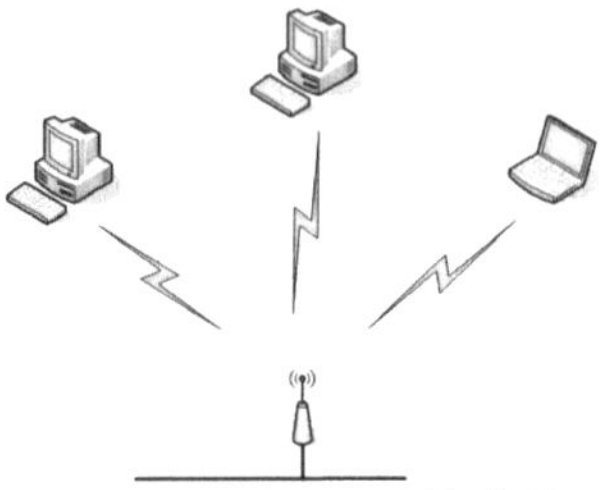

图 6-2　基础架构模式

无线 AP（Access Point）也称为无线访问点，相当于有线网络的集线器。无线 AP 既用于无线工作站之间通信，也用于和有线网络之间的连接，但所有的无线通信都经过 AP 完成。无线 AP 通常能够覆盖几十至几百个用户，覆盖半径达上百米。

如果把无线工作站比喻成手机，那么无线 AP 就相当于移动通信的基站，可以连接其他有线的工作站、交换机和路由器。无线 AP 是无线工作站之间相互通信的桥梁和纽带，同时又是无线工作站进入有线以太网的接入点，它负责管理其覆盖区域内的通信。覆盖彼此交叠区域的一组无线 AP，能够支持无线工作站在大范围内的连续漫游功能，同时又能始终保持网络连接，这与蜂窝式移动通信的工作方式非常相似。另外，在同一地点放置多个无线 AP，可以实现更高的总体吞吐量。

从系统的角度来看，无线局域网只是把有线传输介质替换成了无线传输介质，都是为了传输数据帧。在有线局域网中，每台计算机都与交换机之间使用了一根独立的双绞线来连接，实现了点到点的全双工传输。而在 WLAN 中，每台计算机都与一台无线 AP 通信，并且使用了同一个信道（频段）的无线信号，这相当于在有线局域网中采用同轴电缆的总线型网络，或采用集线器连接的星形网络，它们的共同特点是均采用广播方式通信的网络，存在信道争用问题，以半双工方式传输数据。

基础架构模式是一种整合了有线与无线局域网架构的应用模式，与点对点模式不同的是，配备无线网卡的计算机必须通过无线 AP 来进行通信。

6.2.3 无线局域网的组建与应用形式

1. 胖/瘦 AP 架构组建模式

基础架构模式在实际组网时，还分为胖 AP 架构模式和瘦 AP 架构模式。

（1）胖 AP 架构模式

每个 AP 直接控制 WLAN 用户的接入和认证过程，可以完成用户数据加密、用户认证和 QoS 等功能。由于每个 AP 都是一个单独的节点，因此需要独立配置，但在数量不多的情况下安装十分简便。

胖 AP 架构主要适用于用户规模较小的独立小型场景，如小型企业、商场、家居办公等。由于网络规模较小，一般不使用单独部署的认证服务器和网络设备。

目前在家居、办公中大量使用的无线路由器可以看做是一个胖 AP。从功能上看，无线路由器是“AP+路由器”的一个“二合一”的设备（有的还加入交换机功能）。对于“无线接入+有线宽带”的混合网络来说使用非常方便，已经得到了广泛应用。

（2）瘦 AP 架构模式

随着网络规模的不断扩大，胖 AP 技术已无法适应网络发展的需要。在大中型企业网络中部署无线局域网，如果网络中有大量的胖 AP，则需要对胖 AP 进行逐一配置，管理难度和管理成本较高。同时，胖 AP 架构还难于扩展到大型、连锁型的无线局域网，也难增加高级应用，这使得 WLAN 的应用开始趋向于集中管理架构。

瘦 AP 无线技术采用 AP+AC（Access Controller，即无线控制器）+交换机的组网方式，即 AP 只作为简单的无线接入点，不具备管理控制功能，而通过 AC 统一管理所有的 AP，向所有的 AP 发送控制策略，无需在每一个 AP 上单独配置，使得 WLAN 管理更加方便，控制更加灵活，能满足企业网复杂的业务需求。

2. 无线局域网的应用形式

（1）全无线网

全无线网比较适用于还没有建网的用户，建网时只需要将带有无线网卡的计算机和无线

AP 连接即可。

（2）无线节点接入有线网

对于一个已经存在的有线网，若要再扩展，以便于移动计算，可考虑扩展无线网的方式，通常是在有线网中接入无线 AP，无线网节点可以通过无线 AP 与有线网相连。这是目前大部分单位采用的组网方式。

（3）有线网通过无线方式相连

这种组网形式适用于将两个或多个已建好的有线局域网通过无线的方式互连。例如，当两个相邻建筑物中的有线网无法用物理线路连接时，就可以采用这种方式，通常需要在各个有线网中接入无线路由器。

6.3 无线局域网常见名词解释

6.3.1 SSID

SSID（Service Set Identifier，服务区标识符）最多可以使用 32 个字符来表示，用来区分不同的无线网络区域。客户机无线网卡选择了不同的 SSID 就可以进入不同的网络。SSID 通常由无线 AP 广播出来，客户机通过操作系统或驱动程序自带的搜索功能就可以查看当前区域内的 SSID。简单地说，SSID 就是一个无线网络区域的名称，只有登录到名称相同的 SSID 计算机才能相互直接通信。

无线 AP 一般都会提供“允许 SSID 广播”功能。出于安全考虑，可以不广播 SSID。如果不想让自己的无线网络被别人通过 SSID 名称搜索到，那么最好“禁止 SSID 广播”，这样无线网络仍然可以使用，只是不会出现在其他人所搜索到的可用网络列表中。此时，用户就要手工设置 SSID 才能进入相应的网络。

6.3.2 WEP 和 WPA

WEP（Wired Equivalent Protocol）和 WPA（Wi-Fi Protected Access）是无线局域网采用的加密技术。

WEP 已经被证明是一种不安全的加密技术。它在接入点和客户端之间以“RC4”方式对分组信息进行加密，密码很容易被破解。WEP 使用的加密密钥包括收发双方预先确定的 40 位（或者 104 位）通用密钥和发送方为每个分组信息所确定的 24 位、被称为 IV 密钥的加密密钥。但是，为了将 IV 密钥告诉给通信对象，IV 密钥不经加密就直接嵌入到分组信息中被发送出去。如果通过无线窃听，收集到包含特定 IV 密钥的分组信息并对其进行解析，那么通用密钥都有可能被计算出来。

WPA 是继承了 WEP 基本原理而又解决了 WEP 缺点的一种新技术。由于加强了生成加密密钥的算法，因此即便收集到了分组信息并对其进行解析，也几乎无法计算出通用密钥。WPA 加密特性决定了它比 WEP 更难以入侵，所以如果对数据安全性有很高要求，就必须选用 WPA 加密。

WPA 包含两种加密方式，即 Pre-shared 密钥和 Radius 密钥。Pre-shared 密钥有两种密码方式：TKIP 和 AES。Radius 密钥利用的是 Radius 服务器认证并可以动态选择 TKIP、AES、WEP 方式。

WPA 有两种认证模式可供选择，一种是使用 802.1x 协议认证模式，802.1x 认证服务器分发不同的钥匙给各个用户，用 802.1x 认证的版本叫做 WPA 企业版；另一种是预先共享密钥 PSK（Pre-Shared Key）模式，让每个用户都使用同一个密钥，Wi-Fi 联盟把使用 Pre-Shared Key 的版本叫做 WPA 个人版。

6.3.3　无线信道

无线信道（Channel）也就是常说的无线“频段”，是以无线信号作为传输媒体的数据信号传送通道，相当于有线局域网的网线。

常用的 IEEE 802.11b/g/n 工作在 2.4～2.4835GHz 频段，这些频段被分为 11 或 13 个信道。当在无线 AP 无线信号覆盖范围内有两个以上的无线 AP 时，需要为每个无线 AP 设定不同的频段，以免共用信道而发生冲突。由于很多无线设备都默认设置 Channel 为 1，那么当两个以上的这样的无线 AP 设备相“遇”时冲突就在所难免。为什么现在无线信道的冲突如此让人关注？这除了家用或办公无线设备因为价格的不断走低而呈几何级数增长外，无线标准的天生缺陷也是造成目前这种窘境的重要原因。在 802.11b/g/n 情况下，可用信道在频率上都会重叠交错，导致网络覆盖的服务区只有 3 条非重叠的信道可以使用，结果这个服务区的用户只能共享这 3 条信道的数据带宽。这 3 条信道还会受到其他无线信号源的干扰，因为 802.11b/g/n 标准采用了最常用的 2.4GHz 无线电频段，而这个频段还有许多其他应用，如蓝牙无线连接、手机甚至微波炉，这些应用在这个频段产生的干扰可能会进一步限制 WLAN 用户的可用带宽。

考虑到相邻的两个无线 AP 之间有信号重叠区域，为保证这部分区域所使用的信号信道不能互相覆盖，具体地说信号互相覆盖的无线 AP 必须使用不同的信道，否则很容易造成各个无线 AP 之间的信号相互产生干扰，从而导致无线网络的整体性能下降。因为每个信道都会干扰其两边的频道，计算下来也就只有 3 个有效频道，因此一定要注意在同一区域使用不同的无线 AP 要设置不同的频道。

6.4　组建小型无线局域网实训

本章的实训任务是：公司某部门有 3 台固定位置的计算机，还有 3 台需要使用无线网络的计算机，要求组建一个有线和无线的混合局域网，把这 6 台计算机连接起来，具体如图 6-3 所示。

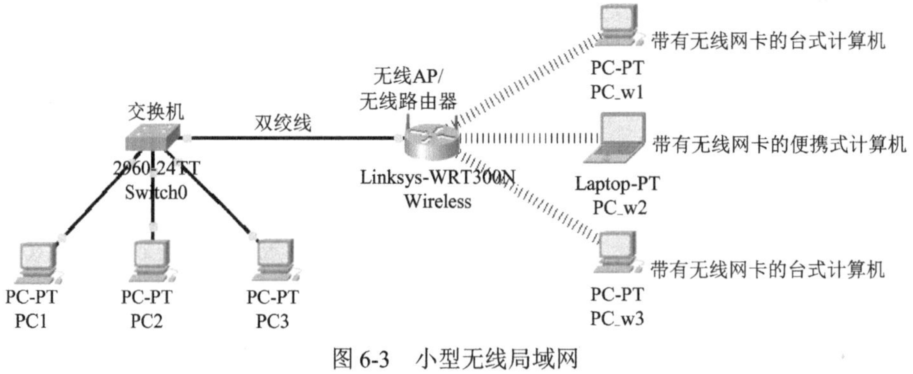

图 6-3　小型无线局域网

这里的重点是无线局域网的组建。无线局域网与有线局域网的连接，实际上就是把无线 AP 上的 RJ-45 接口通过双绞线连接到交换机。

根据需求，支持 IEEE 802.11b/g/n 标准的无线设备都可以使用，目前使用较多的是 IEEE 802.11n 标准。便携式计算机一般自带无线网卡，如果是台式计算机则需要单独购买一个无线网卡（USB 接口），如图 6-4 所示。无线 AP（单天线）如图 6-5 所示。因为要用到无线 AP 组网，因此采用基础架构模式。

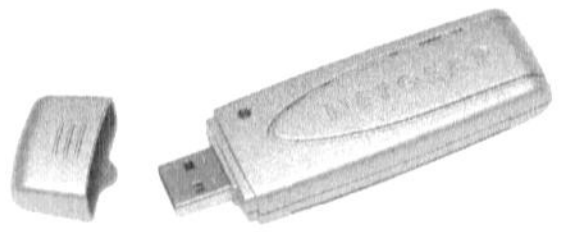

图 6-4　无线网卡（USB 接口）

图 6-5　无线 AP（单天线）

6.4.1　无线 AP 的设置

无线 AP 在使用之前需要进行设置。大部分的无线 AP 都提供至少一个以太网接口，并且支持 Web 设置方式。按图 6-3 所示的结构，选择任意一台与交换机相连的计算机（如 PC1），作为对无线 AP 设置的主机，简称 AP 设置主机。

1. 设置主机 IP

因为要用到 IP 访问，所以必须将 PC1 的 IP 地址与无线 AP 的默认 IP 设置为同一个网络的 IP 地址，以便访问。例如，无线 AP 的默认 IP 地址是 192.168.0.1，子网掩码为 255.255.255.0，则 PC1 的 IP 地址可设为 192.168.0.2，子网掩码为 255.255.255.0，如图 6-6 所示。

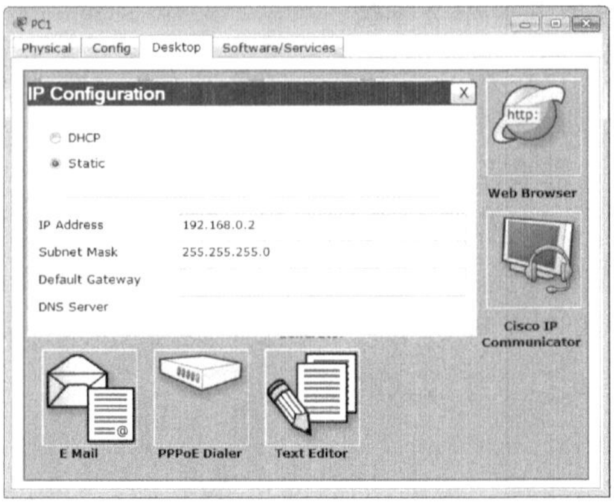

图 6-6　设置主机的 IP

注意：无线 AP 本身只提供无线局域网（第二层）的功能，并没有提供网络层（第三层，即 IP 层）的功能。因此，IP 地址只是为了方便设置无线 AP 参数而存在的，与 AP 本身的功能无关。如果是无线路由器（无线 AP+路由器的“二合一”设备），则 IP 才有网络中的实际意义。

2．访问 AP

在 PC1 的浏览器中输入地址“http://192.168.0.1”，访问无线 AP。一般的无线 AP 要求输入用户名和密码(一般默认的用户名和密码都是 admin)，其他设备请查阅无线 AP 配送的参考手册，如图 6-7 所示。

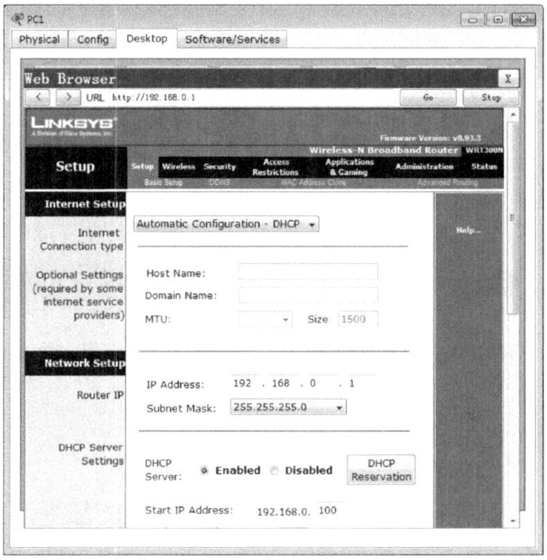

图 6-7　无线 AP 的设置界面

在实际使用中，应该按照上述步骤连接、设置无线 AP。在 Cisco Packet Tracer 中，为了方便使用，可直接单击无线 AP，在弹出的窗口中选择“GUI”选项卡，即可得到与图 6-7 一样的设置界面。

3．设置无线 AP

无线 AP 的设置主要涉及以下 3 个参数。

1）SSID：最多 32 个字符，无线网卡必须设置和无线 AP 相同的 SSID，才能连接到此 AP。如果选择广播 SSID，则无线网卡会自动找到此 SSID；如果选择不广播 SSID，则无线网卡不会自动找到此 SSID，需要手工输入。

2）无线网络的加密方式：从安全的角度考虑，不要选择“不加密”和“WEP 加密”模式，一般采用“WPA 加密”模式。此处选择的是“WAP2 Personal”，数据加密算法是“AES”。

3）网络加密口令：一般设置 8 位以上，最好包含数字、大小写字母等。无线网卡连接无线 AP 的时候，需要提供此口令才能联网。

设置无线 AP 的方法如下：

单击顶部的“Wireless”菜单，再单击“Basic Wireless Settings”子菜单，进入无线 AP 设置界面，填入 SSID，如图 6-8 所示。然后，单击“Wireless Security”子菜单，在“Security Mode”下拉列表框中选择“WPA2 Personal”，在“Encryption”下拉列表框中选择“AES”，在“Passphrase”文本框中填入密码，如图 6-9 所示。

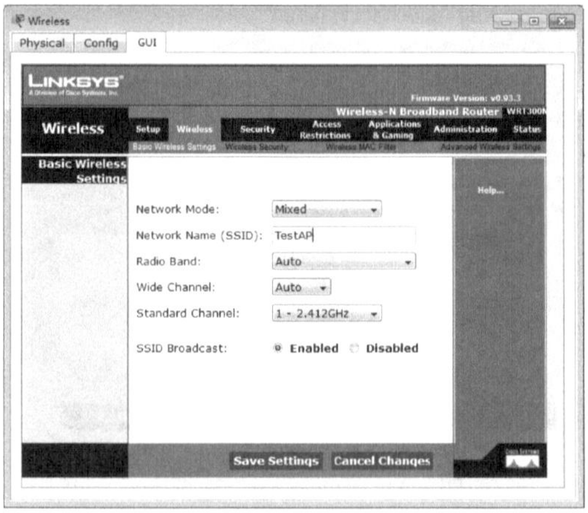

图 6-8　无线 AP 的 SSID 设置

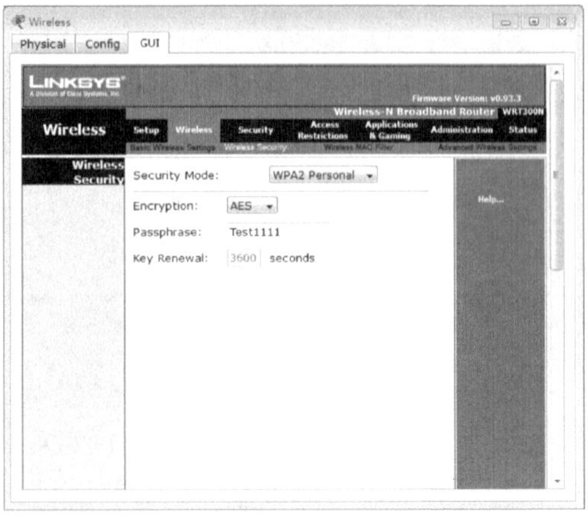

图 6-9　无线 AP 的密码设置

设置完毕后，单击页面底部的“Save Settings”按钮使设置生效。如果想部署复杂的无线网络架构，需要设置更多的选项，可以参考相关资料。

6.4.2　无线网卡的设置

1. 无线网卡的安装

首先将无线网卡插入到计算机的任一 USB 接口，然后在操作系统中安装该无线网卡的设备驱动程序即可。

2. 设置 IP 地址

为了便于直接通信，验证联网情况，应该将无线网卡的 IP 地址与其他主机网卡的 IP 设为同一个子网的 IP。本例中，PC_w1 的 IP 设置为 192.168.0.100，子网掩码为 255.255.255.0。其他计算机网卡（包括有线和无线）的 IP 地址分别设为 192.168.0.101、192.168.0.102、192.168.0.103、192.168.0.104、192.168.0.105，子网掩码都是 255.255.255.0。

如果无线 AP 中有 DHCP 服务（能自动分配 IP 地址），则只需将网卡设置为自动获取 IP 地址即可。

3. 连接无线 AP

在实际计算机中，单击桌面右下角的无线网络图标，出现“无线网络连接”窗口，无线 AP 的 SSID 标识便会出现在可用的无线网络列表中。选中一个 SSID 并单击“连接”，然后输入密码，即可完成与无线 AP 的连接。

在 Cisco Packet Tracer 中，单击 PC_w1，在弹出的窗口中单击“Desktop”选项卡→“PC Wireless”→“Connect”选项卡→“Refresh”按钮，在左边的窗口中将会出现“TestAP”，选中“TestAP”后单击“Connect”按钮，填入无线网络密码“Test1111”，即可连接上无线 AP，如图 6-10～图 6-13 所示。

图 6-10 “Desktop”选项卡

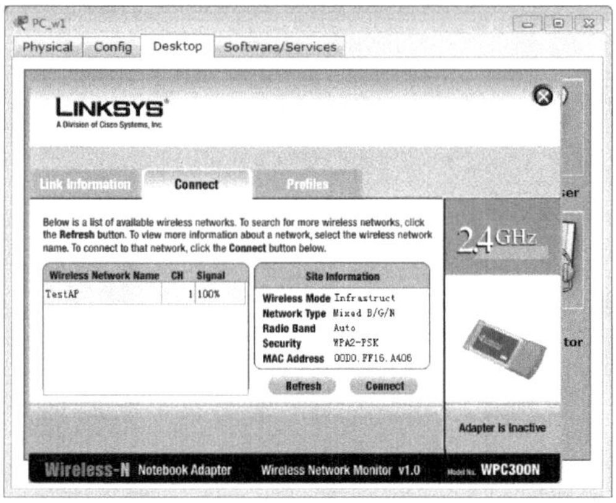

图 6-11 “Connect”选项卡

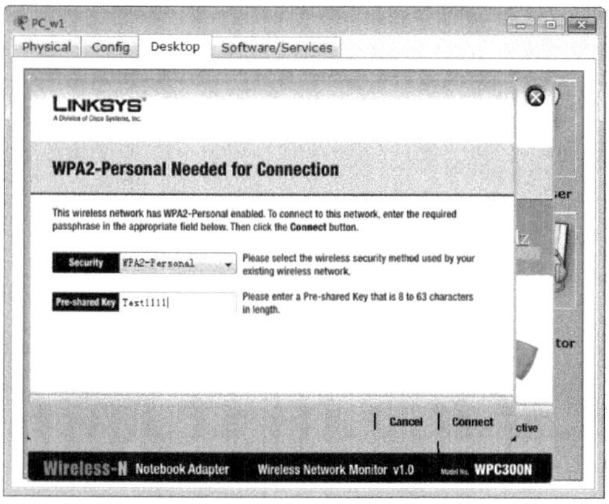

图 6-12 输入无线网络密码

图 6-13 已经连接到无线 AP

至此，无线网络的设置全部完成，接下来就可以像使用有线网络一样地使用无线网络了。可以通过 ping 其他主机的 IP 来测试网络是否通畅，前面章节已经介绍过具体方法，此处不再重复。

本 章 小 结

本章主要学习了无线局域网的基本知识，包括无线局域网的标准、无线局域网的两种工作模式、基本参数的含义及设置方法，最后进行了基本组网技能的实训。

习题及课后实训

1．填空题

（1）无线网络标准 802.11a、802.11b、802.11g、802.11n 和 802.11ac 的传输速率分别

为________、________、________、________、和________。

（2）WLAN 可以采用________或________的组网模式。

（3）WEP 加密技术和 WPA 加密技术相比，更安全的是________。

（4）SSID 全称为________。

2．课后实训

（1）使用多个配有无线网卡的计算机组建一个点对点的无线网络（无需无线 AP）。

（2）把一台计算机的网卡设置为无线 AP 工作方式，其他带有无线网卡的计算机利用它进行连网，实现基础架构模式组网。

第 7 章　网络互联与 IP 地址

➢　教学目标

本章主要介绍网络层的基础知识。通过本章的学习，可以理解网络层互联的基本概念，掌握 IP 层的特点以及与数据链路层的工作关系，掌握 IP 地址的编址方法、子网划分及子网掩码，掌握无分类编址方法，理解 ARP 协议的工作过程。

➢　教学要求

知识要点	能力要求	相关知识
网络层互联	理解网络层互联的基本概念	网络层
IP 层	理解 IP 层的特点	IP 层
IP 地址	掌握 IP 地址，能规划、配置 IP 地址	编址、子网、掩码
ARP	理解 ARP 协议的工作过程	ARP 协议

➢　教学要点

重　点	网络层互联、IP 地址
难　点	IP 地址

7.1　网络互联

7.1.1　IP 层网络互联

随着信息技术的发展，单一的局域网络无法满足用户的各种需求。在日常生活中接触的计算机网络通常都是利用互联设备，即路由器（Router），将两个或多个不同类型的物理网络相互连接而形成的，简称互联网，如图 7-1 所示。

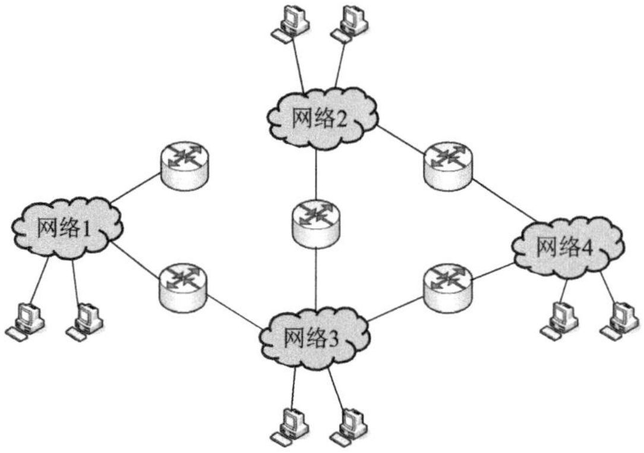

图 7-1　互联网

互联网屏蔽了各个物理局域网络的差别（如寻址机制的差别、帧最大长度的差别、差错恢复的差别等），隐藏了各个物理网络的实现细节，为用户提供通用服务。因此，用户常常把互联网看成一个虚拟网络系统，如图 7-2 所示。这个虚拟网络系统是对互联网结构的抽象，它提供通用的通信服务，能够将所有的主机都互联起来，实现全方位的通信。

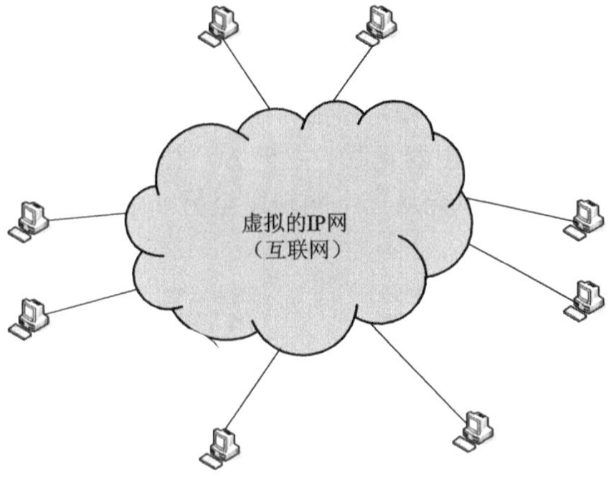

图 7-2　虚拟 IP 网

当联网设备是集线器或交换机的时候，这仅仅是把一个网络扩大了。从网络层的角度看，这仍然是一个网络，但一般并不称之为网络互联。

由于全世界存在着各式各样的网络，它们使用不同的硬件地址，要使这些异构网络能够互相通信就必须进行非常复杂的硬件地址转换工作，但统一的 IP 地址把这个复杂的问题解决了。连接到因特网的主机只需拥有统一的 IP 地址，它们之间的通信就像连接在同一个网络上那样简单、方便。

由于参加互联的计算机网络都使用相同的网络互联协议（IP），因此互联以后的计算机网络可以看做一个虚拟互联网络。利用网络互联协议就可以使这些性能各异的网络在网络层上看起来好像是一个统一的网络，就像在一个单个网络上通信一样，它们看不见互联的各网络的具体异构细节。正如计算机中的图形用户界面使得用户只需简单地单击几下鼠标就能让计算机完成很多任务，实际上计算机要完成这些任务必须执行很多条指令，但这些复杂的过程全都被设计良好的图形用户界面屏蔽掉了，使用户看不见这些复杂的过程。

路由器是一个工作在网络层的设备，因此网络互联必须使用路由器。路由器的主要作用是在互联网中进行路由选择。由于历史的原因，有些地方把路由器叫做网关（如 Windows 系列操作系统的 IP 设置部分）。

特别指出的是：在 IP 层抽象的互联网上只能看到 IP 数据报（IP 层传输的数据单元）；在局域网的数据链路层，只能看见 MAC 帧，IP 数据报被封装在 MAC 帧中。

实际上，世界上最具影响力的因特网（Internet）就是一种互联网。它是由分布在世界各地数以万计的、各种规模的计算机网络，借助于路由器相互连接而形成的全球性的互联网。

7.1.2　IP 层与数据链路层

如果说 IP 数据报是 IP 互联网中行驶的车辆，那么网络互联协议就是 IP 互联网中的交通规则，连入互联网的每台计算机及处于十字路口的路由器都必须熟知和遵守该交通规则。发送数据的主机需要按网络互联协议装载数据，路由器需要按网络互联协议指挥交通，接收数据的主机需要按网络互联协议拆卸数据。满载着数据的 IP 数据包从源主机出发，在沿途各个路由器的指挥下，就可以顺利地到达目的主机。

网络互联协议精确定义了IP数据报格式，并且对数据报寻址和路由、数据报分片和重组、差错控制和处理等都做出了具体的规定。

图7-3给出了一个IP互联网示意图，它包含了两个网络。其中，主机A、主机B分别位于不同的网络中，这两个网络用路由器互联。主机A、主机B、路由器均有IP层且遵守网络互联协议。由于IP层具有将数据单元从一个网转发至另一个网的功能，因此，互联网上的数据可以进行跨网传输。

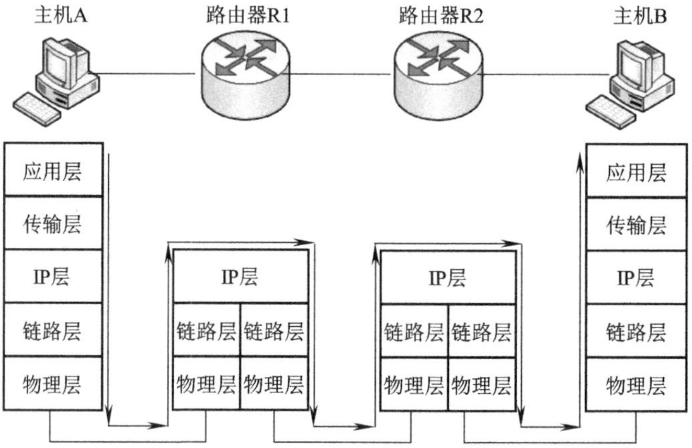

图7-3 IP互联网的工作原理

如果主机A发送数据至主机B，数据封装传递的实际过程是箭头所指示的传输路径。在第1章的图1-9中，清楚地标明了TCP/IP中数据的传递与流动的详细过程。

如果只从网络层考虑问题，那么IP数据报就可以想象是在网络层中传送，如图7-4所示。这样就不必考虑完整的协议栈，使问题变得更加简单。

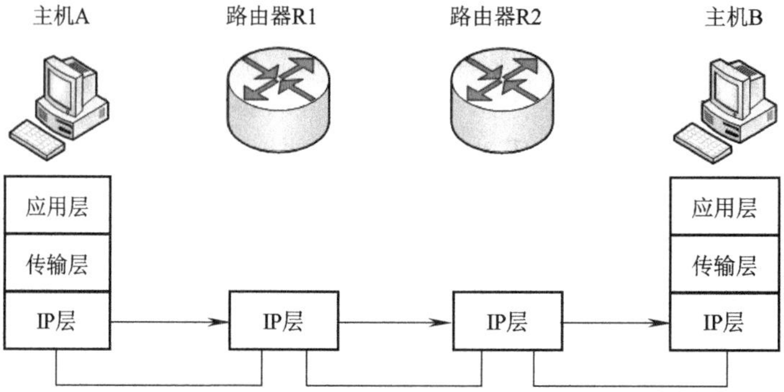

图7-4 虚拟IP层直接传输

7.1.3 IP层的特点

互联网应该屏蔽低层网络的差异，为用户提供通用的服务。具体地讲，运行网络互联协议的互联层可以为其高层用户提供的服务有以下3个特点：

1）不可靠的数据投递服务。这意味着IP不能保证数据报的可靠投递，IP本身没有能力证实发送的报文是否被正确接收。数据报可能在线路延迟、路由错误、数据报分片和重组等过程中受到损坏，但 IP 不检测这些错误。在错误发生时，IP 也没有可靠的机制来通知发送方或接收方。

2）面向无连接的传输服务。它不管数据报沿途经过哪些节点，甚至也不管数据报起始于哪台计算机、终止于哪台计算机。从源节点到目的节点的每个数据报可能经过不同的传输路径，而且在传输过程中数据报有可能丢失，也有可能正确到达。

3）尽最大努力投递服务。尽管 IP 层提供的是面向非连接的不可靠服务，但是，IP 并不随意地丢弃数据报。只有当系统的资源用尽、接收数据错误或网络故障等状态下，IP 才被迫丢弃报文。

7.1.4 IP 互联网的特点

IP 互联网是一种面向非连接的互联网络，它对各个物理网络进行高度的抽象，形成一个大的虚拟网络。总的来说，IP 互联网具有以下特点：

1）IP 互联网隐藏了低层物理网络的细节，向上为用户提供通用的、一致的网络服务。因此，尽管从网络设计者的角度看，IP 互联网是由不同的网络借助 IP 路由器互联而成的，但从用户的观点看，IP 互联网是一个单一的虚拟网络。

2）IP 互联网不指定网络互联的拓扑结构，也不要求网络之间全互联。因此，IP 数据报从源主机至目的主机可能要经过若干中间网络。一个网络只要通过路由器与 IP 互联网中的任意一个网络相连，就具有访问整个互联网的能力。

3）IP 互联网能在物理网络之间转发数据，信息可以跨网传输。

4）IP 互联网中的所有计算机使用统一的、全局的地址描述法。

5）IP 互联网平等地对待互联网中的每一个网络，不管这个网络的规模是大还是小，也不管这个网络的速度是快还是慢。实际上，在 IP 互联网中，任何一个能传输数据单元的通信系统均被看做是网络（无论该通信系统的特性如何）。因此，大到广域网，小到局域网，甚至两台计算机间的点到点连接都被当做是网络，IP 互联网均平等对待它们。

7.2 IP 地址

7.2.1 IP 地址的作用

在以太网中利用 MAC 地址来标志网络中的一台主机，以太网网络中任意两台主机通信必须要知道对方的 MAC 地址。但是，世界上存在着各种各样的使用不同技术的网络，这些网络使用的物理地址的格式、长度等表示方法也不相同。因此，如何使用统一的地址表示方式，保证信息的跨网传输是互联网的一个首要问题。

显然，统一物理地址的表示方法是不现实的，因为物理地址的表示方法是和每一种物理网络的具体特性联系在一起的，市场也需要不同的物理网络。因此，互联网对各种物理网络地址的“统一”必须在 IP 层完成。

Internet 使用网络互联协议，在全球范围内实现不同硬件结构、不同操作系统、不同网络系统的互联。在 Internet 上，每一个节点都依靠 IP 地址互相区分和相互联系。

IP 地址构成了整个 Internet 的基础。每一台联网的主机无权自行设定 IP 地址，而是由因特网名字与号码指派公司（ICANN）负责对申请的组织分配唯一的网络 ID，而该组织可以为自己的网络中的每一个主机分配一个唯一的主机 ID。正如一个单位无权决定自己在所属城市的街道名称和门牌号，但可以自主决定本单位内部的各个办公室编号。

一个 IP 地址标志一台主机的说法并不准确。严格地讲，IP 地址指定的不是一台计算机，而是计算机到一个网络的连接。因此，具有多个网络连接的互联网设备就应具有多个 IP 地址，如路由器。一般情况下，一个物理网络接口配置一个 IP 地址，但在一些特殊情况下，可以将多个 IP 地址绑定到一个物理网络接口上，使一个物理网络接口具有多个 IP 地址，也可以将多个物理网络接口聚合在一起，只配置一个 IP 地址。

7.2.2　IP 地址的层次结构

一个互联网包含多个网络，而一个网络又包含多台主机。因此，互联网是具有层次结构的，如图 7-5 所示。

为了适应这个层次结构，IP 地址必须划分为两部分，即网络号和主机号，如图 7-6 所示。网络号用于标识在互联网中的一个网络区域编号，主机号用于表示在一个网络区域中主机的一个连接。整个互联网上的计算机都依靠各自唯一的 IP 地址来标识。如果给出一个具体的 IP 地址，马上就能知道它位于哪个网络，这给 IP 互联网的路由选择带来很大好处。

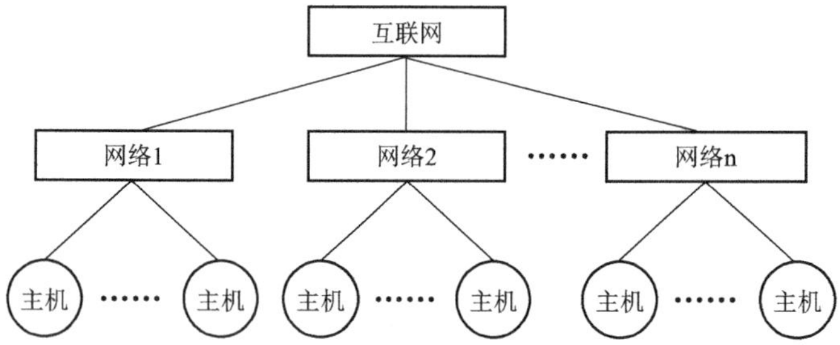

图 7-5　互联网的层次结构

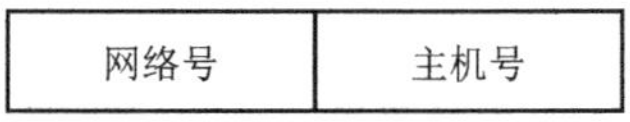

图 7-6　IP 地址的层次结构

实际上 IP 地址与生活中的电话号码非常类似，IP 地址的网络号相当于区号，主机号相当于电话号码，处在同一个 IP 网络的通信相当于打市话，跨网通信相当于打长途。

同一个网络（网络号相同）的 IP 地址可以直接通信；不同网络（网络号不同）的 IP 地址不可以直接通信（即使处于同一个物理网络也不行），必须经过路由器转发才能通信。

7.2.3　IP 地址的编址方法及表示

1. IP 地址的编址方法

IP 地址的编址方法有以下 3 种（3 个历史阶段）：

1）分类的 IP 地址，这是最早、最基本的编址方法。

2）子网划分，这是对分类 IP 地址的改进。

3）无分类编址，这是目前最新的编址方法。

2. IP 地址的直观表示法

根据 TCP/IP 规定，IP 地址是由 32 位二进制数组成的，包含了网络号（netid）和主机号

（hostid）两部分。为了表示方便，常常把它看做 4 个字节（每个字节 8 位）。

平时使用 IP 地址的时候，由于二进制表示不方便，因此可采用点分十进制表示法，即将 4 字节的二进制数值转换成 4 个十进制数（每个数的范围是 0～255），中间用“.”隔开，表示成 W.X.Y.Z 的形式，如图 7-7 所示。

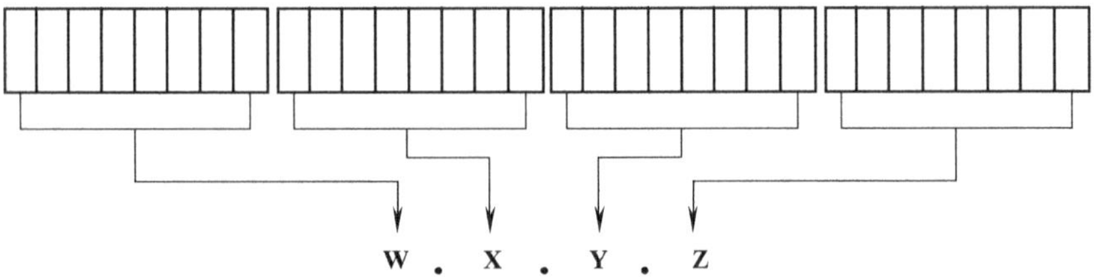

图 7-7　IP 地址的点分十进制表示

例如，二进制 IP 地址：11001010　01011101　01111000　00101100，可以表示成点分十进制：202.93.120.44。

注意：IP 地址的原始定义及表示都是二进制，所涉及的 IP 地址计算也都是按照二进制方式进行的，表示成十进制只是为了方便使用而已。

7.2.4　IP 地址分类

在互联网中，网络数量有多少是难以确定的，每一个网络的规模也有大有小。有的网络具有成千上万台主机，而有的网络仅有几台主机。为了适应各种不同的网络规模，将 IP 地址分成 A、B、C、D、E 5 类，它们分别用 IP 地址的前几位加以区分，如图 7-8 所示。利用 IP 地址的前 4 位就可以判断出它的地址类型，A、B、C 类地址是单播地址（一对一通信），D 类地址用于多播通信（一对多通信），E 类地址保留以后使用。D 类和 E 类使用较少，在此不进行详细介绍。

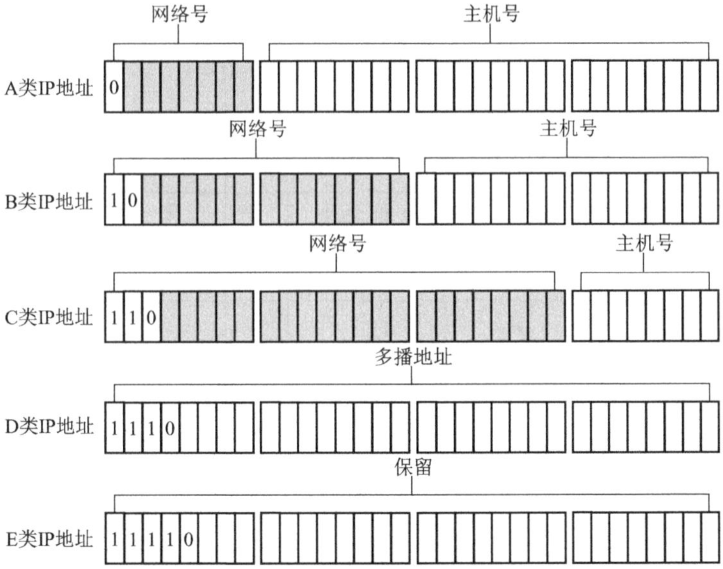

图 7-8　5 类 IP 地址

1. A类地址

A类地址使用前1个字节表示网络号，剩下3个字节表示主机号。由于第1个字节的最高位必须是“0”，因此只有7位可供使用来表示网络号，后面24位表示主机号。

网络号全0或全1、主机号全0或全1都有特殊的含义，不能直接作为IP地址分配给主机。因此，在计算有多少个网络号、多少个主机号的时候，都要“掐头去尾”（即减2），B类和C类地址也是一样。

A类地址可提供的网络号有$2^7-2=126$个，每个网络中的主机号有$2^{24}-2=16\,777\,214$个。A类地址可提供的网络号较少，但每一个网络里面可容纳的主机数达1 600多万，因此，它一般用于大型网络。A类地址占整个IP地址总数的50%。

2. B类地址

B类地址使用前2个字节表示网络号，剩下的2个字节表示主机号。由于第1个字节的最高位必须是“10”，因此只有14位可供使用来表示网络号，后面16位表示主机号。

因为网络号后面的14位无论怎样取值，也不可能使前2个字节的网络号为全0或全1，因此这里不存在网络总数减2的问题。

B类地址可提供的网络号有$2^{14}=16\,384$个，每个网络中的主机号有$2^{16}-2=65\,534$个。B类地址可提供的网络号有1万多个，但每一个网络里面可容纳的主机数达6万多，因此，它一般用于中等规模的网络。B类地址占整个IP地址总数的25%。

3. C类地址

C类地址使用前3个字节表示网络号，剩下的1个字节表示主机号。由于第1个字节的最高位必须是“110”，因此只有21位可供使用来表示网络号，后面8位表示主机号。

同样，因为网络号后面的21位无论怎样取值，也不可能使前3个字节的网络号为全0或全1，因此也不存在网络总数减2的问题。

C类地址可提供的网络号有$2^{21}=2\,097\,152$个，每个网络中的主机号有$2^8-2=254$个。C类地址可提供的网络号有200多万个，但每一个网络里面可容纳的主机数只有254个，因此，它一般用于小规模网络。C类地址占整个IP地址总数的12.5%。

A、B、C类IP地址的总结见表7-1。

表7-1 分类IP地址总结表

类别	第1字节范围	网络地址	主机地址	网络数	主机数	适用
A	1～126	1字节	3字节	126	16 777 214	大型网络
B	128～191	2字节	2字节	16 384	65 534	中型网络
C	192～223	3字节	1字节	2 097 152	254	小型网络

在分类IP地址中，可通过第1字节的范围直接识别IP地址属于A、B、C哪一类。

按照TCP/IP的观点，一个“网络”是指具有相同网络号的IP地址集合，是一个“逻辑”网络，与物理网络并不是一一对应的。一个物理网络可划分为多个IP网络，一个IP网络也可以包含多个物理网络。

7.2.5 特殊 IP 地址

正如特别的电话号码表示特别的用途那样，特殊的 IP 地址也表示一些特殊的含义。

1. 网络地址

在互联网中，经常需要使用“网络地址”表示一个网络。根据 IP 地址方案规定，网络地址的表示形式是：有效的网络号+全“0”的主机号。

例如，在 A 类网络中，地址 69.0.0.0 就表示网络号为 69 的网络地址。IP 地址为 201.53.203.67（C 类地址）的主机所处的网络为 201.53.203.0，它的主机号为 67。

2. 广播地址

当一个主机向网络上所有的主机发送数据时，就产生了广播。IP 广播有以下两种形式。

（1）直接广播

根据 IP 地址方案规定，直接广播地址的表示形式是：有效的网络号+全“1”的主机号。

在 IP 互联网中，任意一台主机均可向其他网络进行直接广播。例如，C 类地址 201.53.203.255 就是一个直接广播地址。向这个地址发送信息，会将信息同时发送到网络 201.53.203.0 中的所有主机。

（2）本网广播

地址 255.255.255.255 表示本网广播地址，也称为有限广播地址。如果采用分类 IP 编址，那么广播将被限制在本网络之中；如果采用子网划分编址，那么广播将被限制在本子网之中。

本网广播不需要知道网络号，因此，在主机不知道本机所处的网络时（如在主机的启动过程中），只能采用本网广播方式。

实际使用中，广播过多会导致“广播风暴”，甚至会导致网络中断，因此需要采用各种技术来限制广播，广播不能不用，只是要尽量少用。

3. 环回地址

环回地址（Loopback Address）也称为回送地址。网络号为 127.0.0.0 的地址是一个保留地址，代表“本机”，用于网络软件测试以及本机进程之间的网络通信。任何程序一旦使用环回地址发送数据，系统中的 TCP/IP 软件便不进行任何网络传输，需要立即将其返回。因此，含有网络号 127 的数据报不可能出现在任何网络上。通常使用“ping 127.0.0.1”命令来测试本机 TCP/IP 软件是否正常工作。

4. 内网地址

内网地址也称为专用地址。一台计算机要连入因特网，必须申请一个合法的 IP 地址。但是由于 IP 地址的紧缺（目前已经基本分完），一个单位能够申请到的 IP 地址数往往远小于其拥有的主机数。另外，考虑到因特网并不是很安全，也不需要把所有的主机都接入因特网。为此，专门保留了一些地址作为内网地址，这些地址只能用于一个单位的内部通信，不能用于和因特网上的主机直接通信，这样就可以大大节约 IP 地址资源。在因特网中的所有路由器，对目的地址是内网地址的数据报一律不进行转发。

IP 地址保留了 3 个地址区域作为内网地址，其地址范围如下。

1）A 类：10.0.0.0～10.255.255.255。

2）B 类：172.16.0.0～172.31.255.255。

3）C 类：192.168.0.0～192.168.255.255。

如果使用的是内网地址，又想访问因特网，那么必须通过路由器或服务器的 NAT（网络地址转换）功能，把内网地址转换为合法的 IP 地址，来“间接”上网，也就是通常所说的“共享上网”。

7.2.6　IP 编址实例

某单位建有 4 个物理网络，现需要通过路由器将这 4 个物理网络组成 IP 互联网。

根据表 7-1 可知，如果其中 3 个是小型网络，1 个是中型网络，那么，可以为 3 个小型网络分配 3 个 C 类地址（如 202.113.27.0、202.113.28.0 和 202.113.29.0），为 1 个中型网络分配 1 个 B 类地址（如 128.211.0.0）。图 7-9 显示了这 4 个物理网络互联的情况。

在为互联网上的主机和路由器分配具体的 IP 地址时，需要注意以下几点：

1）连接到同一网络中的所有主机的 IP 地址的网络号必须相同。在图 7-9 中，计算机 A 和计算机 B 都接入了物理网络 1，由于物理网络 1 分配到的网络地址为 202.113.27.0，所以计算机 A 和计算机 B 的 IP 地址的网络号部分都是 202.113.27，但主机号不能一样，否则会造成 IP 地址冲突。

2）路由器可以连接多个物理网络，每个连接都应有不同的 IP 地址，而且该 IP 地址的网络号应与所连接的网络的网络号相同。如图 7-9 所示，由于路由器 R 分别连接 202.113.27.0、202.113.28.0 和 128.211.0.0 3 个网络，因此该路由器被分配了 3 个不同的 IP 地址。其中，连接物理网络 1 的 IP 地址要具有物理网络 1 的网络号（即 202.113.27），而连接其他网络的 IP 地址则必须具有所连网络的网络号。

3）同一个网络的主机可以直接通信，不同网络的主机不能直接通信。例如，计算机 A 和计算机 B 可以直接通信，计算机 A 和路由器 R 的 202.113.27.66 地址的接口可以直接通信。但是，计算机 A 和 IP 为 128.211.2.33 的主机不能直接通信。要跨越网络通信，必须通过路由器转发才可以。

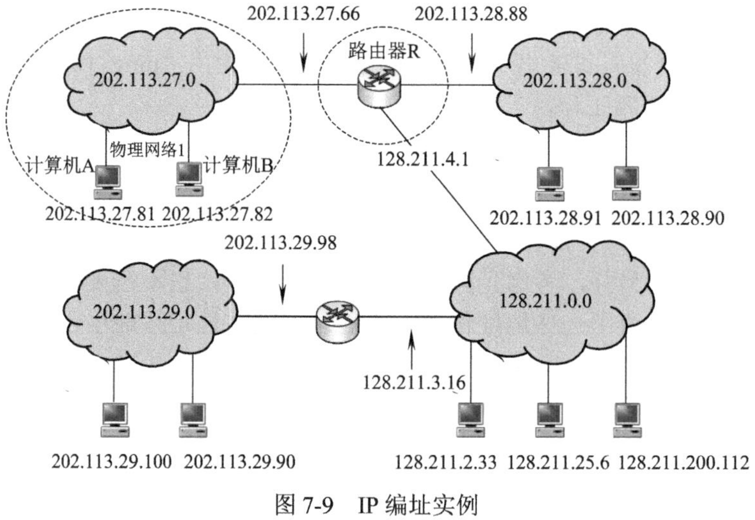

图 7-9　IP 编址实例

7.2.7　子网划分

1．划分子网的原因

Internet 组织机构在早期定义的 5 种分类的 IP 地址，在今天看来存在着很多不合理的地方：

1）IP 地址利用率较低。每一个 A 类地址网络可容纳的主机数超过 1 千万，每一个 B 类地址网络可容纳的主机数也超过 6 万。但事实上，由于各种限制，一个网络上的主机数根本达不到如此大的数目，如 10Base-T 以太网规定其最大节点数只有 1 024，因此导致了 IP 地址空间的极大浪费。据统计，超过半数的 B 类地址网络所连接的主机还不到 50 台，而这些单位并不愿意申请一个足够使用的 C 类地址（理由是考虑到今后可能的发展）。另一方面，随着互联网应用的不断扩大，IP 地址资源越来越少，导致了 IP 地址空间的资源过早枯竭。

2）给每一个物理网络分配一个网络号会使路由表变得太大，从而使网络性能降低。每一个路由器都应能够从路由表查出，应怎样才能到达其他网络的下一跳路由器的地址。因此，互联网中的网络数越多，路由器的路由表的项目数也就越多。这样，即使拥有足够多的 IP 地址资源可以给每一个物理网络分配一个网络号，也会导致路由表中的项目数过多。这样不仅增加了路由器的成本（存储空间增多，需要更快的 CPU 等），而且使路由器和整个因特网的性能都下降了。

3）两级的 IP 地址不够灵活。有时，一个单位拥有多个网络地址，但是这些网络地址属于同一个网络，同时单位又有多个部门，希望分属于不同的网络，在没有划分子网的情况下无法实现。如果能划分子网，就能随时灵活地增加本单位的网络，而不必事先到 IP 地址管理机构去申请新网络的 IP 地址。显然，原来层次结构为两级的 IP 地址不够灵活。

2．划分子网

为了解决上述问题，子网编址将 IP 地址的主机号部分进一步划分成子网号部分和主机号部分，如图 7-10 所示，从而使两级的 IP 地址变成了三级的 IP 地址。

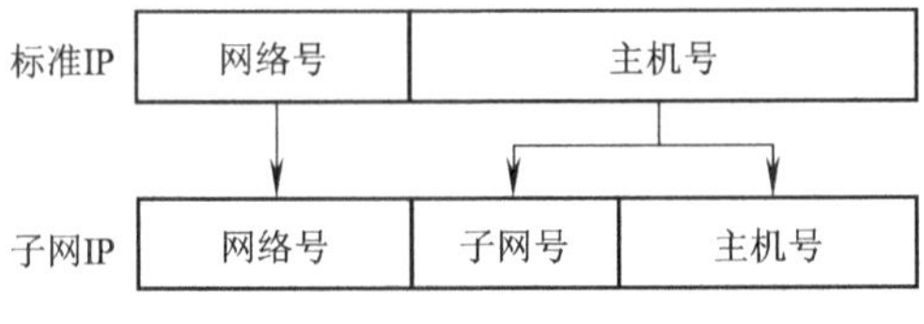

图 7-10　三级 IP 地址的层次结构

为了创建一个子网地址，从标准 IP 地址的主机号部分“借”位并把它们指定为子网号部分。子网号最少借用两位，而主机号至少保留两位。A 类网络的主机号部分有 3 个字节，最多只能借用 22 位来创建子网；B 类网络的主机号部分有两个字节，最多只能借用 14 位来创建子网；C 类网络的主机号部分只有一个字节，最多只能借用 6 位来创建子网。

130.66.0.0 是一个 B 类 IP 地址，它的主机号部分有两个字节，在图 7-11 中，借用了其中的 1 个字节分配子网，如 130.66.3.2。

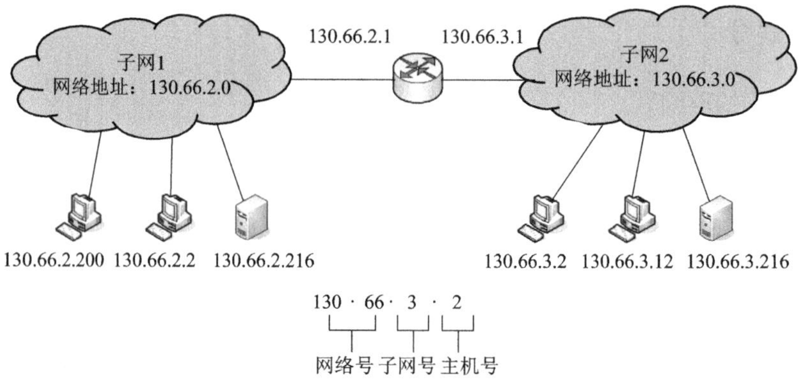

图 7-11　子网划分

3．子网网络地址和子网广播地址

与标准的 IP 地址一样，子网编址也定义了子网网络地址和子网广播地址。主机号全“0”表示子网网络地址，主机号全“1”表示子网广播地址。

例如，有一个网络号为 202.113.26.0 的 C 类地址，借用主机号部分的 3 位来划分子网，其子网号、主机号、可容纳的主机数、子网网络地址、子网广播地址具体见表 7-2。

表7-2　对一个C类地址进行子网划分

子　网	子　网　号	主　机　号	第4字节（十进制）	主机数容量	子网地址	广播地址
1	001	00000～11111	32～63	30	202.113.26.32	202.113.26.63
2	010	00000～11111	64～95	30	202.113.26.64	202.113.26.95
3	011	00000～11111	96～127	30	202.113.26.96	202.113.26.127
4	100	00000～11111	128～159	30	202.113.26.128	202.113.26.159
5	101	00000～11111	160～191	30	202.113.26.160	202.113.26.191
6	110	00000～11111	192～223	30	202.113.26.192	202.113.26.223

该子网的主机号只能用剩下的 5 位来表示，在这 5 位中，全部为“0”的表示子网网络地址，全部为“1”的表示子网广播地址，其余的可以分配给子网中的主机。

为了与标准的 IP 编址保持一致，二进制全“0”或全“1”的子网号不能分配给实际的子网。在上面的例子中，除十进制的“0”和“7”外（二进制“000”和“111”），其他的子网号都可进行分配。

如果在子网中使用 255.255.255.255 广播地址，该广播将被限制在本子网内。

7.3　子网掩码

7.3.1　子网掩码的定义

对于任意给出的一个 IP 地址，如 128.22.25.6，是不可能知道它是属于一个标准的 IP 地址，还是经过了子网划分后的 IP 地址。为了解决这个问题，就必须有一个方法能够指出哪些部分是网络号和子网号，哪些部分是主机号。

子网掩码能解决上述问题。网络互联协议规定，子网掩码是一个 32 位的二进制数（与 IP 地址一样长），与 IP 地址的网络号和子网号部分相对应的位用“1”表示，与 IP 地址的主机号部分相对应的位用“0”表示。将 IP 地址和它的子网掩码按位相“与”（实际上就是把主机号部分置为 0），就可以判断出 IP 地址中哪些位表示网络号和子网号，哪些位表示主机号。

根据以上规定，不难总结出 A、B、C 3 类标准的 IP 地址的子网掩码，具体见表 7-3。

表7-3　A、B、C 3类标准的IP地址的子网掩码

地 址 类 别	网络号位数	子网掩码（二进制）	子网掩码（十进制）
A 类	前 8 位	11111111 00000000 00000000 00000000	255.0.0.0
B 类	前 16 位	11111111 11111111 00000000 00000000	255.255.0.0
C 类	前 24 位	11111111 11111111 11111111 00000000	255.255.255.0

7.3.2　子网掩码举例

如果给出一个 B 类地址 128.22.25.6 和子网掩码 255.255.255.0，转换成二进制，将它们按位相与后，网络号和子网号部分将被保留，而主机号部分会被置为 0，通过与标准地址比较，可以看出：B 类地址 128.22.25.6 所在的网络经过了子网划分，从主机号借用了前 8 位来表示子网，并且该 IP 地址所处的子网号为 25，如图 7-12 所示。

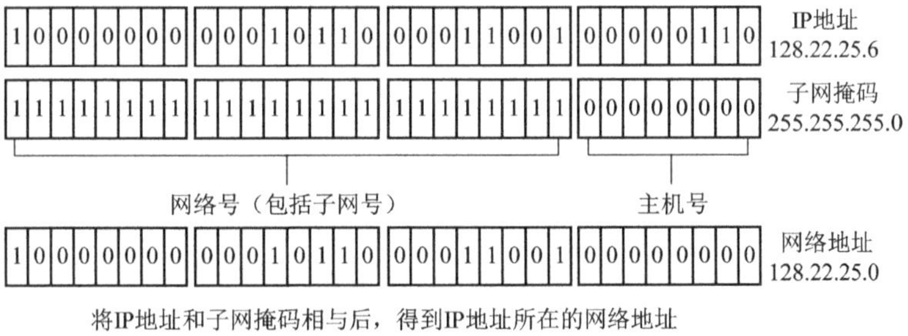

图 7-12　子网掩码

因此，使用子网掩码的好处是不管网络有没有划分子网，也不管网络字段的长度是 1 字节、2 字节还是 3 字节，只要将子网掩码和 IP 地址逐位进行“与”运算，就能得出网络地址。表 7-4 给出了 C 类地址子网划分的子网数、子网掩码和主机数。

表7-4　C类地址子网划分关系表

子 网 位 数	子 网 掩 码	子　网　数	主　机　数
2	255.255.255.192	2	62
3	255.255.255.224	6	30
4	255.255.255.240	14	14
5	255.255.255.248	30	6
6	255.255.255.252	62	2

B 类地址子网划分的子网数、子网掩码和主机数见表 7-5。

表7-5 B类地址子网划分关系表

子网位数	子网掩码	子网数	主机数
2	255.255.192.0	2	16382
3	255.255.224.0	6	8190
4	255.255.240.0	14	4094
5	255.255.248.0	30	2046
6	255.255.252.0	62	1022
7	255.255.254.0	126	510
8	255.255.255.0	254	254
9	255.255.255.128	510	126
10	255.255.255.192	1022	62
11	255.255.255.224	2046	30
12	255.255.255.240	4094	14
13	255.255.255.248	8190	6
14	255.255.255.252	16382	2

还要注意的是，连接不同网络和子网的路由器也需要占用有效的IP地址，因此，在计算网络需要的IP地址数时，一定要算上路由器占用的IP地址。

7.4 无分类编址

子网编址对IP地址的利用率还是不够高，根本原因在于分类编址的网络类别只能使用一种子网掩码，这就限制了在给定的子网数目条件下主机的数目。采用变长子网掩码（Variable Length Subnet Mask，VLSM），可在划分子网时使用多个不同的子网掩码，从而进一步提高IP资源的利用率。

在变长子网掩码的基础上又发展出了无分类编址方法，即无分类域间路由（Classless Inter-Domain Routing，CIDR）。分类编址实际上是无分类编址的一个特例。

实际上VLSM主要用来划分子网，CIDR主要用来进行网络地址汇总，即将多个网络聚合起来形成一个更大的单一网络。

1．CIDR的特点

CIDR消除了传统的A、B、C类地址以及划分子网的概念，把32位的IP地址划分为两个部分。前面的部分是“网络前缀”（Network-prefix），简称“前缀”，用来指明网络，后面的部分则用来指明主机。CIDR使IP地址从三级编址（使用子网掩码）又回到了两级编址。

CIDR的表示方法是：网络前缀+主机号。CIDR的网络前缀并不局限于分类网络ID所用的固定的8、16和24位。CIDR采用“斜线记法”表示网络前缀，即在IP地址后面加上斜线“/”，然后写上网络前缀所占的位数。例如，IP地址128.14.35.7/20，表示前20位是网络地址，后面12位是主机地址。

2．CIDR地址块

CIDR把网络前缀相同的连续的IP地址组成一个“CIDR地址块”。只要知道CIDR地址块中的任何一个地址，就可以知道这个地址块的起始地址（即最小地址）和最大地址，以及地址块中的地址数。例如，IP 地址 128.14.35.7/20，128.14.35.7/20=[10000000 00001110 0010]0011 00000111，其中“[...]”之内的地址是网络地址，之外的是主机地址。这个地址所在的地址块共有 2^{12}=4096 个地址，其中最小地址和最大地址为：在保持网络前缀不变的情况下，把主机号置为全 0 和全 1 即可得到最小地址（128.14.32.0）和最大地址（128.14.47.255）。主机号为全 0 和全 1 的地址一般不使用，通常只使用这两个地址之间的地址。

3．地址掩码

CIDR 也使用 32 位的地址掩码（Address Mask），简称掩码。地址掩码也是由一串 1 和一串 0 组成的，其中 1 的个数就是网络前缀的长度，如 128.14.35.7/20 的地址掩码是 20 个 1，11111111 11111111 11110000 00000000=255.255.240.0。

4．路由聚合

一个 CIDR 地址块可以表示很多地址，这种地址的聚合通常称为路由聚合或路由汇总，也称为构成超网（Supernetting）。路由聚合可看做是传统子网划分的逆过程。子网划分时，从主机地址部分借位，然后进一步划分网络；而在路由聚合中，则是将网络部分的某些位合并进主机部分。这种无类别超级组网技术通过将一组较小的无类别网络汇聚为一个较大的单一路由表项，减少了路由器中路由表条目的数量。

如表 7-6 所示，有 8 个相邻的网络地址，通过考察地址相同的位数，可计算出聚合后的汇总地址。

表7-6　路由汇总

网络地址	第 1 字节	第 2 字节	第 3 字节	第 4 字节
172.16.168.0/24	10101100（172）	00010000（16）	10101000	00000000
172.16.169.0/24			10101001	00000000
172.16.170.0/24			10101010	00000000
172.16.171.0/24			10101011	00000000
172.16.172.0/24			10101100	00000000
172.16.173.0/24			10101101	00000000
172.16.174.0/24			10101110	00000000
172.16.175.0/24			10101111	00000000

前 21 位地址是相同的，后 11 位地址是不同的，因此汇总地址为 172.16.168.0/21。在没有特别说明的情况下，一般按照最长前缀来汇总，因此尽量不要写成 172.16.0.0/16 的形式（前缀变得更短后，还包含了其他地址块）。

在路由聚合之前，8 个网络地址在路由表中需要占 8 个路由表项，在路由汇总之后，只需占 1 个路由表项。

7.5　地址解析协议（ARP）

IP 层只是一个虚拟的层次，不能直接传输数据，必须依靠下层的物理网络来传输数据。

从 TCP/IP 的层次的角度看，物理地址是数据链路层使用的地址（网卡的编号），而 IP 地址是网络层使用的地址，是一种逻辑地址。

如图 7-13 所示，在发送数据时，数据从上层传递到下层，然后才到通信链路上传输。使用 IP 地址的 IP 数据报一旦交给了数据链路层，就被封装成 MAC 帧了。MAC 帧在传送时使用的源地址和目的地址都是硬件地址，这两个硬件地址都写在 MAC 帧的头部中。

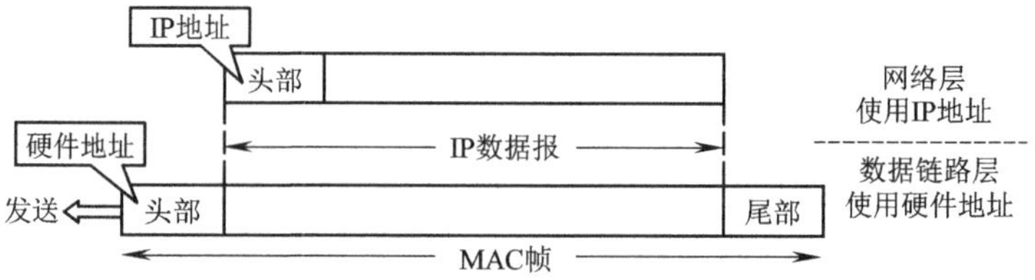

图 7-13　IP 地址与硬件地址

连接在通信链路上的设备（主机或路由器）在接收 MAC 帧时，其依据是 MAC 帧首部中的硬件地址。在数据链路层看不见隐藏在 MAC 帧的数据中的 IP 地址，只有剥去 MAC 帧的头部和尾部，把 MAC 层的数据上交给网络层后，网络层才能在 IP 数据报的首部中找到源 IP 地址和目的 IP 地址。

总之，IP 地址放在 IP 数据报的头部，而硬件地址则放在 MAC 帧的头部。在图 7-13 中，当 IP 数据报放入数据链路层的 MAC 帧中后，整个 IP 数据报就成为 MAC 帧的数据部分，因而在数据链路层看不见数据报的 IP 地址。IP 地址不能直接用来通信，不管网络层使用什么协议，当在实际网络的链路上传送数据帧时，最终还是必须使用 MAC 地址。

可见主机之间要通信，不但要知道对方的 IP 地址，还必须要知道对方 MAC 地址。地址解析协议（Address Resolution Protocol，ARP）就是专门解决这个问题的。

7.5.1　完整的 ARP 工作过程

每台主机都有一个 ARP 高速缓存（ARP Cache），里面有所在局域网上的各主机和路由器的 IP 地址到 MAC 地址的映射表。

假设以太网上有 4 台计算机，分别是计算机 A、B、X 和 Y，如图 7-14 所示。现在，计算机 A 的应用程序需要和计算机 B 的应用程序传输数据。在发送信息前，必须首先得到计算机 B 的 IP 地址与 MAC 地址的映射关系。一个完整的 ARP 的工作过程如下：

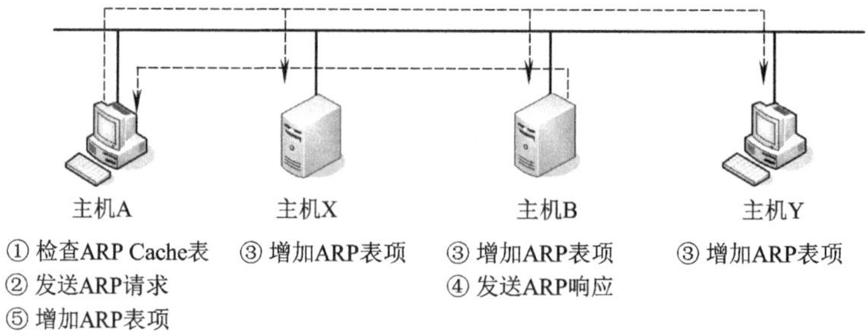

图 7-14　完整的 ARP 工作过程

1）计算机 A 检查自己 Cache 中的 ARP 表，判断 ARP 表中是否存有计算机 B 的 IP 地址与 MAC 地址的映射关系。如果找到，则完成 ARP 地址解析；如果没有找到，则转至下一步。

2）计算机 A 广播含有自身 IP 地址与 MAC 地址映射关系的请求信息包，请求解析计算机 B 的 IP 地址与 MAC 地址映射关系。

3）包括计算机 B 在内的所有计算机接收到计算机 A 的请求信息，然后将计算机 A 的 IP 地址与 MAC 地址的映射关系存入各自的 ARP 表中。

4）计算机 B 发送 ARP 响应信息，通知自己的 IP 地址与 MAC 地址的对应关系。

5）计算机 A 收到计算机 B 的响应信息，并将计算机 B 的 IP 地址与 MAC 地址的映射关系存入自己的 ARP 表中，从而完成计算机 B 的 ARP 地址解析。

计算机 A 得到计算机 B 的 IP 地址与 MAC 地址的映射关系后就可以顺利地与计算机 B 通信了。在整个 ARP 工作期间，不但计算机 A 得到了计算机 B 的 IP 地址与 MAC 地址的映射关系，而且计算机 B、X 和 Y 也都得到了计算机 A 的 IP 地址与 MAC 地址的映射关系。如果计算机 B 的应用程序需要立刻返回数据给计算机 A 的应用程序，那么，计算机 B 就不必再次执行上面描述的 ARP 请求过程了。

网络互联离不开路由器，路由器也应该实现 ARP。注意，ARP 只是解决同一个局域网内主机的 IP 地址和硬件地址的映射问题，不在同一个局域网内的主机的硬件地址无法直接得到，一般也没有必要得到。

7.5.2　ARP 命令的使用

网络操作系统都内置了一个 ARP 命令，用于查看、添加和删除 ARP 表项。在 Windows 操作系统中，ARP 表可以包含动态和静态表项。为了动态刷新 ARP 表，每个动态表项都是有时间限制的，动态表项过期将自动删除，一旦主机之间需要通信，将再次“找回”。静态表项则一直保留在 Cache 中，直到人为删除或重新启动计算机为止。

1. 显示 ARP 表

显示 Cache 中的 ARP 表可以使用“arp -a”命令，如图 7-15 所示。如果某个 IP 地址与 MAC 地址的映射关系并没有包含在 ARP 表中，可以利用 ping 命令向该主机发送一个信息，将这个站点的 IP 地址与 MAC 地址的映射关系加入到 ARP 表中，如图 7-16 所示。

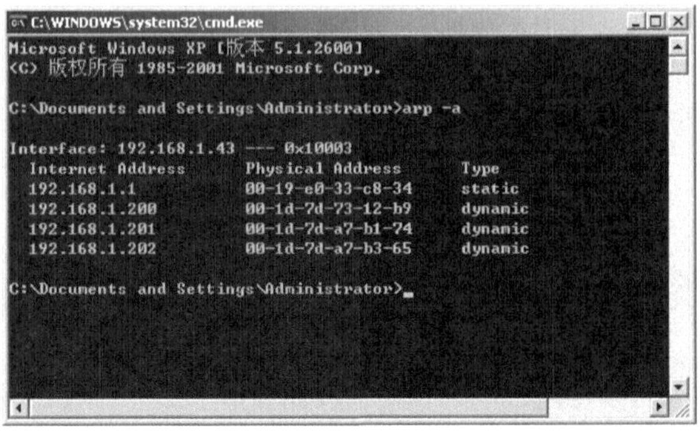

图 7-15　显示 ARP 表

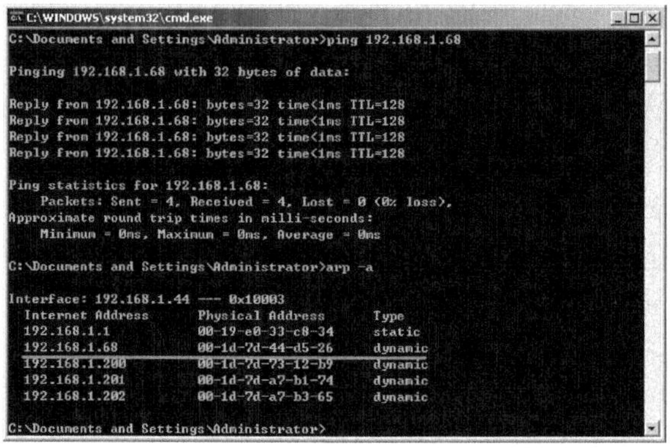

图 7-16　用 ping 命令加入新的 ARP 表项

2. 添加 ARP 静态表项

通过“arp -s IP 地址 MAC 地址”命令，可以将 IP 地址与 MAC 地址的映射关系手工加入到 ARP 表中。在手工添加 ARP 表项时，一定要确保 IP 地址与 MAC 地址的对应关系是正确的，否则将无法通信。添加后，可通过 ping 该 IP 地址判断添加是否正确。

3. 删除 ARP 表项

无论是动态表项还是静态表项，都可以通过“arp -d IP 地址”命令进行删除。

7.6　IP 地址规划与配置实训

本章需要完成的实训任务是：某公司基础网络设施已经完成，共有 3 个部门分别位于 3 个网络，每个网络有 20 台计算机。现在要求为每个网络的主机及路由器规划并配置 IP 地址，以便能访问 TCP/IP 所提供的丰富的应用服务，具体如图 7-17 所示。

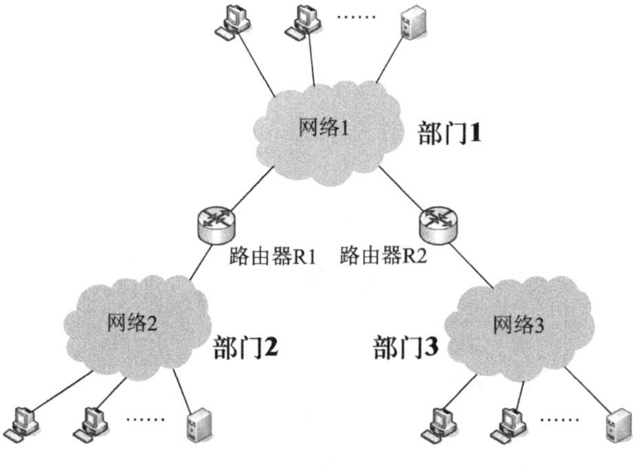

图 7-17　网络拓扑图

组建一个网络，除了必要的网络设备（主机、交换机、路由器等）以及相关的软件之外，还有一个很重要的内容就是为网络规划和配置 IP 地址。为了简单起见，本实例采用标准分类 IP 地址。

1．需求分析

该公司的网络是一个单位内部的互联网，同时每个网络的计算机不超过 20 台，最多预留 2 个路由器地址，因此考虑使用 C 类的内网 IP 地址。因此，3 个网络分别使用 192.168.0.0/24、192.168.1.0/24、192.168.2.0/24 网络地址。

2．分配地址

规划出该网络具体的 IP 地址分配方案，见表 7-7。注意，路由器可以连接多个物理网络，每个连接都应拥有自己的 IP 地址，并且该 IP 地址的网络号应与连接网络的网络号相同。

表7-7　IP地址的规划方案

网　络	部　门	网 络 地 址	子网掩码（十进制）	主机 IP 地址	路由器 IP 地址
1	1	192.168.0.0	255.255.255.0	192.168.0.1～192.168.0.20	R1： 192.168.0.254 192.168.1.254 R2： 192.168.0.253 192.168.2.254
2	2	192.168.1.0	255.255.255.0	192.168.1.1～192.168.1.20	
3	3	192.168.2.0	255.255.255.0	192.168.2.1～192.168.2.20	

3．网络拓扑图标注

根据表 7-7 在网络拓扑图上标注 IP 地址，如图 7-18 所示。

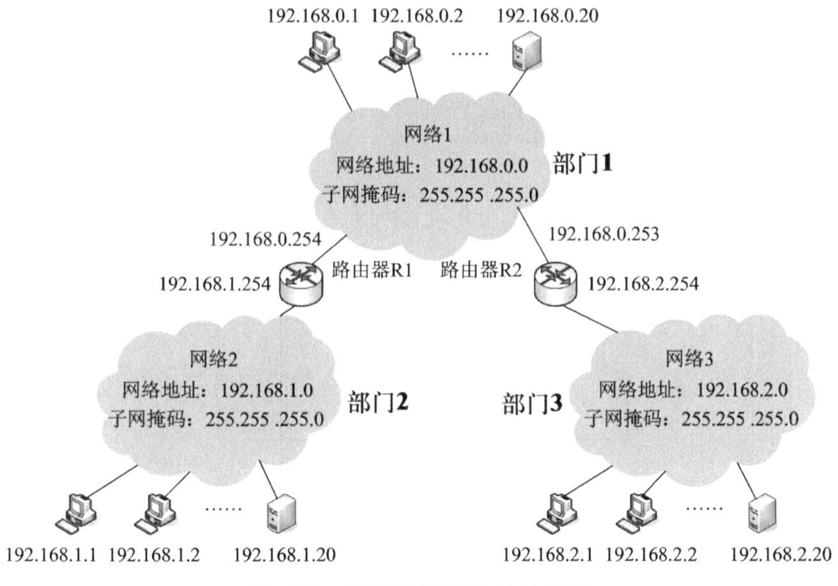

图 7-18　网络拓扑及 IP 地址分配

4．配置 IP 地址

路由器的 IP 地址配置见第 8 章，本节只介绍计算机的 IP 地址配置。

1）单击“开始”→“设置”→“控制面板”→“网络和拨号连接”命令，打开“本地连接　属性”对话框，如图7-19所示。

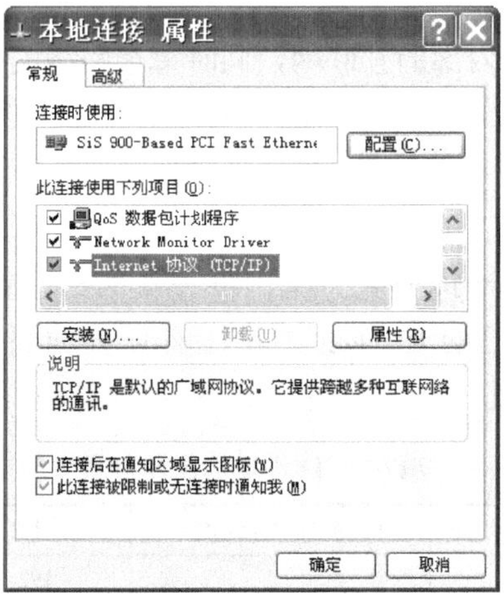

图7-19　“本地连接　属性”对话框

2）双击“Internet 协议（TCP/IP）”项，进行TCP/IP配置，按照表7-5给出的IP地址分配方案，依次填入“IP地址”、“子网掩码”和“默认网关”，如图7-20所示。默认网关是指本网络路由器的IP地址。

注意：“IP地址”和“默认网关”的地址一定是属于同一个网络号的IP地址。

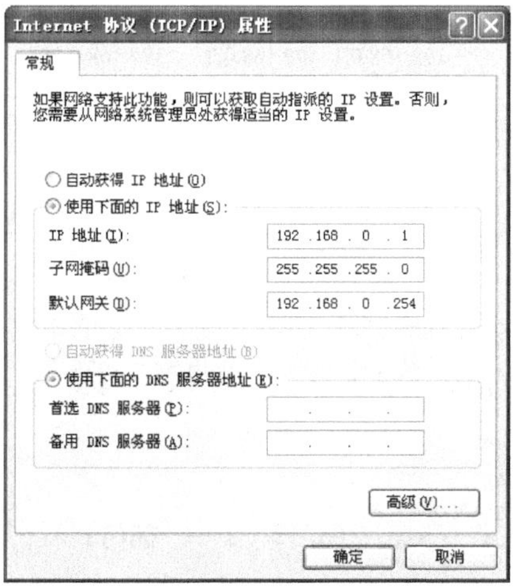

图7-20　配置IP地址和子网掩码

5．连通测试

IP配置好以后，单击“开始”→“设置”→“控制面板”→“防火墙”→“高级”→“ICMP设置”命令，打开Windows防火墙的ICMP功能，勾选“允许传入回显”复选框并单击“确定”按钮。然后，在每个网络内任意选取两台计算机，相互进行ping操作。如果都能ping通，则表明本次测试成功。

本章小结

本章主要学习了网络层的基础知识，包括网络层互联的基本概念、IP 层的特点以及与数据链路层的工作关系、IP 地址的编址方法、子网划分及子网掩码、无分类编址方法和 ARP 的工作过程。最后进行了 IP 地址的规划与配置实训。

习题及课后实训

1. 选择题

（1）下列情况中，需要启动 ARP 请求的是______。

A. 主机需要接收信息，但 ARP 表中没有源 IP 地址与 MAC 地址的映射关系

B. 主机需要接收信息，但 ARP 表中已经具有了源 IP 地址与 MAC 地址的映射关系

C. 主机需要发送信息，但 ARP 表中没有目的 IP 地址与 MAC 地址的映射关系

D. 主机需要发送信息，但 ARP 表中已经具有了目的 IP 地址与 MAC 地址的映射关系

（2）Internet 使用的互联协议是______。

A. IPX　　B. IP　　C. AppleTalk　　D. NetBEUI

（3）下列说法错误的是______。

A. IP 层可以屏蔽各个物理网络的差异

B. IP 层可以代替各个物理网络的数据链路层工作

C. IP 层可以隐藏各个物理网络的实现细节

D. IP 层为用户提供通用的服务

2. 填空题

（1）IP 可以提供_________、_________和_________服务。

（2）常用的分类 IP 地址有_________、_________和_________3 类。

（3）以太网利用_________协议获得目的主机 IP 地址与 MAC 地址的映射关系。

3. 课后实训

向校园网络中心了解本学校的 IP 规划情况，思考如果你是网络管理员，该如何规划校园网的 IP 地址。

第 8 章　IP 数据报

➢　教学目标

本章主要介绍 IP 数据报的内容。通过本章的学习，可以理解 IP 数据报的格式，掌握主要字段的功能，理解 IP 数据报的分片与重组的工作过程，理解 ICMP 的工作过程，掌握 ping 命令的使用方法。

➢　教学要求

知识要点	能力要求	相关知识
IP 数据报	理解 IP 数据报的格式，掌握主要字段的功能	IP
分片与重组	理解 IP 数据报的分片及重组的工作过程	IP
ICMP	理解 ICMP 的工作过程	IP
ping 命令	掌握 ping 命令的使用方法	IP

➢　教学要点

重　点	IP 数据报格式、ICMP
难　点	IP 数据报格式

在网络层，数据是以 IP 数据报的格式传输的。为了学习路由器的工作原理（包括过滤防火墙），深入理解 TCP/IP，必须掌握 IP 数据报的格式和实际传输过程。

8.1　IP 数据报的格式

IP 数据报又称为 IP 分组或 IP 包，是 TCP/IP 模型的 IP 层（网络层）的数据传输的基本格式。IP 数据报的格式反映了 IP 协议具有什么样的功能。如果做一个比喻的话，IP 数据报就像是现实生活中的一封信，分为信封和信纸部分，只不过信封的格式要稍微复杂一点，如图 8-1 所示。

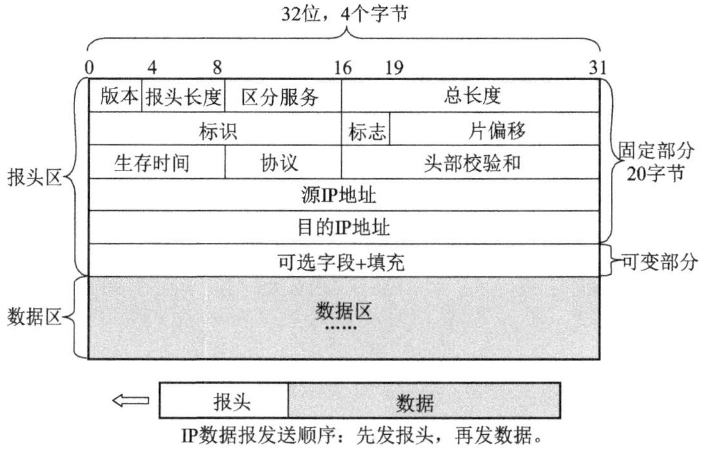

图 8-1　IP 数据报格式

在 TCP/IP 中，各种数据的格式常以 32 位（4 个字节）为单位来描述。

IP 数据报的格式分为报头区和数据区两大部分，其中数据区包含高层协议（如 TCP、UDP 等）需要传输的数据，而报头区是为了正确传输高层数据而增加的控制信息。

报头区分为固定部分和可变部分。固定部分的长度共 20 字节，是所有 IP 数据报必须具有的。在报头区的可变部分是一些可选字段，其长度是可变的，平时较少使用。下面分别介绍报头区各字段的功能。

1. 版本

版本字段占 4 位，表示该数据报对应的 IP 版本号，不同 IP 版本规定的数据报格式稍有不同，目前广泛使用的 IP 版本号为 4（即 IPv4）。现在也有使用 IPv6（即版本号为 6 的 IP）的网络。

通信双方使用的 IP 的版本必须一致，为了避免错误解释报文的格式和内容，所有 IP 软件在处理数据报之前都必须检查版本号，以确保版本正确。

2. 报头长度

报头长度字段占 4 位，用于指明报头区的长度，单位是 4 字节。最常见的报头长度为二进制的 0101（即十进制的 5），则报头区长度为 5×4=20 字节，这时不使用任何可选字段的内容。如果报头长度为二进制的 1111（即十进制的 15），则报头区长度就达到最大值，即 15×4=60 字节。当 IP 分组的报头区长度不是 4 字节的整数倍时，必须利用最后的填充字段加“0”凑齐整倍数。因此，数据部分永远在 4 字节的整数倍的地方开始。

报头中有两个表示长度的字段，一个为报头长度，一个为总长度。报头长度以 32 位的双字为单位，指出该报头区的长度。在没有选项和填充的情况下，该值为 50，一个含有选项的报头长度则取决于选项域的长度。但是，报头长度应当是 32 位的整数倍，如果不是，需在填充域加“0”凑齐。

3. 总长度

总长度字段占 16 位，指报头区和数据区之和的长度，单位是 1 字节。因为总长度字段为 16 位，因此 IP 数据报的最大长度为 $2^{16}-1$=65 535 字节（64k−1 字节）。

虽然使用尽可能长的 IP 数据报会使传输效率提高，但由于以太网的普遍应用，所以实际上使用的数据报长度很少超过 1 500 字节。为了不使 IP 数据报的传输效率降低，有关 IP 的标准文档规定，所有的主机和路由器能够处理的 IP 数据报长度不得小于 576 字节，这个数值是最小的 IP 数据报的长度。

4. 区分服务

区分服务字段占 8 位，可以为 IP 数据包分配一个转发优先级，用来获得更好的服务。目前，这个字段较少使用。

5. 生存时间

生存时间字段占 8 位，常用的英文缩写是 TTL（Time To Live），表明是 IP 数据报在网络中的寿命，目的是防止 IP 数据报无限制地在因特网中兜圈子，白白消耗网络资源。TTL 的意义是指 IP 数据报在互联网中最多可经过多少个路由器。每经过一个路由器 TTL 就会减 1，当 TTL 为 0 的时候还未到达目的地，路由器将会删除此数据报（并向源主机报告）。显然，数据报能在互联网中经过的路由器的最大数值是255。

IP数据报的路由选择具有独立性，因此从源主机到目的主机的传输延迟也具有随机性。如果路由表发生错误，数据报有可能进入一条死循环路径，无休止地在网络中流动。利用IP报中的生存时间字段，就可以有效地控制这一情况的发生。

6. 协议

协议字段占8位，表示该数据报数据区的数据是来自于哪个上层的协议，以便使目的主机的IP层知道应将数据部分交给哪个上层协议去处理。

常用的协议字段值和相应协议的对应关系见表8-1。

表8-1　常用的协议字段值与相应协议

协议字段值	1	2	6	8	9	17	41	89
协议名称	ICMP	IGMP	TCP	EGP	IGP	UDP	IPv6	OSPF

7. 头部校验和

头部校验和字段占16位，用于验证IP报头的正确性。这个字段只验证数据报的报头区，不包括数据区部分。这样做可大大节约路由器处理每一数据报的时间。数据区的部分校验由上层协议自己完成。

8. 源IP地址和目的IP地址

源IP地址和目的IP地址字段各占32位，分别表示IP数据报发送者的地址和接收者的地址。在整个数据报的传输过程中，这两个字段一般保持不变。

9. 可选字段和填充

可选字段又称为选项，主要用于控制和测试两大目的。作为选项，用户可以使用也可以不使用，实际上这些选项很少被使用。

可选字段由多个选项字段组成。不同的选项需要不同的字节数，这些选项一个个拼接起来，中间不需要有分隔符，最后用全"0"的填充字段补齐，成为4字节的整数倍。

增加选项部分是为了增加IP数据报的功能，但这同时也使得IP数据报的报头区长度成为可变的，这就增加了每一个路由器处理数据报的开销。新的IPv6版本就把IP数据报的报头区长度做成固定长度。

选项包括以下几个部分：

1）源路由。源路由又可分为严格源路由和松散源路由，用于指定IP数据报穿越网络所经过的路径，而不是路由器自动选择的路径。

2）记录路由。通过记录IP数据报所经过各个路由器的IP地址，来测试路由器的路由配置是否正确。

3）时间戳。用于记录IP数据报经过每一个路由器时的当地时间，用于分析网络吞吐率、拥塞情况、负载情况等。

8.2　IP封装、分片与重组

IP数据报在互联网上传输的时候，它可能要跨越多个不同种类的异构网络。在IP层下面有各种各样的异构网络，即各种各样的数据链路层，每一种数据链路层都有自己的特定帧格式，每一种帧格式所能容纳的数据量是不一样的。

每种网络都规定了一个帧最多能够容纳的数据量，这一限制称为最大传输单元（Maximum Transmission Unit，MTU）。一个 IP 数据报的长度只有小于或等于一个网络的 MTU，才能在这个网络中进行传输。大部分网络的 MTU 都是 1 500。

另外，作为一种高层网络数据，IP 数据报最终也需要封装成帧进行传输。当一个 IP 数据报封装成数据链路层的帧时，此数据报的总长度（即报头区加上数据部分）一定不能超过下层的数据链路层的 MTU 值，否则无法传输。

图 8-2 所示的是一个 IP 数据报从源主机至目的主机被多次封装和解封装的过程。

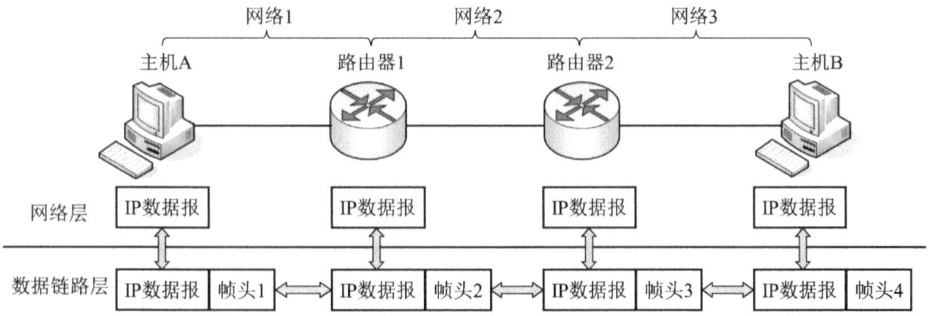

图 8-2　IP 数据报与帧封装

从图 8-2 中可以看出，主机和路由器只在内存中保留了整个 IP 数据报，而没有附加帧头信息。只有当 IP 数据报通过一个物理网络时，才会被封装进一个合适的帧中进行传递。

8.2.1　IP 数据报的分片与重组

1．分片

如果 IP 数据报的长度超过下层网络所容许的最大传输单元，那么源主机（非目的主机）或路由器就必须把过长的数据报进行分片（拆分），然后才能封装在帧里并在网络上传输。这时，IP 数据报报头区中的“总长度”字段的值是经过分片后的报头区长度与数据区长度的总和，如图 8-3 所示。

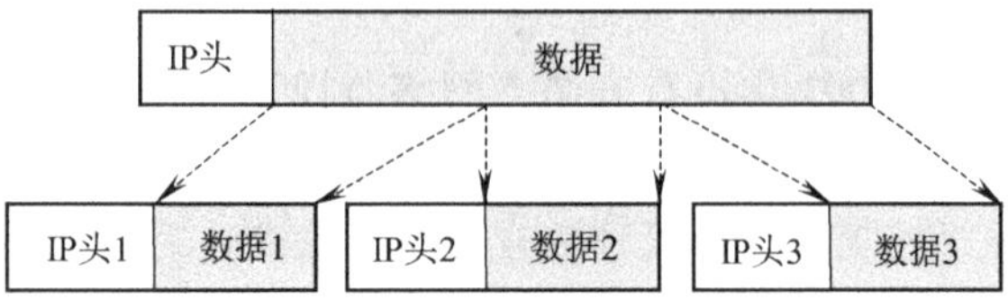

图 8-3　IP 数据报分片

分片后的 IP 数据报也由报头区和数据区两部分构成，而且除了一些分片控制域（如标志域、片偏移域）外，分片的报头与原 IP 数据报的报头非常相似。

一旦进行分片，每片都可以像正常的 IP 数据报一样，经过独立的路由选择等处理过程，最终到达目的主机。

2. 重组

目的主机收到所有分片后，对分片进行重新组装还原的过程叫做 IP 数据报重组。IP 规定，只有最终的目的主机才可以对分片进行重组。

8.2.2 分片控制

在 IP 数据报报头中，标识、标志和片偏移 3 个字段控制分片和重组过程。

1. 标识

标识字段占 16 位，每一个 IP 数据报都有一个标识编号。当数据报由于长度超过网络的 MTU 而必须分片时，这个标识字段的值就被复制到所有的数据报分片的标识字段中。相同的标识字段的值，使得分片后的各数据报片最终能正确地重装成为原来的数据报。

2. 标志

标志字段占 3 位，但目前只使用其中的后两位。

标志字段中的最低位记为 MF（More Fragment）。MF=1 表示后面“还有分片”的数据报；MF=0 表示这已是若干数据报片中的最后一个。

标志字段中间的一位记为 DF（Don’t Fragment）。DF=0 表示此数据报允许分片；DF=1 表示此数据报不允许分片。

3. 片偏移

片偏移字段占 13 位，表示某分片在原数据报中的相对位置，即偏移量。也就是说，相对于用户数据字段的起点，该片从何处开始。片偏移以 8 个字节为偏移单位，即每个分片的长度一定是 8 字节（64 位）的整数倍。

8.3 查看 IP 数据报实训

本章的实训任务是理解 IP 数据报的格式及实际传递过程。为此，需要从网络抓取一个 IP 数据报进行查看。通过查看一个实际的 IP 数据报的内容，加深对 IP 数据报格式及主要字段的理解。

如果在 Windows Server 2003 中没有安装“网络监视工具”，请参照第 3 章的安装方法及基本使用方法。

1）单击“开始”→“控制面板→管理监视工具”命令，启动“网络监视工具”。如果是初次启动，请选择要使用的网卡。

2）在捕获帧之前，网络中必须有计算机在通信，因此，首先从这台计算机发送信息到另一台计算机，在 DOS 命令窗口中”输入“ping 192.168.1.10 –t”。这条命令的意思是连续不断地发送 ping 信息到另一台计算机（IP 是 192.168.1.10）。如果实际 IP 不一样，请自行修改。总之，要让这台计算机和其他计算机处在通信状态。

3）单击网络监视器中的“启动捕获“按钮，开始捕获帧，如图 8-4 所示。

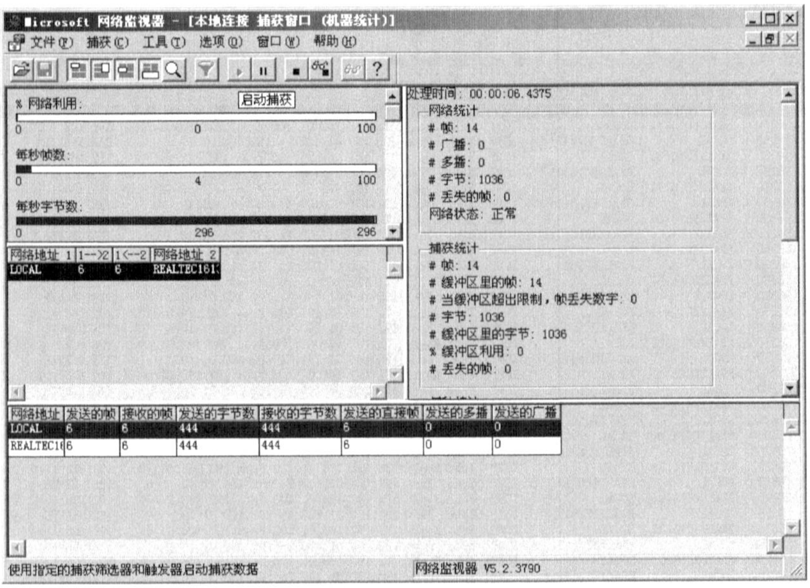

图 8-4　启动捕获

4）经过几秒后，单击“停止并查看捕获”按钮，将打开帧的查看窗口，如图 8-5 和图 8-6 所示。

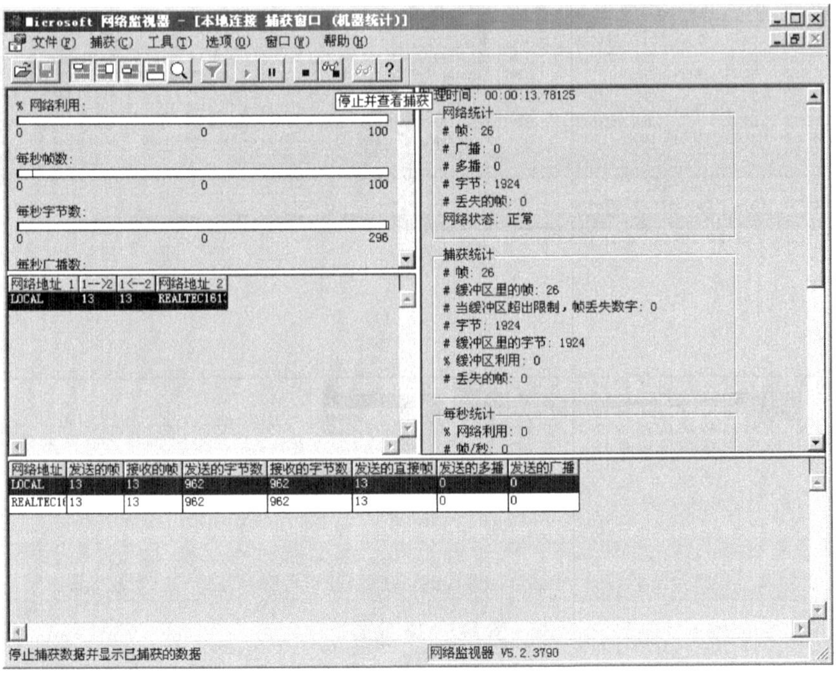

图 8-5　停止并查看捕获

5）任意选择并双击一行，将打开 IP 数据报的详细查看窗口，如图 8-7 所示。

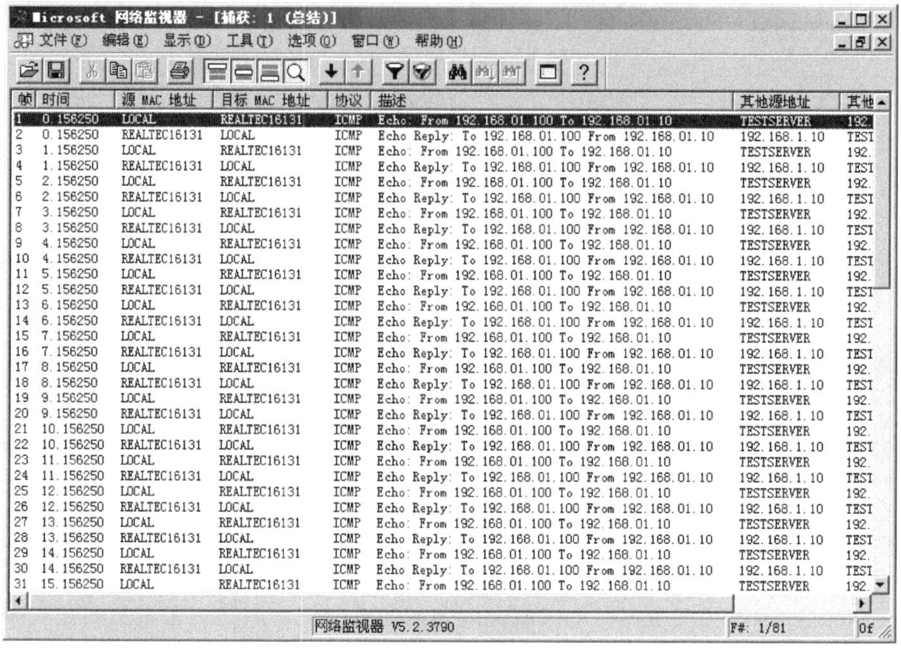

图 8-6　捕获的数据

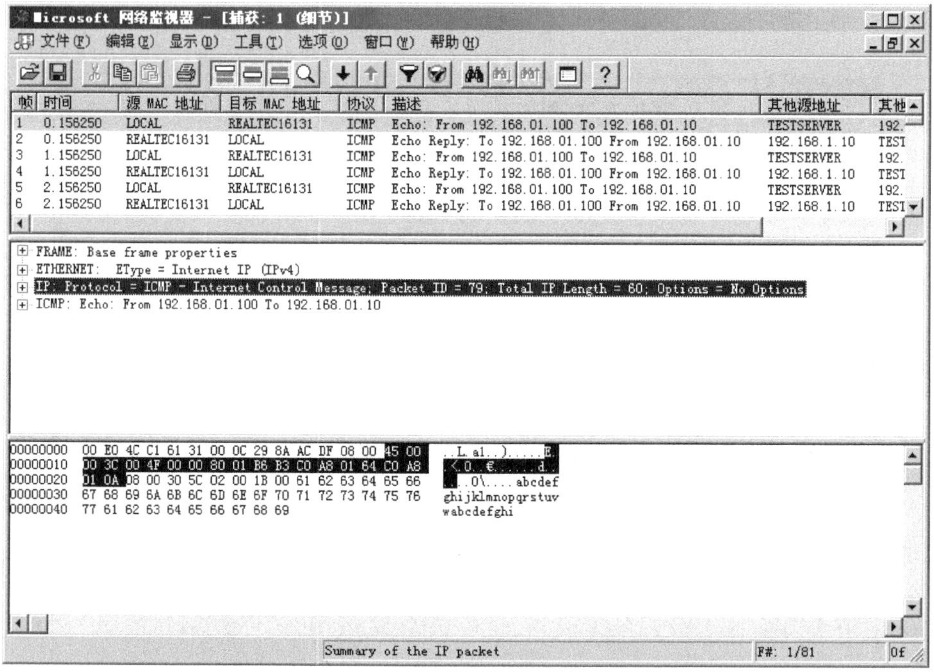

图 8-7　IP 数据报

6）展开“IP”项，将显示 IP 数据报的各个字段。观察各个字段的值，尤其是目的 IP 地址和源 IP 地址是否与通信的两台计算机的 IP 地址一致。最下面的窗口是帧的所有内容的十六进制表示，如图 8-8 所示。

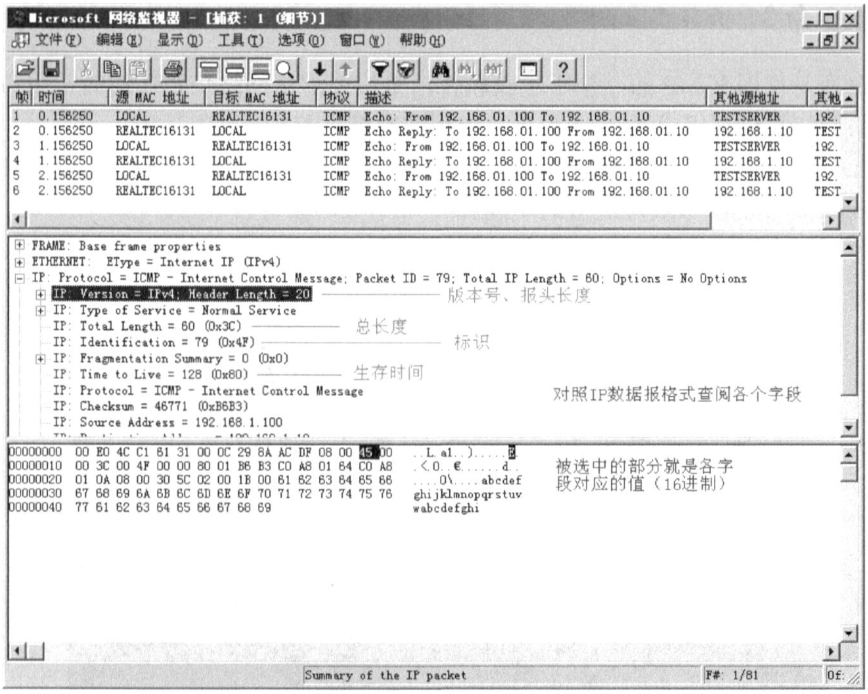

图 8-8　IP 数据报字段

8.4　ICMP 与 ping 命令

8.4.1　ICMP

差错与控制报文在任何网络体系结构中都是必不可少的。IP 层使用的控制协议是互联网控制报文协议（Internet Control Message Protocol，ICMP），其不仅用于传输差错报告信息，还用于传输控制信息。

实际上，ICMP 是作为 IP 的一个模块而存在的，ICMP 报文是作为 IP 数据报的数据部分而传输的，如图 8-9 所示。

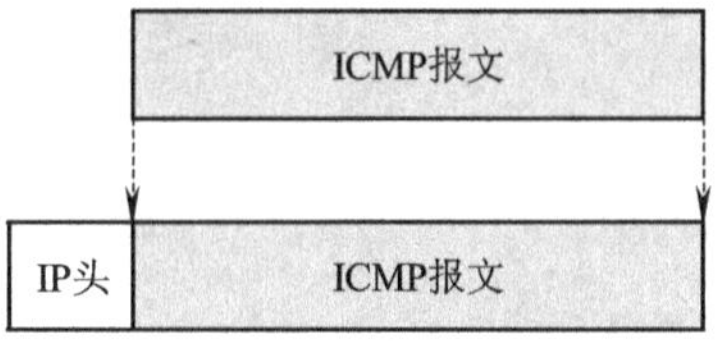

图 8-9　ICMP 报文被封装在 IP 数据报中

ICMP 的主要功能如下：

1）差错报告。ICMP 差错报告都是采用路由器到源主机的模式，也就是说，所有的差错信息都需要向源主机报告，包括目的地不可达报告、超时报告、参数出错报告等。

2）控制报文。ICMP 控制报文主要包括拥塞控制、路由控制等内容。

为了便于进行故障诊断和网络控制，ICMP 还设计了 ICMP 请求和应答报文对，用于获取某些有用的信息。例如，回应请求与应答，用于测试目的主机或路由器的可达性；时间戳请求与应答，用于同步互联网上的主机时钟；掩码请求与应答，用于向路由器询问子网掩码。

8.4.2　ping 命令

ping 命令是使用 ICMP 的一个小工具软件，是快速测试网络是否连通的常用命令。几乎所有的网络操作系统都集成了 ping 命令，但用法有细微差别。

在 Windows 系列操作系统中，除了可以使用最简单的“ping+目的 IP 地址”形式外，还可以设置 ping 命令的参数实现更多的功能。

通过命令行输入“ping /?”，可以获得此命令的用法说明及各个选项的含义，如图 8-10 所示。

图 8-10　ping 命令的用法说明

1. 连续测试网络

ping 命令的参数“-t”实现连续测试网络的功能。通常情况下，“ping+目的 IP 地址”形式只会向目的主机发送 4 个 ICMP 报文就结束了。但在有些情况下，需要连续发送 ICMP 报文以方便网络的调试工作，如图 8-11 所示。如果需要终止，按下<Ctrl+C>组合键即可结束 ping 命令。

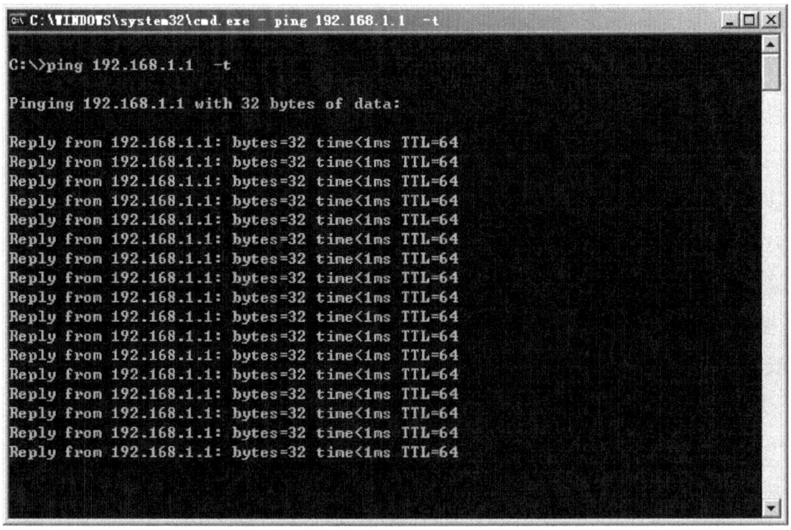

图 8-11　连续测试网络

2．探测当前网络 MTU 的大小

前面介绍过，如果 IP 数据报小于或等于网络的 MTU，可以直接封装到帧里面传送；如果 IP 数据报大于网络的 MTU，则必须拆分成更小的 IP 数据报（分片）才能封装到帧里面传送。

如果 IP 数据报大于网络的 MTU，同时又不允许被拆分，则不能在网络中传送；如果 IP 数据报刚好等于网络的 MTU，同时又不允许被拆分，则可以在网络中传送，此时 IP 数据报的字节数就是网络的 MTU 值。

参数“-f”用于指定 IP 数据报的标志字段“DF=1”，表示此数据报不允许分片。参数“-l”用于指定 IP 数据报所包含的长度（多少个字节），利用这个参数可以控制 IP 包的大小。

使用 ICMP 的时候，IP 数据报由以下 3 部分组成：

IP 数据报=IP 报头（20 字节）+ICMP 封装（8 字节）+长度

所以，IP 数据报总字节数=长度+28，即参数“-l”后面指定的数值加上 28 就是 IP 数据报的大小。

构造命令“ping 192.168.1.1　-f　-l XXX”，其中“XXX”表示指定 IP 包的大小，单位是字节。通过不断调整 IP 包的大小，使得 IP 包的大小刚好与 MTU 相同，则可以测试出 MTU，如图 8-12 所示。

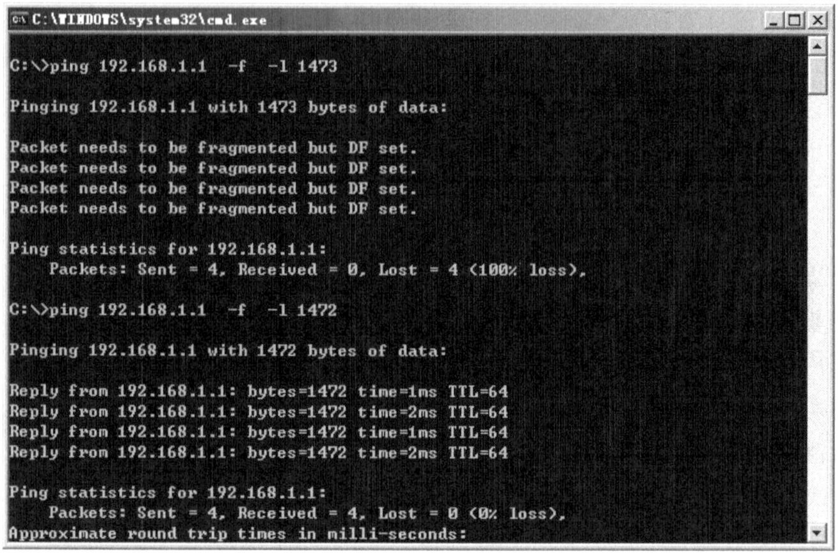

图 8-12　测试 MTU

当指定 IP 包的大小为 1 473 个字节的时候，系统报告，IP 包必须拆分后才能传送，但是“DF=1”表示此 IP 包不能拆分。因此，网络无法传送此 IP 包。

当指定 IP 包的大小为 1 472 个字节的时候，目的主机（192.168.1.1）正常回应。因此，网络的 MTU = 1 472 + 28 = 1 500。

3．ping 命令的常用诊断步骤

在网络出现问题的时候，通常使用以下步骤来检查故障：

1）ping 127.0.0.1，确认本机 TCP/IP 是否正常工作。

2）ping 本机 IP 地址，确认 IP 地址是否有冲突。

3）ping 默认网关（本网路由器地址）或本网其他主机 IP，确认本网主机能否相互通信。

4）ping 其他子网主机 IP 或其他路由器，确认路由器是否正常工作。

5）ping DNS 域名服务器地址，确认 DNS 域名服务器是否正常工作。

6）ping 欲访问的主机的域名，确认本机的 DNS 解析模块是否正常工作。

本 章 小 结

本章主要介绍了 IP 数据报的内容，包括 IP 数据报的格式及主要字段的功能、IP 数据报的分片与重组的工作过程、ICMP 的工作过程、ping 命令的使用方法等。

习题及课后实训

1．选择题

（1）对 IP 数据报分片的重组通常发生在______。

A．源主机　　　　B．目的主机

C．路由器　　　　D．任何主机或路由器

（2）使用 ping 命令 ping 另一台主机，如果收到了正确的应答，则下面描述错误的是______。

A．目的主机可达

B．源主机和目的主机运行正常

C．路由器路由选择正常

D．ICMP 报文经过的网络具有相同的 MTU

2．填空题

（1）IP 数据报报头区的固定部分有________个字节。

（2）在转发一个 IP 数据报的过程中，如果路由器发现该数据报报头中的 TTL=0，那么，它首先删除该数据报，然后向________发送 ICMP 报文。

3．课后实训

尝试测试不同速率（10/100/1 000Mbit/s）的以太网的 MTU 是否相同。

第 9 章　路由器与路由选择

➢ 教学目标

本章主要介绍 IP 路由技术的基础知识。通过本章的学习，可以理解 IP 路由的基本概念，理解 RIP 和 OSPF，掌握路由表的相关知识，掌握路由器的基本使用方法和常见命令，掌握 RIP 的配置方法，掌握 OSPF 协议的配置方法。

➢ 教学要求

知识要点	能力要求	相关知识
IP 路由	理解 IP 地址及 IP 网络，掌握 IP 路由的概念	IP
路由表	理解路由表的建立与更新，掌握静态路由的配置	IP
路由协议	理解 RIP 和 OSPF 协议，掌握其配置方法	路由算法
路由配置	掌握思科或锐捷的路由器的基本配置方法	路由器

➢ 教学要点

重　点	路由表、RIP、OSPF 协议
难　点	RIP 的工作过程、OSPF 协议的工作过程

在互联网中，路由选择是指选择一条路径发送 IP 数据报的过程，而进行这种路由选择的通信设备叫做路由器（Router）。

Internet 就是由路由器将多个网络连接而成的。互联网中的每个路由器都独立地处理 IP 数据报。IP 数据报到达路由器，路由器就要为这些数据报选择路由，将它们从源主机送往目的主机。

9.1　路由基础

9.1.1　路由表

把 IP 数据报从一个网络传输到另一个网络的过程称为 IP 数据报的转发。路由器根据 IP 数据报的目的 IP 地址确定转发路径，从而完成 IP 数据报的转发。

每一台路由器都存储着一个关于路径信息的表格，称为路由表。当需要传送 IP 数据报时，它就查询该路由表，从而决定把数据报发往何处。

每一个网络可能包含成千上万台主机，如果路由表列出到达所有主机的路径信息，那么不但需要巨大的内存资源，而且需要很长的查询时间。例如，每一个网络有 1 万台主机，4 个网络就有 4 万台主机，因此，每一个路由表就有 4 万个项目，也就是 4 万行（每一行对应一台主机），如果是因特网，主机数量将是一个天文数字。显然，这是不太可能的。幸运的是，IP 地址的编址方法可以帮助我们隐藏互联网上大量的具体主机信息。因为 IP 地址可以分为网络号和主机号两部分，同一子网主机共享同一网络号。因此，路由表中仅需要保存相关的网络号信息就可以了，这样路由表的项目就大大减少了。例如，包含 4 个子网的路由表就只包含4个项目（即只有4行，每一行对应一个网络号）。

一个路由表至少包含4部分：目的网络、子网掩码、下一跳地址、出站接口，如图9-1所示。

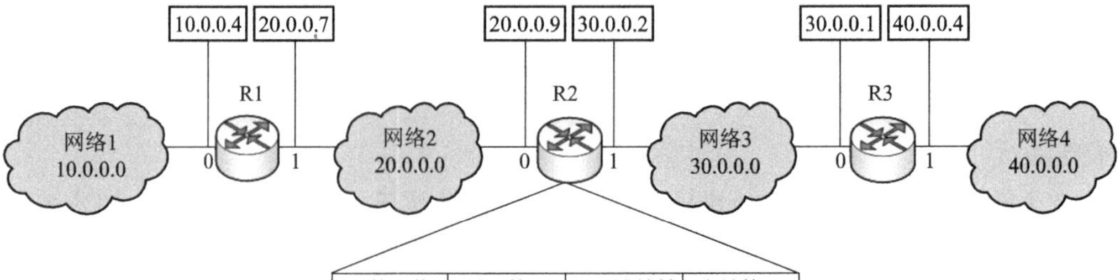

目的网络	子网掩码	下一跳地址	出站接口
20.0.0.0	255.0.0.0	直接连接	接口0
30.0.0.0	255.0.0.0	直接连接	接口1
10.0.0.0	255.0.0.0	20.0.0.7	接口0
40.0.0.0	255.0.0.0	30.0.0.1	接口1

图9-1　路由表

路由表中各个字段的含义如下。

1）目的网络：用于指出路由器可到达的网络的网络号。

2）子网掩码：目的地网络所使用的子网掩码，使用此子网掩码和目的IP地址按位相“与”，即可计算出目的IP地址的网络号。

3）下一跳地址：用于指出IP数据报要转发到下一个路由器的IP地址。

4）出站接口：用于指出IP数据报从当前路由器的哪个物理接口转发出去。

以图9-1中的路由器R2的路由表为例。由R2直接连接在网络2和网络3上，因此只要目的站在这两个网络上，路由器R2便可通过接口0或接口1直接交付（当然还要利用地址解析协议才能找到与这些主机相对应的硬件地址）。若目的主机在网络1中，则下一跳路由器应为R1，其IP地址为20.0.0.7。路由器R2和R1由于同时连接在网络2上，属于同一个子网，因此路由器R2可以把IP数据报直接转发给路由器R1。同样，若目的主机在网络4中，则路由器R2应把IP数据报转发给IP地址为30.0.0.1的路由器R3。

在路由表中最重要、最基础的是目的网络地址和下一跳地址，理解了它们的关系也就理解了路由器的工作原理。

只要路由器的路由表正确、完整，那么无论哪个子网的主机要把IP数据报发送到另一个子网，都是可以的。因此，这类图表隐去了主机。

9.1.2　特殊路由

路由表除了包含图9-1所示的内容外，还可以包含两类特殊的路由表目，一种是默认路由，另一种是特定主机路由。

1．默认路由

为了进一步隐藏网络中网段的细节，缩小路由表的长度，常常会用到默认路由（Default Route）。在路由选择过程中，如果路由表没有明确指明一条到达目的网络的路由信息，就可以把数据报转发到默认路由指定的路由器。

在图9-2所示的网络中，如果路由器R1建立了一条指向路由器R2的默认路由，就不必再建立到达子网 30.0.0.0 和 40.0.0.0 的路由了。只要收到的待转发的数据报的目的 IP 地址不是于与 R1 直接相连的 10.0.0.0 和 20.0.0.0 子网，路由器 R1 就按照默认路由将它们统统转发到路由器 R2。路由器 R3 的工作原理与路由器 R2 相同。

默认路由在路由表中的目的网络和子网掩码都记为 0.0.0.0。

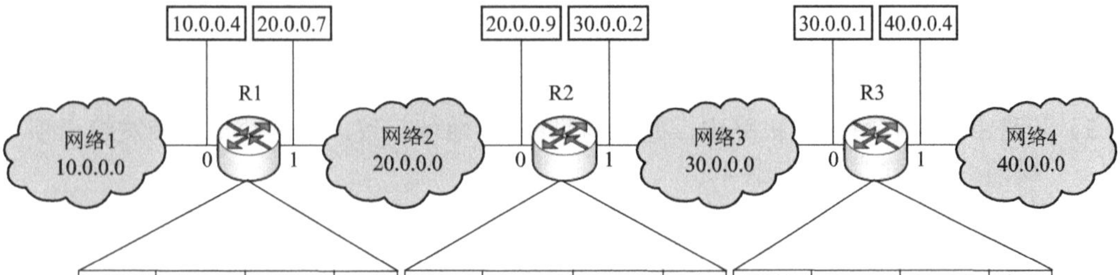

目的网络	子网掩码	下一跳地址	出站接口
10.0.0.0	255.0.0.0	直接连接	接口0
20.0.0.0	255.0.0.0	直接连接	接口1
0.0.0.0	0.0.0.0	20.0.0.9	接口1

目的网络	子网掩码	下一跳地址	出站接口
20.0.0.0	255.0.0.0	直接连接	接口0
30.0.0.0	255.0.0.0	直接连接	接口1
10.0.0.0	255.0.0.0	20.0.0.7	接口0
40.0.0.0	255.0.0.0	30.0.0.1	接口1

目的网络	子网掩码	下一跳地址	出站接口
30.0.0.0	255.0.0.0	直接连接	接口0
40.0.0.0	255.0.0.0	直接连接	接口1
0.0.0.0	0.0.0.0	30.0.0.2	接口0

图 9-2　默认路由

2. 特定主机路由

路由表的主要表项（包括默认路由）都是基于网络地址的。但是，IP 也允许为一特定的主机建立路由表表项。对单个主机（而不是网络）指定一条特别的路径就是特定主机路由。

采用特定主机路由可使网络管理人员更方便地控制网络和测试网络，同时也可在需要考虑某种安全问题时采用这种特定主机路由。在对网络的连接或路由表进行排错时，指明到某一个主机的特殊路由就十分有用。

例如，在 20.0.0.0 子网中有一台服务器主机，IP 地址为 20.0.0.10，需要单独建立一条路由表项，则路由器 R1 的路由表如图 9-3 所示。

特定主机路由在路由表中子网掩码记为 255.255.255.255，表示本行是一条特定主机路由表项。

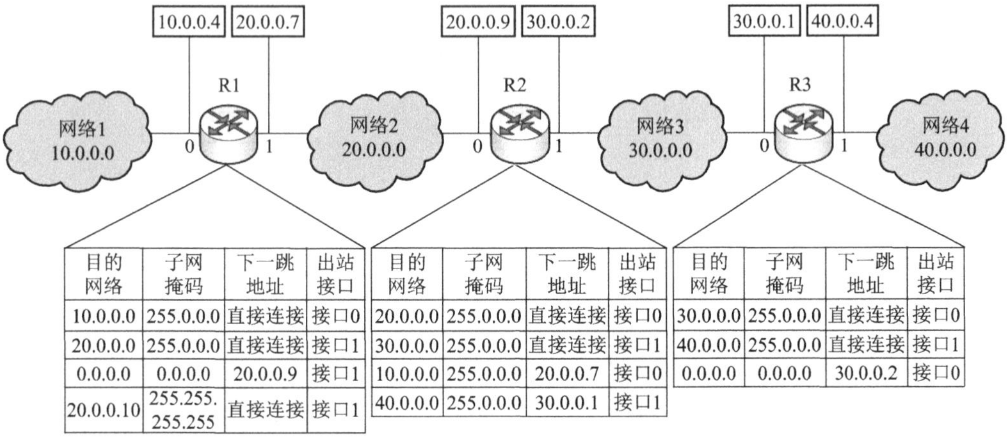

目的网络	子网掩码	下一跳地址	出站接口
10.0.0.0	255.0.0.0	直接连接	接口0
20.0.0.0	255.0.0.0	直接连接	接口1
0.0.0.0	0.0.0.0	20.0.0.9	接口1
20.0.0.10	255.255.255.255	直接连接	接口1

目的网络	子网掩码	下一跳地址	出站接口
20.0.0.0	255.0.0.0	直接连接	接口0
30.0.0.0	255.0.0.0	直接连接	接口1
10.0.0.0	255.0.0.0	20.0.0.7	接口0
40.0.0.0	255.0.0.0	30.0.0.1	接口1

目的网络	子网掩码	下一跳地址	出站接口
30.0.0.0	255.0.0.0	直接连接	接口0
40.0.0.0	255.0.0.0	直接连接	接口1
0.0.0.0	0.0.0.0	30.0.0.2	接口0

图 9-3　R1 的特定主机路由

9.1.3　IP 数据报的转发

当路由器需要转发一个 IP 数据报时，它遵循如下的转发步骤：

1）从数据报的首部提取目的 IP 地址。

2）先判断是否为直接交付。对路由器直接相连的网络逐个进行检查：用各网络的子网掩码和目的 IP 地址逐位相“与”，得出目的网络地址，看结果是否和相应的表项网络地址匹配。若匹配，则把 IP 数据报进行直接交付，否则执行步骤 3。

3）若路由表中有特定主机路由，并且与目的 IP 地址一致，则把数据报转发给表项所指明的下一跳路由，否则执行步骤 4。

4）对路由表中的每一行（目的网络地址、子网掩码、下一跳地址），用其中的子网掩码和目的 IP 地址逐位相“与”，得出目的网络地址。若得出目的网络地址与该行的目的网络地址匹配，则把数据报转发给该行指明的下一跳路由器，否则执行步骤 5。

5）若路由表中有一个默认路由，则把数据报转发给默认路由器，否则执行步骤 6。

6）没有任何匹配的路由表项，丢弃此数据报，并向发送此数据报的源主机（源 IP 地址）发送一条 ICMP 不可达的消息。

需要注意的是，在进行 IP 数据报转发时，路由器转发依赖的不是整个目的 IP 地址，而是这个目的 IP 地址的网络号部分，因此表项中子网掩码是不可或缺的。

9.2　路由表的建立与更新

上面所讨论的是 IP 层如何根据路由表的内容进行 IP 数据报转发，而没有涉及路由表一开始是如何建立的以及路由表中的内容应该如何进行更新。

路由器转发数据报完全依赖于路由表，因此只要保证路由表正确、完整，路由器就能正常工作。如果路由表出现错误，IP 数据报就不可能按照正确的路径转发，甚至不能到达目的地，导致网络通信中断。所以，后续内容几乎完全是围绕路由表的建立与更新问题展开。

9.2.1　路由表的建立

路由表的建立是指最初的路由表是怎么来的。因为路由器的每个接口都连接了不同的网络，路由器在使用前必须配置这些接口（2 个或更多）的 IP 地址及子网掩码，所以路由器根据此信息即可建立最初的路由表，即路由器自动添加直接相连网络的路由，这种路由称为直连路由，如图 9-4 所示。

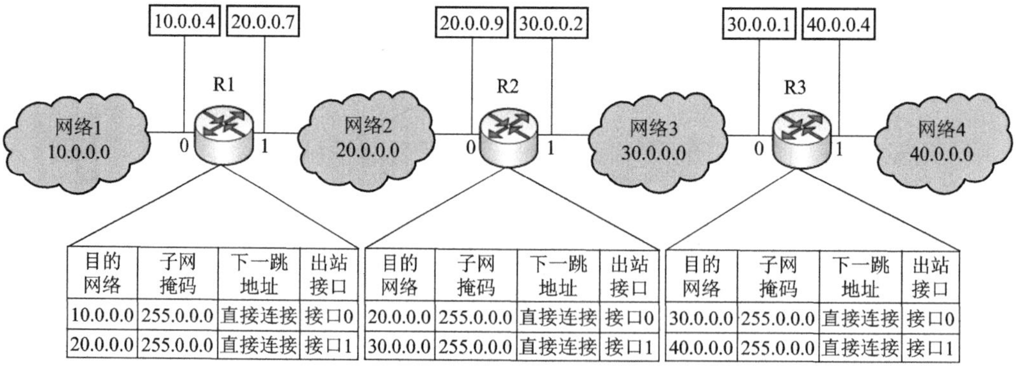

目的网络	子网掩码	下一跳地址	出站接口
10.0.0.0	255.0.0.0	直接连接	接口0
20.0.0.0	255.0.0.0	直接连接	接口1

目的网络	子网掩码	下一跳地址	出站接口
20.0.0.0	255.0.0.0	直接连接	接口0
30.0.0.0	255.0.0.0	直接连接	接口1

目的网络	子网掩码	下一跳地址	出站接口
30.0.0.0	255.0.0.0	直接连接	接口0
40.0.0.0	255.0.0.0	直接连接	接口1

图 9-4　直连路由

9.2.2 路由表的更新

路由表更新的目的在于使其内容与网络的状态保持一致，即所谓的“路由收敛”。网络可能在不断地发生变化，路由表为了保持一致，也必须不断地更新。

路由可以分为静态路由和动态路由两类。静态路由是通过人工设定的，而动态路由则是路由器通过自己的学习得到的。

1．静态路由

静态路由是由人工管理的。根据网络的拓扑结构和连接方式，网络管理员可以为一个路由器建立静态路由。由于静态路由在正常的工作中不会自动发生变化，因此，到达某一目的网络的 IP 数据报的路径也就固定下来。当然，如果网络的拓扑结构或连接方式发生变化，网络管理员必须手工对静态路由做出更新。例如，图 9-5 所示的各路由器的路由表，除了直连路由外，其他部分均可通过手工加入（每一个路由表的最后两条表项）。

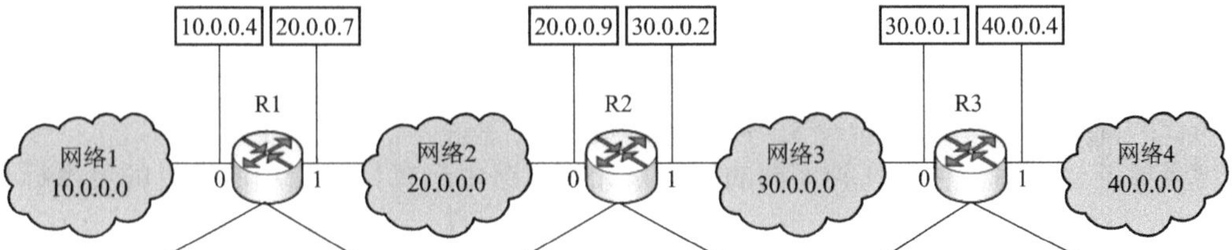

目的网络	子网掩码	下一跳地址	出站接口
10.0.0.0	255.0.0.0	直接连接	接口0
20.0.0.0	255.0.0.0	直接连接	接口1
30.0.0.0	255.0.0.0	20.0.0.9	接口1
40.0.0.0	255.0.0.0	20.0.0.9	接口1

目的网络	子网掩码	下一跳地址	出站接口
20.0.0.0	255.0.0.0	直接连接	接口0
30.0.0.0	255.0.0.0	直接连接	接口1
10.0.0.0	255.0.0.0	20.0.0.7	接口0
40.0.0.0	255.0.0.0	30.0.0.1	接口1

目的网络	子网掩码	下一跳地址	出站接口
30.0.0.0	255.0.0.0	直接连接	接口0
40.0.0.0	255.0.0.0	直接连接	接口1
10.0.0.0	255.0.0.0	30.0.0.2	接口0
20.0.0.0	255.0.0.0	30.0.0.2	接口1

图 9-5　手工添加路由

静态路由的主要优点是简单直观，避免了动态路由选择的开销。在网络结构不太复杂、网络不经常变动的情况下，可使用静态路由。但是，对于复杂的互联网拓扑结构，静态路由的配置工作量很大，而且很容易出错，并且人工更新的速度可能赶不上网络的变化，从而导致错误的路由。

2．动态路由

与静态路由不同，动态路由协议通过多个路由器之间相互交换路由信息，自动生成和维护相应的路由表。当到达目标网络有多条路径，而正在使用的路径失效时，动态路由会自动切换到另一条路径。

动态路由有更多的自主性和灵活性，特别适合于拓扑结构复杂、网络规模庞大的网络环境。

在动态路由协议中，路由选择的核心是路由选择算法，即根据某种方法和步骤来更新路由表。路由选择算法通常要有以下一个或多个设计目标：

1）最优化。根据计算机使用的度量标准和度量标准权值确定最佳路径。

2）最简化。如果路由器运行路由协议占用的 CPU 和存储器开销很小，那么就达到了理想有效的路由选择算法的目标。

3）健壮性。路由选择算法应该在面临非正常或不可预见的情况时还能够正常运行，如硬件故障、高负载和执行出错等。

4）收敛快。收敛是指所有路由器都有统一的路由认知的过程。当一个网络事件引起路由有效性的变化时，就需要重新计算并重建网络连接性。收敛缓慢的路由选择算法可能导致数据丢失。

5）灵活性。路由选择算法应该很快适应各种各样的网络变化。

6）可扩展性。当网络要进行扩展（或未来要扩展）时，要求路由选择协议的可扩展性设计得较好，如路由信息协议（RIP）在可扩展性上远不如开放式最短路径优先（OSPF）协议。

当路由器自动刷新和修改路由表时，它的首要目标是要保证路由表中包含有最佳的路径信息。为了区分路由的好坏，需要给每条路径生成一个评价数值，该评价数值被称为度量值（Metric），通常保存在路由表中。

每个路由选择算法用它自己的方式来解释什么是度量值。复杂的路由选择算法能够把路由选择建立在多种度量标准基础上，使它们合并为单一的复合度量标准。度量值的大小表示这条路径的好坏。通常度量标准越小，路径就越佳。

度量标准一般由一种或几种不同的特征来计算。路由选择协议使用的常见的度量标准有以下几种：

1）带宽，即链路的数据容量。一般来讲，100Mbit/s 的线路比 10Mbit/s 的线路更好。

2）跳数，即 IP 数据报在到达目的地前所必须经过的路由器的数量。只要数据报通过一个路由器，就是一跳。一条路径中有 10 个跳数就代表到达目的地前，数据沿着这条路径传送时，经过了 10 个路由器。如果到达一个目的地有很多条路径，路由器就会选择跳数最少的路径。一般跳数越少，所花的时间也就越少。

3）延迟，即从信号源到目的地传递数据报所需的时间。延迟取决于中间链路的带宽、每个路由器的接口队列、网络拥塞情况以及物理距离等因素。

4）负载，即网络资源（如路由器或链路）上的活动量。

5）可靠性，通常指的是每个网络链路的出错率。

6）代价，通常以带宽、金钱的花销或其他的衡量标准为基础，可以由网络管理员指定。

7）MTU（最大传输单元），即链路上所允许传输的最大分组长度。一般路由器会选择 MTU 大的传输路径。

9.3 路由协议

路由选择是个非常复杂的问题，因为它是网络中的所有路由器共同协调工作的结果。网络环境往往是不断变化的，而这种变化有时无法事先知道，如网络中出现了某处线路断开、某个交换机出现故障等。此外，当网络发生拥塞时，就特别需要有能缓解这种拥塞的路由选择策略，但恰好在这种条件下，很难从网络中的其他路由器获得所需的路由选择信息。

动态路由选择也称为自适应路由选择，其特点是能较好地适应网络状态的变化，但实现起来较为复杂，开销也比较大。因此，动态路由选择适用于较复杂的大中型网络。

9.3.1　内部网关协议和外部网关协议

大型网络，尤其是因特网，采用的是分层次的路由选择协议，原因有以下几点：

1）因特网的规模非常大，现在就已经有几百万个路由器互联在一起。如果让所有的路由器都知道所有的网络应怎样到达，则这种路由表将非常大，处理起来也非常耗时。而所有这些路由器之间的交换路由信息所需的带宽就会使因特网的通信链路饱和。

2）许多单位和部门不愿意让外界了解自己单位的网络拓扑布局细节和所采用的路由选择协议，但同时还希望连接到因特网上。

为此，因特网将整个互联网划分为许多较小的自治系统（Autonomous System，AS）。因此，在目前的因特网中，路由选择协议也划分为两大类，即：

1）内部网关协议（Interior Gateway Protocol，IGP）。即在一个自治系统内部使用的路由选择协议，而这与在互联网中的其他自治系统选用什么路由选择协议无关。目前这类路由选择协议使用得最多，如 RIP 和 OSPF 协议。

2）外部网关协议（External Gateway Protocol，EGP）。若源主机和目的主机处在不同的自治系统中（这两个自治系统可能使用不同的内部网关协议），当数据报传到一个自治系统的边界时，就需要使用一种协议将路由选择信息传递到另一个自治系统中。这样的协议就是外部网关协议。目前使用最多的外部网关协议是 BGP 的版本 4（BGPv4）。自治系统之间的路由选择也叫做域间路由选择（Interdomain Routing），而在自治系统内部的路由选择叫做域内路由选择（Intradomain Routing）。

图 9-6 所示的是两个自治系统互联在一起，每个自治系统自己决定在本自治系统内部运行哪一个内部路由选择协议（RIP 或 OSPF）。但每个自治系统都有一个或多个路由器（如路由器 R1 和 R2），除了运行本系统的内部路由选择协议外，还要运行自治系统间的路由选择协议 BGPv4。

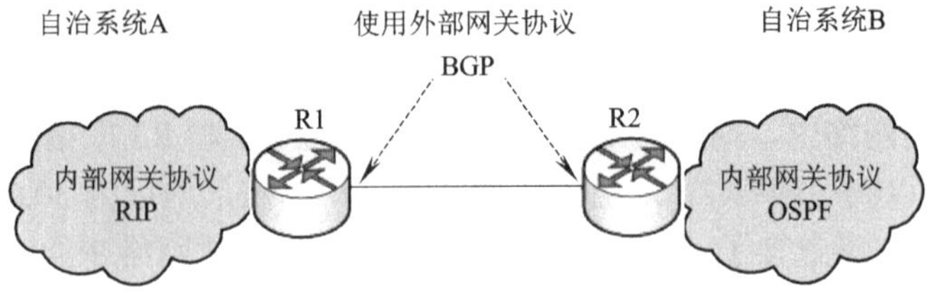

图 9-6　内部网关协议和外部网关协议

9.3.2　有类路由协议和无类路由协议

路由协议在路由选择更新中不支持子网信息，路由器只能依据传统的地址类别进行数据转发，这样的路由协议就属于有类路由协议，如 RIPv1（RIP 1.0）和 BGPv3（BGP 3.0）。

路由协议在路由选择更新中支持子网信息，传输子网掩码，路由器也可以忽略地址的类别进行数据报的转发，这样的路由协议就属于无类路由协议。只有无类路由协议才能支持 VLSM（变长子网掩码）和 CIDR（无类域间路由）。例如，RIPv2、OSPF、和 BGPv4 都属于无类路由的协议。

9.4　内部网关路由协议

目前，使用最多的内部网关路由协议有两种，一种是路由信息协议（Routing Information Protocol，RIP），另一种是开放式最短路径优先协议（Open Shortest Path First，OSPF）。为了使用动态路由，网络中的路由器必须运行相同的路由选择协议，执行相同的路由选择算法。

不管采用何种路由选择协议和算法，路由信息应以精确、一致的观点反映新的网络拓扑结构。当一个网络中的所有路由器都运行着相同的、精确的、足以反映当前网络拓扑结构的路由信息时，就称网络中的路由已经收敛（Convergence）。快速收敛是路由选择协议最希望具有的特征，因为它可以尽量避免路由器使用过时的路由信息，从而避免选择不经济或不正确的路由。

9.4.1　RIP

RIP 是内部网关协议中最先被广泛使用的一种，是一种基于距离向量路由选择算法的协议。

1．距离向量路由选择算法

距离向量路由选择算法也称为贝尔曼-福特（Bellman-Ford）算法，其基本思想是路由器周期性地向其相邻的路由器广播自己的路由信息，用于通知相邻的路由器自己可以到达的网络以及到达该网络的距离。相邻路由器可以根据收到的路由信息修改和刷新自己的路由表。

距离通常用“跳数”（Hop Count）表示。从路由器到直接连接的网络的跳数一般定义为 0。IP 数据报每经过一个路由器，“跳数”就加 1。RIP 认为好的路由就是它通过的路由器的数目少，即“距离”短、“跳数”小。RIP 最多允许一条路径包含 15 个路由器，因此“距离”等于 16 时认为不可达，即“无限远”。这个特点决定了 RIP 只能用于中小型网络。

如图 9-7 所示的网络中，路由器 R2 向相邻的路由器 R1 和 R3 广播自己的路由信息，通知 R1 和 R3 自己可以到达网络 2（地址为 20.0.0.0）和网络 3（地址为 30.0.0.0）。对 R1 来说，由于 R2 送来的路由信息包含了一条 R1 不知道的新路由（到达网络 3 的路由），于是 R1 将网络 3 加入自己的路由表，并将下一跳地址指定为 R2。由于 R2 到达网络 3 的距离为 1，因此 R1 到达网络 3 的距离将加 1，即 2。对于 R3 来说，情况也类似。

路由器 R1、R2 和 R3 经过若干次的相互交换路由信息后，所有的路由器最终都会知道到达本系统中任何一个网络的最短距离和下一跳路由器的地址，这时称此网络为路由收敛。

距离向量路由选择算法的最大优点是算法简单，易于实现。但是，由于路由器的路径变化需要像波浪一样从相邻路由器传播出去，过程较为缓慢，有可能造成慢收敛等问题。因此，它不适合应用于路由剧烈变化或大型的互联网网络环境。另外，向量距离路由选择算法要求互联网中的每个路由器都参与路由信息的交换和计算，而且需要交换的路由信息报文与自己的路由表的大小几乎一样，因此，需要交换的信息量较大。

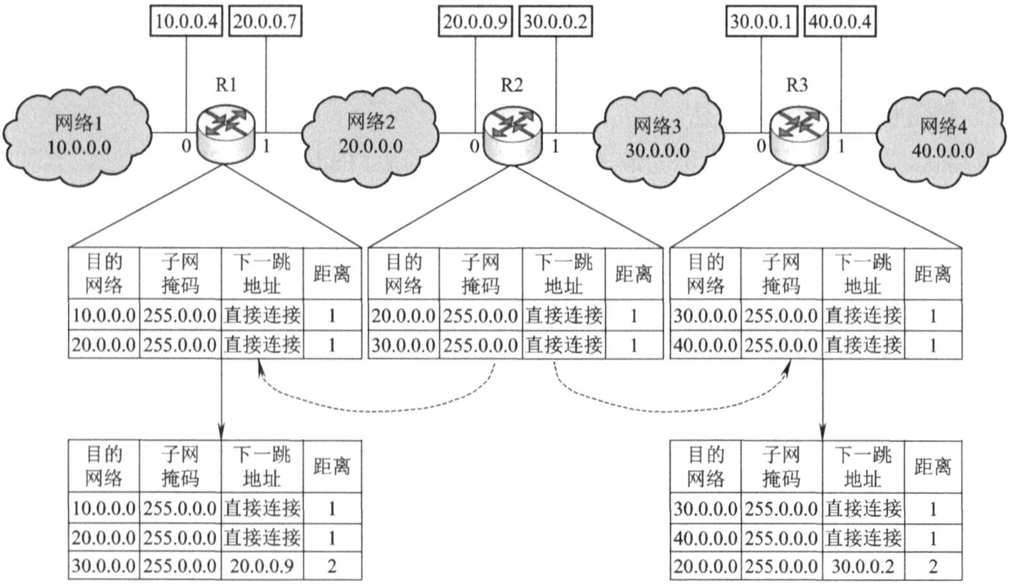

图 9-7　距离向量路由选择算法的基本思想

2. RIP 的特点

RIP 是距离向量路由选择算法的具体实现，它规定了路由器之间交换路由信息的时间、格式以及错误的处理等内容。RIP 的主要特点如下：

1）仅与相邻的路由器交换信息。如果两个路由器之间的通信不需要经过另一个路由器，那么这两个路由器就是相邻的。不相邻的路由器不交换信息。

2）路由器交换的信息就是自己的路由表。

3）按固定时间交换信息，一般每隔 30s 交换一次。当网络拓扑结构发生变化时，路由器会及时向相邻的路由器通告网络拓扑结构变化后的路由信息。

当网络发生变化时，如果一个路由器发现了更短的路由或新的路由，那么这种更新信息就传播得很快。但是当网络出现故障时，要经过比较长的时间才能将此信息传送到所有的路由器。RIP 的这一特点叫做“好消息传播得快，而坏消息传播得慢”。网络出故障时，传播时间往往需要较长的时间，这是 RIP 的一个主要缺点。为了使坏消息传播得更快些，可以采取多种措施，如限制路径最大距离对策、水平分割对策、保持对策、带触发刷新的毒性逆转对策等。

RIP 最大的优点就是实现简单，开销较小，但其缺点也较明显：

1）限制了网络的规模。RIP 能使用的最大距离为 15（16 表示不可达）。

2）路由器之间交换的路由信息是路由器中的完整路由表，因而随着网络规模的扩大，开销也就增加。

3）“坏消息传播得慢”，使更新过程的收敛时间过长。

因此，对于规模较大的网络 RIP 并不适用。然而，目前在规模较小的网络中，仍然广泛地使用 RIP。

9.4.2 OSPF 协议

OSPF（Open Shortest Path First）协议是为克服 RIP 的局限性而开发的，因为其性能远远优于 RIP，因此在大中型网络中得到了广泛应用。OSPF 协议的原理很简单，但实现起来比较复杂。

1．链路状态路由选择算法

链路状态路由选择算法也称为最短路径优先（Shortest Path First，SPF）算法，其基本思想是互联网上的每个路由器周期性地向其他路由器广播自己与相邻路由器的连接关系，以使各个路由器都可以画出一张网络拓扑结构图。利用这张图和最短路径优先算法，路由器就可以计算出自己到达各个网络的最短路径。

如图 9-8a 所示，路由器 R1、R2 和 R3 相互广播报文，通知其他路由器自己与相邻路由器的连接关系。利用其他路由器广播的信息，网络上的每个路由器都可以形成一张由点和线相互连接而成的抽象拓扑结构图。一旦得到了这张图，路由器就可以按照最短路径优先算法计算出以本路由器为根的 SPF 树。这棵 SPF 树描述了该路由器到达每个网络的路径和距离。通过这颗 SPF 树，路由器就可以生成自己的路由表。图 9-8b 显示了路由器 R2 生成路由表的过程。

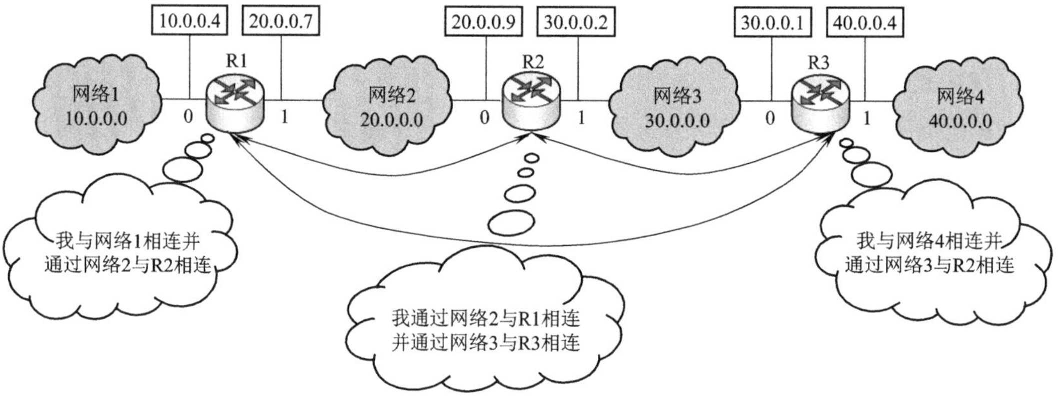

a）

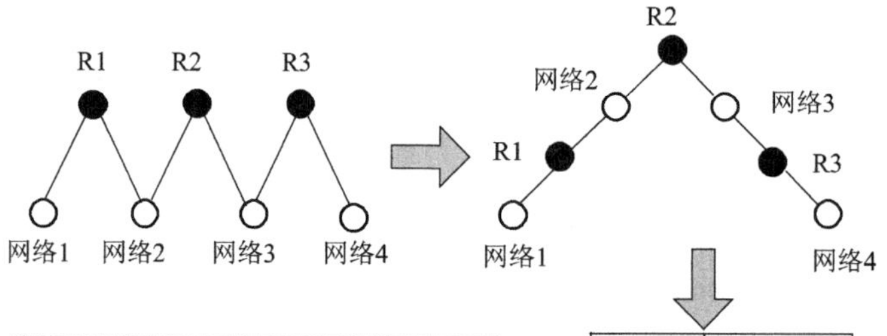

目的网络	下一跳地址
网络2	直接连接
网络3	直接连接
网络1	R1
网络4	R3

目的网络	子网掩码	下一跳地址	出站接口
20.0.0.0	255.0.0.0	直接连接	接口0
30.0.0.0	255.0.0.0	直接连接	接口1
10.0.0.0	255.0.0.0	20.0.0.7	接口0
40.0.0.0	255.0.0.0	30.0.0.1	接口1

b）

图 9-8　链路状态路由选择算法的基本思想

a）每个路由器向其他路由器广播自己与相邻路由器的连接关系　b）路由器 R2 利用网络拓扑图生成路由表

从以上介绍可以看到，链路状态路由选择算法与向量距离路由选择算法有很大的不同。向量距离路由选择算法并不需要路由器了解整个网络的拓扑结构，它通过相邻的路由器了解到达每个网络的可能路径；而链路状态路由选择算法则依赖于整个网络的拓扑结构图，利用该图得到 SPF 树，再由 SPF 树生成路由表。

2. 分层次划分区域和指派路由器

OSPF 协议通过一系列的方法来适应更大规模的网络环境，其中包括分层次划分区域和指派路由器。

（1）分层次划分区域

为了可以适应更大规模的网络，OSPF 协议将一个自治系统划分为若干个更小的范围，叫做区域（Area）。图 9-9 所示的是将一个自治系统划分为 3 个区域，每一个区域都有一个 32 位的区域标识符（用点分十进制表示，看起来像 IP 地址）。

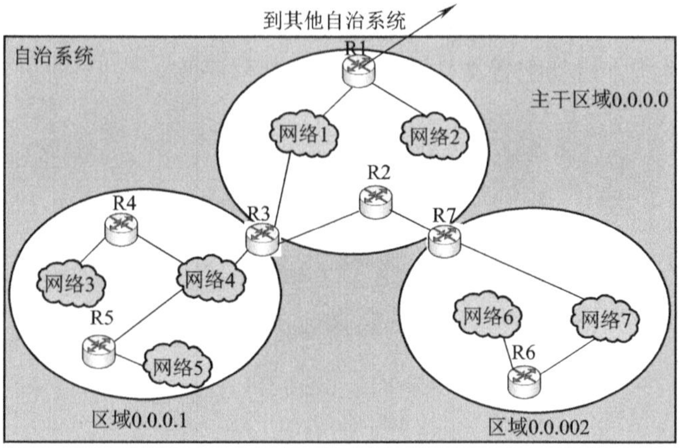

图 9-9　分层次划分区域

划分区域的好处就是把交换链路状态信息的范围限制在每一个区域而不是整个自治系统，这就减少了整个网络上的通信量。在一个区域内部的路由器只知道本区域的完整网络拓扑，而不知道其他区域的网络拓扑情况。为了使每一个区域能够和本区域以外的区域进行通信，OSPF 协议使用层次结构的区域划分。在上层的区域叫做主干区域，标识符规定为 0.0.0.0。主干区域的作用是连通其他下层的区域，其他下层区域之间的通信必须通过主干区域中转。

（2）指派路由器

而指派路由器则是指在互联的局域网中，路由器将自己与相邻路由器的关系发送给一个或多个指定路由器，而不是广播给网络上的所有路由器。指派路由器生成整个网络的拓扑结构图，以便其他路由器查询。

由于一个路由器的链路状态只涉及与相邻路由器的连通状态，与整个网络的规模并无直接关系。因此，当互联网规模很大时，OSPF 协议要比 RIP 好得多。OSPF 协议没有“坏消息传播得慢”的问题，相反，据统计其响应变化的时间小于 100ms。

OSPF 协议的优点是路由收敛快，同时还具有服务类型选路、负载均衡和身份认证等特点，非常适合在规模庞大、环境复杂的互联网中使用；其缺点是开销较大，在生成链路状态数据库和 SPF 树时需要占用较多的 CPU 和内存资源。

9.5　路由器的基本知识

路由的配置和维护是网络管理人员的一项重要工作任务。路由的正确配置是保证互联网畅通的首要条件。掌握路由的配置过程和方法对理解互联网的工作机理非常有益。

9.5.1　路由器概述

路由器（Router）是工作在 OSI 参考模型第三层（网络层）的数据报转发设备。路由器用于连接不同的 IP 子网或点对点协议的接口。路由器根据收到的数据报中的 IP 地址以及路由器内部的路由表，来决定下一跳路由器地址或主机地址。路由器通过更新路由表来反映当前的网络拓扑结构的变化。

路由器实际上就是一个用于网络通信的专用计算机，由硬件和软件两部分组成。硬件部分主要包括中央处理器、存储器和各种网络接口，如图 9-10 所示；软件部分主要包括自引导程序、路由器操作系统、启动配置文件和路由器管理程序等。

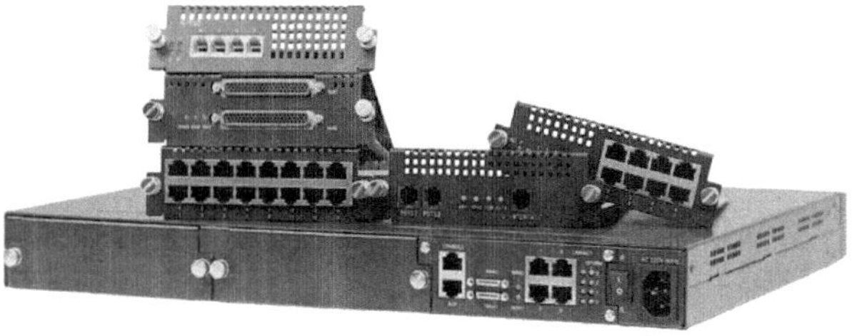

图 9-10　路由器

9.5.2　路由器的接口

路由器有多种接口，用途各异。常见的接口有以下几种：

1）以太网接口。常用网络接口，采用 RJ-45 接口形式，实现双绞线与以太网的连接。一般地，速率为 10Mbit/s 的接口的名称是“Ethernet”，速率为 100Mbit/s 的接口的名称是“FastEthernet”。

2）光缆接口。即 SC 接口，用于与光纤的连接，一般高档路由器才有。

3）高速同步串口。用于广域网连接。

4）配置接口。又称为 Console 接口或控制台接口。Console 接口使用专用配置线缆连接路由器和计算机。大多数路由器的 Console 接口为 RJ-45 接口。

9.5.3　连接到路由器

要配置路由器，必须将计算机与路由器连接。控制台方式是最常用的方法之一，其连接方法与第 5 章介绍的以太网交换机的连接方法一样，这里不再赘述。

注意：当第一次对路由器进行配置时，必须通过控制台接口进行配置。

完成物理连接与超级终端软件的设置后，系统将进入“超级终端”窗口，如图 9-11 所示。

如果此时路由器没有启动，则窗口上没有任何消息。打开路由器电源开关后，窗口将显示命令提示符。

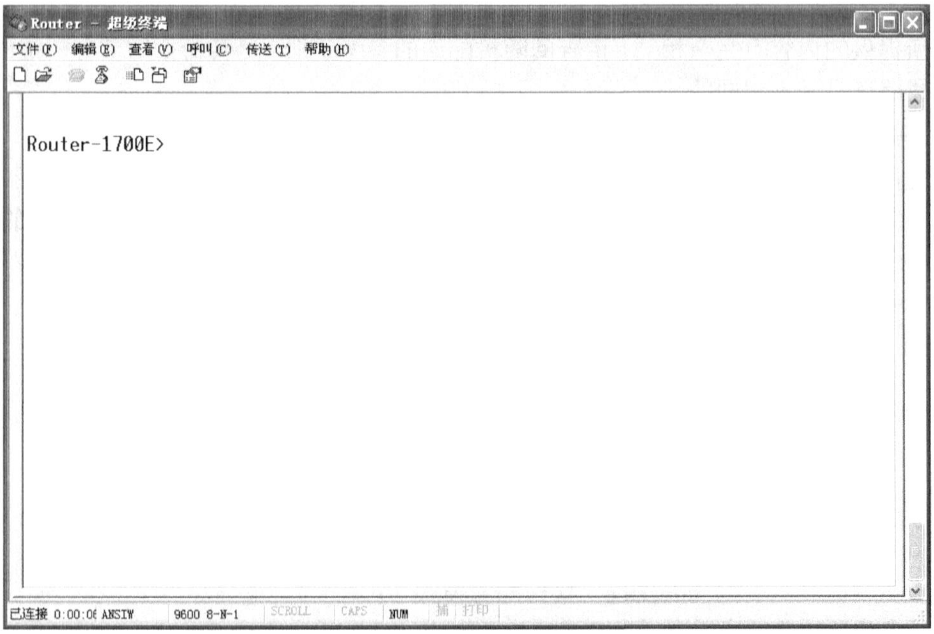

图 9-11 “超级终端”窗口

因为大部分工作都要在“全局配置模式”中完成，因此，输入“enable”命令进入特权用户模式（需要口令），然后输入“configure terminal”命令进入全局配置模式，如图 9-12 所示。

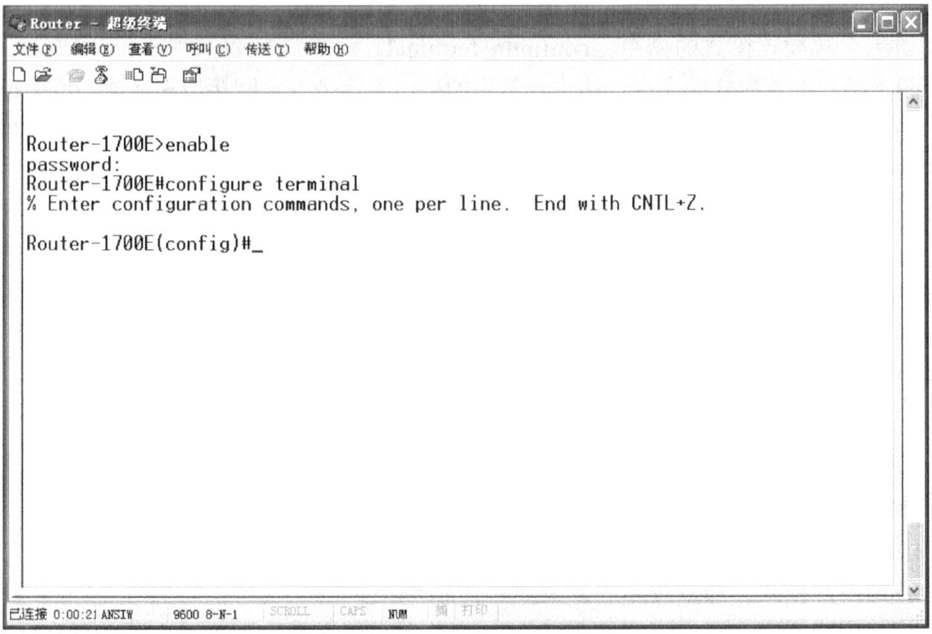

图 9-12 进入全局配置模式

9.5.4 通过命令配置路由器

因为不同品牌、不同型号的路由器有一定差别，因此下面使用的命令和参数可能与实际路由器所提供的内容不完全相同，请查阅随机配送的参考手册。尽管命令细节有一定的差别，但整体思路还是基本相同的。

1．常用命令模式框架

与交换机一样，路由器的命令也是分级的，不同级别的用户有不同的权限，使用不同的命令集。命令模式实际上就是命令按照类别，分别存放到不同的“目录”里面。不同级别的用户能进入的命令模式是不一样的。要执行某个命令，必须先“进入”命令所在的命令模式。不同级别用户的命令模式所在目录如下：

```
login   普通用户模式
    |
    enable   特权用户模式
        |
        configure terminal   全局配置模式
             |
             interface   接口配置模式
             router      路由配置模式
```

输入“？”可查看当前模式能使用的命令；在一条命令后面输入“？”能查看这条命令能使用的子命令或参数；“exit”命令用于退回上一级模式；“end”命令用于直接返回特权用户模式。

2．进入各模式的命令

1）进入特权用户模式的命令：enable（如果设置了密码，则需要输入密码）。

2）进入全局配置模式的命令：configure terminal。

3）进入接口配置模式的命令：路由器常用的接口主要是以太网接口和高速同步串行接口。

① 快速以太网接口配置命令：interface fastethernet X/Y（如 interface fastethernet 0/0）。命令和参数的含义与交换机相同，但注意，路由器的快速以太网端口编号一般是 0 和 1 两个，与交换机 1～24 的编号不同。

② 高速同步串行接口配置命令：interface serial X/Y/Z（如 interface serial 0/3/1）。其中，X 表示插槽号，Y 表示该插槽内的模块号，Z 表示该模块上的接口号。一般插槽号、模块号、接口号都从 0 开始（第一个），其他依次类推，如“serial 0/3/1”，表示在 0 号插槽的 3 号模块上的 1 号同步串行接口。

实际上，所有命令均可简写成前几个字母，只要在当前模式下保证简写具有唯一可识别性即可，如“int se0/3/1”。

3．命令模式提示符

常用的命令模式提示符如下。

1）普通用户模式，命令提示符形式为：router>。

2）特权用户模式，命令提示符形式为：router#。

3）全局配置模式，命令提示符形式为：router(config)#。

4）接口配置模式，命令提示符形式为：router(config-if)#。

5）路由配置模式，命令提示符形式为：router(config-router)#。

进入全局配置模式的完整命令如下：

① enable　　　　　　　（进入特权用户模式，可能需要密码）

② configure terminal　（进入全局配置模式）

4. 配置接口的 IP 地址命令

在接口配置模式中需要使用 IP 地址命令，其形式为“ip address [ip 地址] [子网掩码]”，如“ip address 20.0.0.9 255.0.0.0”。

接口 IP 地址配置的基本原则如下：

1）路由器的物理网络接口需要有一个 IP 地址。

2）相邻路由器的相邻接口 IP 地址在同一网段。

3）同一路由器不同，接口在不同网段上。

5. 查看信息常用命令

1）显示路由信息：show ip route。

2）显示接口信息：show interface。

3）显示路由协议信息：show ip route。

4）查看启动配置命令：show startup-config。

5）查看运行配置命令：show running-config。

一般地，要求在特权用户模式下才能使用，如果其他模式不能用，则在前面加“do”，如“do show ip route”。

6. 配置文件的管理

路由器内部有两份配置文件，一份位于内存 RAM 中，是当前系统正在使用的配置，称为“running-config”，断电后“running-config”会丢失。另一份保存在外存中，称为“startup-config”，当路由器重启时，“startup-config”将加载到内存，成为“running-config”并执行。

在配置模式下，所有的修改都存放到“running-config”中，如果不保存到“startup-config”，那么在断电后将会丢失。

1）将当前正在运行的配置信息保存到“startup-config”文件中，使用如下命令之一即可：

```
Router#copy running-config startup-config
Router#write memory
Router#write
```

2）删除初始配置文件，使路由器恢复到出厂状态，命令如下：

```
Router#erase startup-config
```

9.6　网络互联实训

本章的实训任务是：某公司有 4 个部门，分别建立了 4 个局域网，要求建立 4 个 IP 网络，并通过 3 个路由器将这 4 个网络互联，如图 9-13 所示。

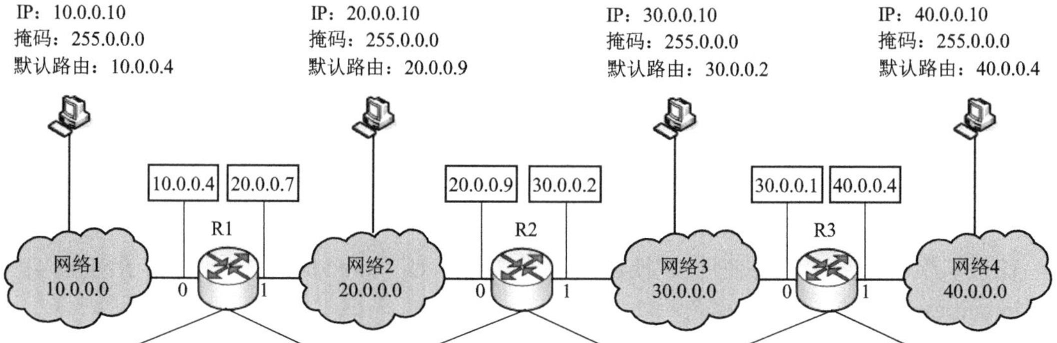

目的网络	子网掩码	下一跳地址	出站接口
10.0.0.0	255.0.0.0	直接连接	接口0
20.0.0.0	255.0.0.0	直接连接	接口1
30.0.0.0	255.0.0.0	20.0.0.9	接口1
40.0.0.0	255.0.0.0	20.0.0.9	接口1

目的网络	子网掩码	下一跳地址	出站接口
20.0.0.0	255.0.0.0	直接连接	接口0
30.0.0.0	255.0.0.0	直接连接	接口1
10.0.0.0	255.0.0.0	20.0.0.7	接口0
40.0.0.0	255.0.0.0	30.0.0.1	接口1

目的网络	子网掩码	下一跳地址	出站接口
30.0.0.0	255.0.0.0	直接连接	接口0
40.0.0.0	255.0.0.0	直接连接	接口1
10.0.0.0	255.0.0.0	30.0.0.2	接口0
20.0.0.0	255.0.0.0	30.0.0.2	接口1

图 9-13　网络互联示意图

要完成“网络互联”，只需保证每个路由器有正确的路由表。路由表可通过静态配置、RIP 配置、OSPF 协议配置 3 种方法实现。

9.6.1　前期准备工作

1）规划网络拓扑结构及 IP，如图 9-14 所示。

2）在每个网络里面选取一台计算机，并配置好 IP 地址。

网络 1 的计算机，IP：10.0.0.10；子网掩码：255.0.0.0；默认网关：10.0.0.4。

网络 2 的计算机，IP：20.0.0.10；子网掩码：255.0.0.0；默认网关：20.0.0.9。

网络 3 的计算机，IP：30.0.0.10；子网掩码：255.0.0.0；默认网关：30.0.0.2。

网络 4 的计算机，IP：40.0.0.10；子网掩码：255.0.0.0；默认网关：40.0.0.4。

注意：在 Windows 操作系统的网卡 IP 配置界面中，“默认网关”即“默认路由”，有时候也简称网关。

3）在配置路由器之前，必须先配置以太网接口的 IP 地址。注意，路由器的接口默认是关闭的，需要手工开启（交换机的接口默认是启动的）。在全局配置模式下，进入以太网接口模式，再配置以太网接口的 IP 地址，最后启动接口。

配置 R1 接口的 IP 地址命令如下（如图 9-15 所示）：

① interface fastethernet0/0　　（配置接口 0）

② ip address　10.0.0.4　255.0.0.0　　（配置 IP 地址和子网掩码）

③ no shutdown　　（开启接口）

④ exit　　（退回上一级命令模式）

⑤ interface fastethernet0/1　　（配置接口 1，同上）

⑥ ip address　20.0.0.7　255.0.0.0

⑦ no shutdown

⑧ exit

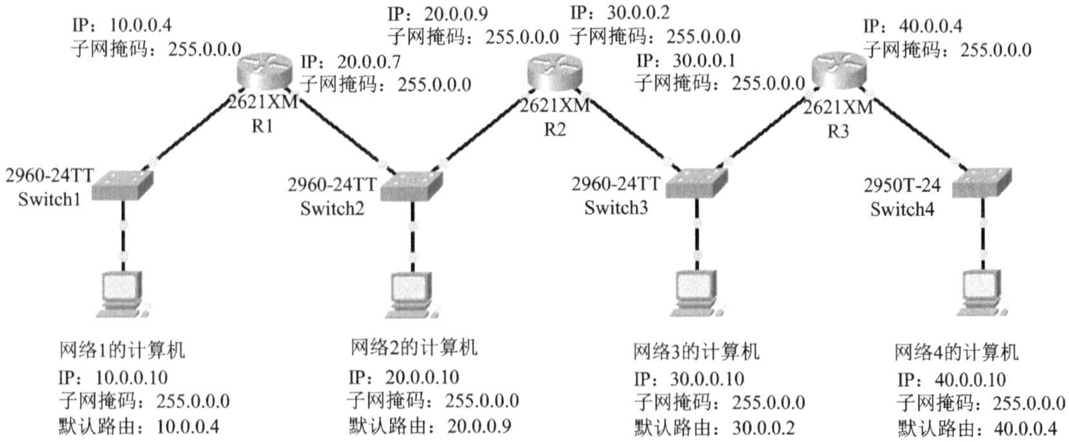

图 9-14　路由器配置

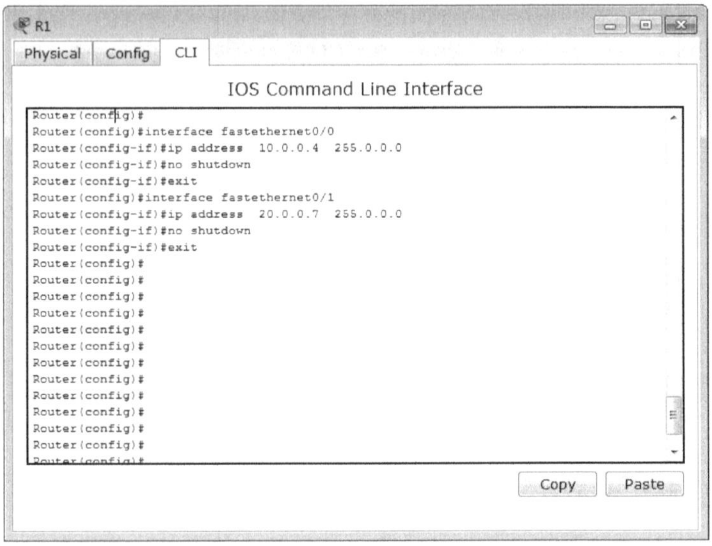

图 9-15　配置 R1 接口的 IP 地址

R1 的接口有了 IP 地址以后，R1 自动生成了直连路由，在特权模式下，可以通过“show ip route”命令查看，如图 9-16 所示。在其他模式下，可以通过“do show ip route”命令查看。

按同样的方法分别配置 R2 和 R3 的接口 IP 地址。

配置 R2 接口的 IP 地址的命令如下：

① interface fastethernet0/0

② ip address　20.0.0.9　255.0.0.0

③ no shutdown

④ exit

⑤ interface fastethernet0/1

⑥ ip address　30.0.0.2　255.0.0.0

⑦ no shutdown

⑧ exit

配置 R3 接口的 IP 地址的命令如下：

① interface fastethernet0/0

② ip address 30.0.0.1 255.0.0.0

③ no shutdown

④ exit

⑤ interface fastethernet0/1

⑥ ip address 40.0.0.4 255.0.0.0

⑦ no shutdown

⑧ exit

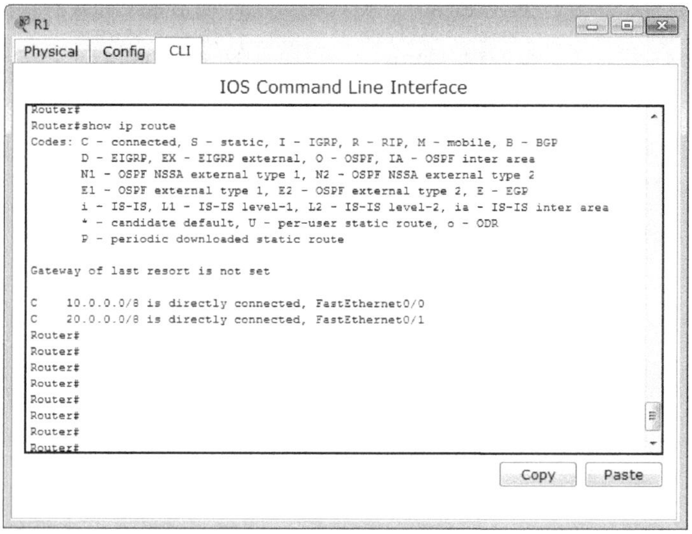

图 9-16 R1 的直连路由

9.6.2 使用静态路由配置

使用静态路由配置，就是手工添加路由表信息，让 3 个路由器都能完成各 4 个子网的路由工作。

1. 需要用到的命令

配置静态路由的命令格式如下：

ip route [网络号] [子网掩码] [下一跳路由器的 IP 地址或本地接口]

2. 配置步骤

1）配置路由器以太网接口的 IP 地址，按图 9-14 所规划的 IP 进行配置。

2）因为路由器会根据接口的 IP 地址和子网掩码生成直连路由，因此只需添加其到其他子网的路由即可。

在全局配置模式下，配置路由器 R1 的静态路由命令如下（如图 9-17 所示）：

① ip route 30.0.0.0 255.0.0.0 20.0.0.9

② ip route　40.0.0.0　255.0.0.0　20.0.0.9

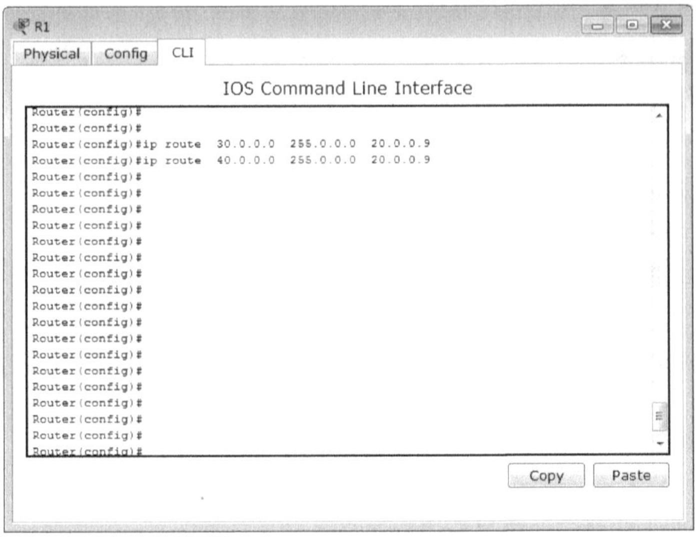

图 9-17　配置 R1 的静态路由

配置完毕后，通过“show ip route”命令查看路由表，如图 9-18 所示。

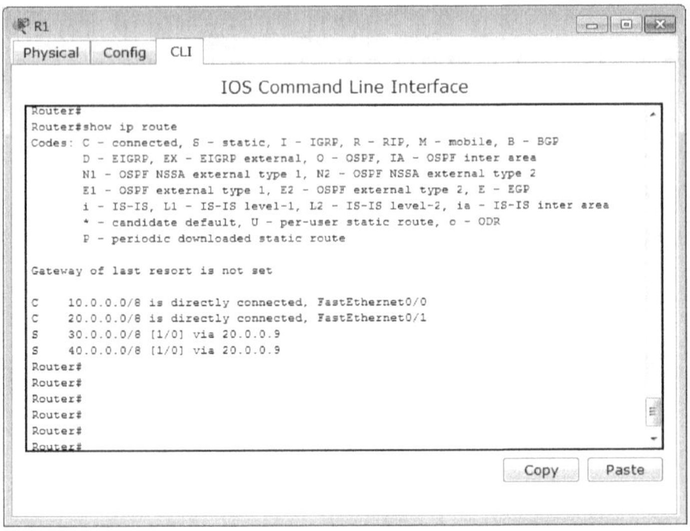

图 9-18　查看路由表

按同样的方法分别配置 R2 和 R3 的静态路由。

配置 R2 的静态路由的命令如下：

① ip route　10.0.0.0　255.0.0.0　20.0.0.7

② ip route　40.0.0.0　255.0.0.0　30.0.0.1

配置 R3 的静态路由的命令如下：

① ip route　10.0.0.0　255.0.0.0　30.0.0.2

② ip route　20.0.0.0　255.0.0.0　30.0.0.2

3）配置完成后，任意选取网络中的两台计算机，相互 ping 对方的 IP。如果可以 ping 通，则说明配置正确。如果出现问题，则先查看路由表，找出问题所在，然后再重新配置。

9.6.3　使用 RIP 配置

1. 需要用到的命令

1）开启 RIP 进程，命令如下：

router rip

2）设置路由器的 RIP 作用的网络地址，命令如下：

network 直连网段的网络地址

3）指定 RIP 的版本为 2，命令如下：

version 2

4）显示路由表的信息，命令如下：

show ip route

5）清除 IP 路由表的信息，命令如下：

clear ip route

6）显示 RIP 的工作状态，命令如下：

debug ip rip

2. 配置步骤

1）配置路由器以太网接口的 IP 地址，按图 9-14 所规划的 IP 进行配置。

2）配置路由器的 RIP。在全局配置模式下，进入路由配置模式，配置路由协议。

路由器 R1 配置 RIP 的命令如下（如图 9-19 所示）：

① router rip　　　　（启动 RIP 进程）
② network 10.0.0.0　　（直连网段网络地址，下同）
③ network 20.0.0.0
④ version 2　　　　（RIP 版本号为 2）
⑤ exit　　　　　　（退回上一级命令模式）

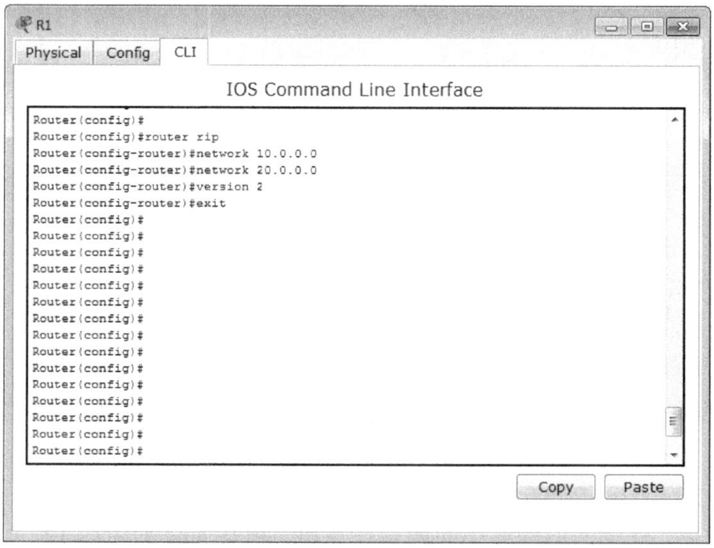

图 9-19　配置 R1 的 RIP

配置完毕后，通过“show ip route”命令查看路由表，如图 9-20 所示。

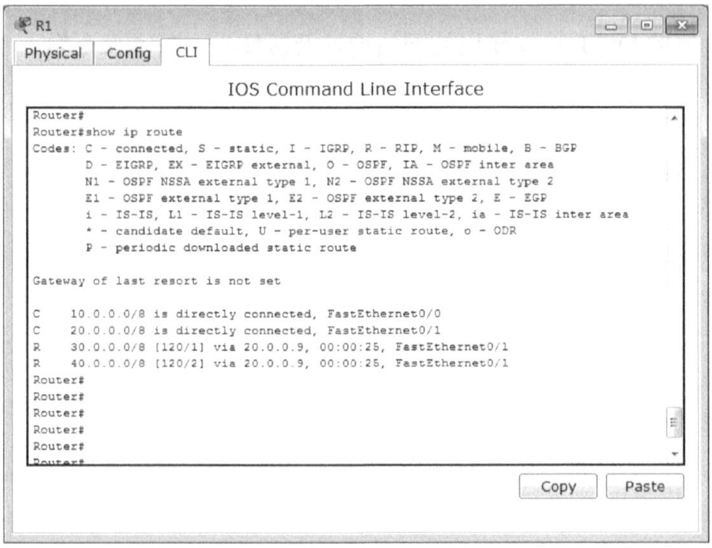

图 9-20　查看路由表

按同样的方法分别配置路由器 R2 和 R3 的 RIP。

配置 R2 的 RIP 的命令如下：

① router rip

② network 20.0.0.0

③ network 30.0.0.0

④ version 2

⑤ exit

配置 R3 的 RIP 的命令如下：

① router rip

② network 30.0.0.0

③ network 40.0.0.0

④ version 2

⑤ exit

3）配置完成后，任意选取网络中的两台计算机，相互 ping 对方的 IP。如果可以 ping 通，则说明配置正确。如果出现问题，则先查看路由表、RIP 配置等信息，找出问题所在，修正后重复 ping 测试过程。

9.6.4　使用 OSPF 协议配置

1．需要用到的命令

1）开启 OSPF 协议进程，命令如下：

router ospf 进程号

其中，进程号的作用是识别一台路由器上的多个 OSPF 进程，进程号的值一般为 1～65535。

2）设置路由器的 OSPF 协议作用的网络地址及区域号，基本命令为：

network 直连网段的网络地址 反向子网掩码 area 区域号

其中，反向子网掩码也称通配符子网掩码，是普通子网掩码按位取反（二进制）得到的，即 1 变 0、0 变 1。例如，255.0.0.0 的反向子网掩码为 0.255.255.255。区域号是自治系统（AS）中划分的区域编号，0 号区域一般为主干区域。

3）显示路由表的信息，命令如下：

show ip route

4）显示 OSPF 协议的工作状态，命令如下：

debug ip ospf

2. 配置步骤

1）配置路由器以太网接口的 IP 地址，按图 9-14 所规划的 IP 进行配置。

2）配置路由器的 OSPF 协议。在全局配置模式下，进入路由配置模式，配置路由协议。

路由器 R1 配置 OSPF 协议的命令如下（如图 9-21 所示）：

① router ospf 100　　　　（启动 OSPF 进程，进程号为 100）

② network 10.0.0.0　0.255.255.255 area 0

（直连网段的网络地址，反向子网掩码，区域号，下同）

③ network 20.0.0.0　0.255.255.255 area 0

④ exit　　　　（退回上一级命令模式）

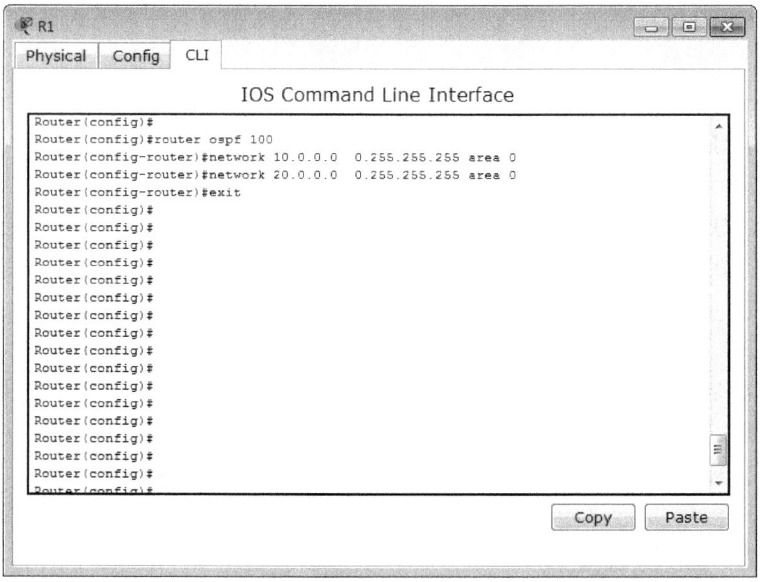

图 9-21　R1 配置 OSPF 协议

配置完毕后，通过“show ip route”命令查看路由表，如图 9-22 所示。

按同样的方法分别配置 R2 和 R3 的 OSPF 协议。

配置 R2 的 OSPF 协议的命令如下：

① router ospf 100
② network 20.0.0.0　0.255.255.255 area 0
③ network 30.0.0.0　0.255.255.255 area 0
④ exit

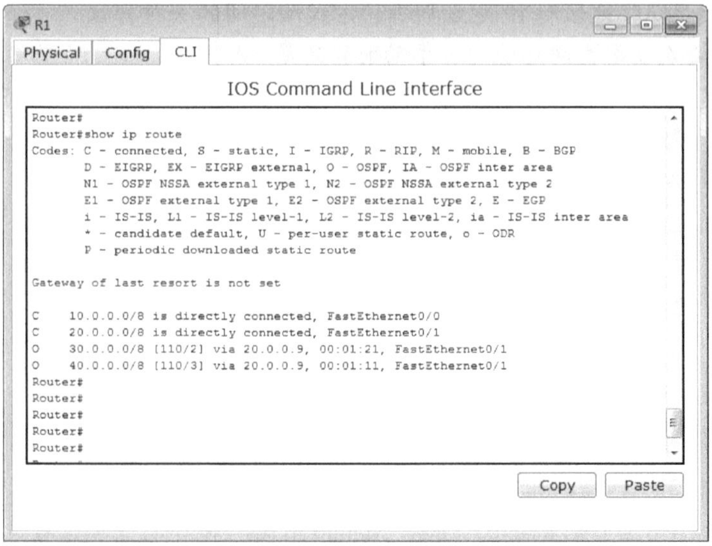

图 9-22　查看路由表

配置 R3 的 OSPF 协议的命令如下：
① router ospf 100
② network 30.0.0.0　0.255.255.255 area 0
③ network 40.0.0.0　0.255.255.255 area 0
④ exit

3）配置完成后，任意选取网络中的两台计算机，相互 ping 对方的 IP。如果可以 ping 通，则说明配置正确。如果出现问题，则先查看路由表、RIP 配置等信息，找出问题所在，修正后重复 ping 测试过程。

本章小结

本章主要学习了 IP 路由技术的基础知识，包括 IP 路由的基本概念、路由表的相关知识、RIP、OSPF 协议、路由器的基本使用方法和常见命令、RIP 的配置方法和 OSPF 协议的配置方法。本章内容也是网络设备配置与维护的基础内容。

习题及课后实训

1. 选择题

（1）以下内容中，不包含在路由信息中的是______。
A. 源地址　　B. 下一跳地址　　C. 目的网络地址　　D. 出站接口

（2）下面各项中，正确描述了路由协议的是______。

A. 允许数据报在主机间传送的一种协议

B. 定义数据报中域的格式和用法的一种方式

C. 通过执行一个算法来完成路由选择的一种协议

D. 指定 MAC 地址和 IP 地址捆绑的方式和时间的一种协议

（3）以下路由表项要由网络管理员手动配置的是______。

A. 静态路由　　B. 直连路由　　C. 动态路由　　D. 以上都不正确

（4）以下对于默认路由描述正确的是______。

A. 默认路由是优先被使用的路由

B. 默认路由是一种特殊的静态路由

C. 默认路由是一种特殊的动态路由

D. RIP 是一种链路状态的默认路由协议

2．填空题

（1）路由器工作在 OSI 参考模型的第________层。

（2）常见的内部网关路由协议有________、________。

3．课后实训

（1）按照本章 9.6.3 节配置 RIP，使用“debug ip rip”命令打开调试模式，观察路由器之间的信息交换过程。

（2）按照本章 9.6.4 节配置 OSPF 协议，使用“debug ip ospf”命令打开调试模式，观察路由器之间的信息交换过程。

第 10 章　三层交换技术

> **教学目标**

本章主要介绍三层交换的基础知识。通过本章的学习，可以理解三层交换技术的工作原理及基本概念，理解三层交换技术的特点及使用场合，掌握三层交换设备的基本命令，掌握三层交换技术的 VLAN 划分方法及 VLAN 之间的路由方法。

> **教学要求**

知识要点	能力要求	相关知识
三层交换	理解三层交换的工作原理	链路层与网络层
技术特点	理解三层交换的技术特点和使用场合	交换与路由技术
基本使用	掌握三层交换的基本命令及使用方法	设备常用命令
典型应用	掌握 VLAN 划分方法及 VLAN 之间的路由方法	交换与路由技术

> **教学要点**

重　点	技术特点和使用场合、三层交换技术的典型应用
难　点	三层交换技术的典型应用

10.1　三层交换技术的作用

10.1.1　使用三层交换

随着网络规模的不断扩大，新应用的不断增加，网络中需要传递的数据越来越多，为了加快大中型企业网络内部的数据交换速度，三层交换技术应运而生。

首先，主干网络少不了三层交换。用“中流砥柱”来形容三层交换机在诸多网络设备中的作用并不为过。在企业网、校园网中，主干网、汇聚层一般都使用三层交换机，尤其是在核心主干网中，一定要使用三层交换机，否则整个网络的成千上万台计算机都在一个子网中，不仅毫无安全可言，也会因为无法分割广播域而造成广播风暴。

企业内部网络之间的数据传输需要路由，如果采用传统的路由器，虽然可以隔离广播，但是每一次路由都花费较多的时间，性能又得不到保障。从实际数据流量上看，大量的 IP 数据报往往是沿着固定的路径传输，如果使用交换机则效率大大提高，但交换机本身不能路由。

使用三层交换机可以解决上述问题。三层交换机就是具有三层交换技术的网络通信设备，它既具有第三层路由器的功能，又具有第二层高速交换机的功能。二层交换是基于 MAC

寻址，三层交换则是转发基于IP地址的业务流。除了必要的路由决定过程外，大部分的数据转发过程由二层交换处理，提高了数据包转发的效率。

首先，三层交换机通过使用硬件交换机构实现了IP的路由功能，优化的路由软件使得路由过程效率提高，解决了传统路由器软件路由的速度问题。因此可以说，三层交换通过实现“一次路由，多次交换”，从而具有“路由器的功能、交换机的性能”。

其次，连接VLAN或子网少不了三层交换。同一网络上的计算机如果超过一定数量（通常在200台左右，视通信协议而定），就很可能会因为网络上存在大量的广播而导致传输效率低下。为了避免在大型交换机上进行广播所引起的广播风暴，可将其进一步划分为多个虚拟局域网（VLAN）。但是这样做将导致一个问题：VLAN之间的通信是隔离的，只能通过路由器才能通信。但是传统路由器也难以胜任VLAN之间的通信任务，因为相对于局域网的网络流量来说，普通的路由器的路由速率太慢，而千兆级、万兆级路由器的价格通常较贵。如果使用三层交换机上的千兆端口或万兆端口连接不同的子网或VLAN，就能在保持性能的前提下，经济地解决VLAN划分之后，VLAN之间必须依赖路由器进行通信的问题。因此，三层交换机是连接子网的理想设备。

10.1.2　工作原理及使用场合

1．工作原理

三层交换技术就是二层交换技术加三层转发技术。传统的交换技术是在OSI参考模型的第二层，即数据链路层实现的，而三层交换技术是在OSI参考模型的第三层，即网络层实现的数据包的高速转发。使用三层交换技术既可以实现网络路由的功能，又可以根据不同的网络状况最大限度地提升网络的性能。

2．使用场合

从安全和方便管理的角度考虑，更主要的是为了减小广播风暴带来的危害，必须把大型局域网按功能或地域等因素划成一个个小的虚拟局域网，这就使VLAN技术在网络中得以大量应用，而各个不同的VLAN间的通信都要经过路由器来完成转发。随着网间互访的不断增加，单纯使用路由器来实现网间访问，不但端口数量有限，而且路由速度较慢，这样便限制了网络的规模和访问速度。三层交换机是为IP设计的，接口类型简单，拥有很强二层帧转发能力，它既可以工作在协议第三层，替代或部分完成传统路由器的功能，同时又具有近乎第二层交换的速度，而且价格相对便宜。

在企业网和校园网中，一般会将三层交换机用在网络主干网的核心层，用三层交换机上的千兆端口或万兆端口连接不同的子网或VLAN。不过应该注意的是，使用三层交换机最重要的目的是加快大型局域网内部的数据交换速度，所具备的路由功能也多是围绕这一目的而展开的。所以，它的路由功能没有同一档次的专业路由器强，毕竟其在安全、协议支持等方面还有许多欠缺，并不能完全取代路由器的工作。

在实际应用过程中，典型的做法是：处于同一个局域网中的各个子网的互联以及局域网中VLAN间的路由，一般用三层交换机来代替路由器；而企业网和校园网与Internet互联或与其他大型网络互联的时候，才使用专门的路由器。

10.1.3　三层交换机的特点

除了良好的性能之外，三层交换机还具有一些传统的二层交换机没有的特性，这些特性可以给网络的建设带来许多好处。

1．高可扩充性

三层交换机在连接多个子网时，子网只是与第三层交换模块建立逻辑连接，不像传统外接路由器那样需要增加端口，从而保护了用户对网络的已有投资，并满足企业网、校园网 3～5 年网络应用快速增长的需要。

2．高性价比

三层交换机具有连接大型网络的能力，基本上可以取代某些传统路由器，但是价格却接近二层交换机。现在一台百兆三层交换机的价格只有几万元，与高端的二层交换机的价格差不多。

3．内置安全机制

三层交换机可以与普通路由器一样，具有访问列表的功能，可以实现不同 VLAN 间的单向或双向通信。如果在访问列表中进行设置，可以限制用户访问特定的 IP 地址，这样企业就可以限制员工访问的站点，学校也可以禁止学生访问不健康的站点。

访问列表不仅可以用于禁止内部用户访问某些站点，也可以用于防止外部的非法用户访问网络内部的站点，从而提高网络的安全性能。

4．适合多媒体传输

现在的网络经常需要传输数据量巨大的多媒体信息，如视频点播、网络直播、网络视频会议等，会需要大量的带宽资源，而网络的带宽是有限的。另外，其他类型服务的广泛应用，也导致传输多媒体信息的带宽严重不足。三层交换机具有 QoS（服务质量）的控制功能，可以给不同的应用服务分配不同的带宽。

例如，在网络中传输视频流时，可以专门为视频传输预留一定量的专用带宽，相当于在网络中开辟了专用通道，其他的应用服务不能占用这些预留的带宽，因此能够保证视频流传输的稳定性。而普通的二层交换机就没有这种特性，因此在传输视频数据时，就可能会出现视频暂停、中断等现象。

另外，视频点播（VOD）也是校园网中经常使用的业务。但是由于有些视频点播系统使用广播来传输，而广播包是不能实现跨网段的，这样 VOD 就不能实现跨网段进行；如果采用单播形式实现 VOD，虽然可以实现跨网段，但是支持的同时连接数就非常少，一般几十个连接就占用了全部带宽。而三层交换机具有组播功能，VOD 的数据包以组播的形式发向各个子网，既实现了跨网段传输，又保证了 VOD 的性能。

5．计费功能

在许多企业网和校园网中都有计费的需求。三层交换机可以识别数据包中的 IP 地址信息，因此可以统计网络中各台计算机的数据流量，可以按流量计费；也可以统计各台计算机连接在网络上的时间，根据时间进行计费。而普通的二层交换机就难以同时做到这两点。

10.2　三层交换机的连接和配置

因为不同品牌、不同型号的三层交换机有一定的差别，因此下面使用的命令、参数可能与实际设备所提供的内容不完全相同，请查阅随机配送的参考手册。尽管存在一定的差别，但是连接和配置的基本过程还是一样的。

10.2.1　三层交换机的接口

三层交换机的外观与二层交换机类似，有多种接口，常使用的接口有以下两种：

1）以太网接口，一般为 RJ-45 接口，用于双绞线连接的以太网是使用最多的接口。一般包含 24 个接口，通常标记为“Ethernet 0/0”、“Ethernet 0/1”、……“Ethernet 0/23”。

2）配置接口，又称为 Console 接口或控制台接口。Console 接口使用专用配置线缆连接三层交换机和计算机。大多数三层交换机的 Console 接口为 RJ-45 接口。

10.2.2　连接到三层交换机

一般通过 Console 接口连接三层交换机，具体的过程与二层交换机和路由器的连接过程一样，这里不再赘述。

硬件连接与软件配置完成后，就会在“超级终端”窗口中显示带命令提示符的登录界面。因为大部分工作都在“全局配置模式”中完成，因此，输入“enable”命令进入特权用户模式（可能需要密码），然后输入“configure terminal”命令进入全局配置模式。

10.2.3　三层交换机的命令模式

三层交换机的配置命令可看做是“交换机命令 +路由器命令”，它的专用命令极少。因此，只需重点注意专用命令使用方法即可。

1．常用命令模式框架图

```
login   普通用户模式
     |
     enable   特权用户模式
          |
          configure terminal   全局配置模式
                    |
                    vlan        虚拟局域网配置模式
                    interface   接口配置模式
                    router      路由配置模式
```

输入“？”可查看当前模式可以使用的命令；在一条命令后面输入“？”能查看这条命令可以使用的子命令或参数；“exit”命令用于退回上一级模式；“end”命令用于直接返回特权用户模式。

2. VLAN 命令

1）显示 VLAN，命令如下：

show vlan

2）创建 VLAN，命令如下：

vlan 虚拟局域网编号

3）删除 VLAN，命令如下：

no vlan 虚拟局域网编号

3. VLAN 接口配置命令

思科的三层交换机默认未开启路由功能，需要手动开启。另外，交换机的 24 个以太网接口也默认为第二层的交换接口，不能配置 IP 地址（可切换为路由接口后再配置 IP）。

在创建 VLAN 时，三层交换机将为每一个 VLAN 创建一个交换虚拟接口（Switch Virtual Interface，SVI）。SVI 在使用上与真实的物理接口一致，是一个可配置 IP 地址的路由接口，SVI 所配置的 IP 作为此 VLAN 中所有计算机的网关地址。这样就可以通过第三层路由功能让各个 VLAN 之间互通。

1）开启三层交换机路由功能命令如下：

ip routing

2）VLAN 接口配置命令格式如下：

interface VLAN 接口

ip address IP 地址　子网掩码

例如：

interface vlan 10

ip address 10.0.0.1 255.0.0.0

10.3　三层交换网络实训

本章的实训任务是：某公司有技术部和销售部两个主要部门，处于不同的办公室。为了安全和便于管理，对两个部门的主机进行了 VLAN 的划分，使这两个部门属于不同的 VLAN。现由于业务的需求，需要销售部和技术部的主机能够通过 IP 层相互访问，要求利用三层交换机实现，具体如图 10-1 所示。

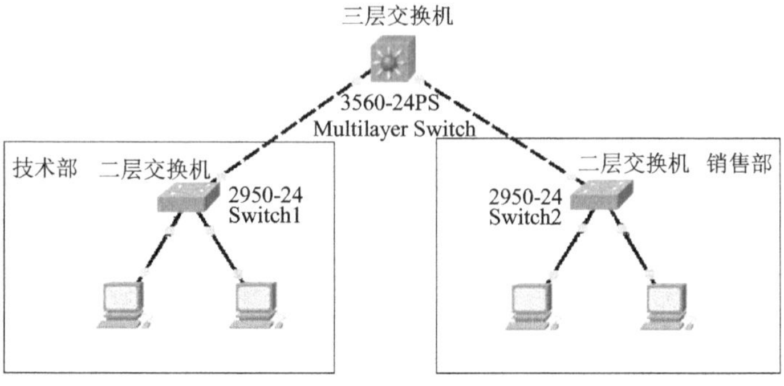

图 10-1　三层交换网络

10.3.1　准备工作

规划网络拓扑结构及 IP，如图 10-2 所示。

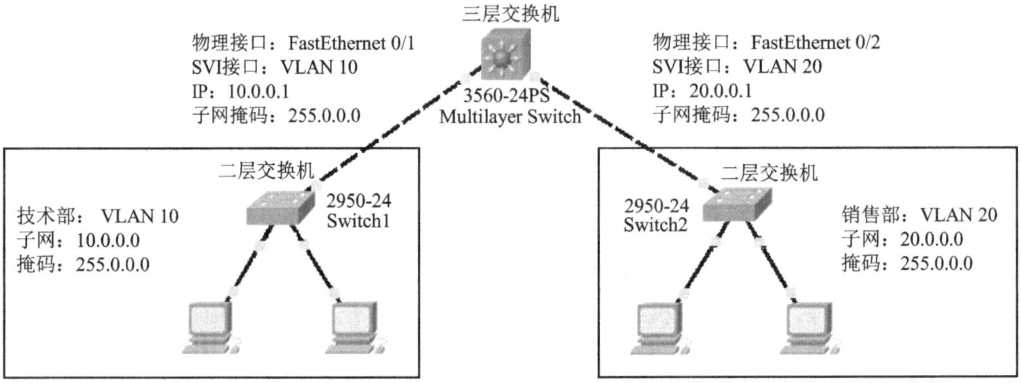

图 10-2　三层交换网络拓扑结构及 IP

两部门划分为两个虚拟局域网：

VLAN 10，子网：10.0.0.0；子网掩码：255.0.0.0；网关：10.0.0.1。

VLAN 20，子网：20.0.0.0；子网掩码：255.0.0.0；网关：20.0.0.1。

三层交换机的物理接口 FastEthernet 0/1 连接技术部的二层交换机，属于虚拟局域网 VLAN 10；FastEthernet 0/2 连接销售部的二层交换机，属于虚拟局域网 VLAN 20。虚拟局域网 VLAN 10 的 SVI 是 VLAN 10，IP 是 10.0.0.1；虚拟局域网 VLAN 20 的 SVI 接口是 VLAN 20，IP 是 20.0.0.1。

按照所属子网，分别配置好技术部和销售部计算机的 IP 地址。

10.3.2　操作步骤

主要的操作步骤都在三层交换机上完成。在“超级终端”窗口中，执行“enable”和“configure terminal”命令，进入全局配置模式。

1）创建 VLAN 10 和 VLAN 20，命令如下：

① vlan　10　　（建立编号为 10 的 VLAN，并进入 VLAN 配置模式）

② vlan　20　　（建立编号为 20 的 VLAN）

③ exit　　（退出 VLAN 模式，回到上一级模式）

执行“do show vlan”命令查看 VLAN 的配置，以确认新的 VLAN 添加成功，如图 10-3 所示。

2）将物理接口加入 VLAN，命令如下：

① interface FastEthernet0/1　　（进入接口配置模式，配置 FastEthernet 0/1）

② switchport mode access　　（设置接口为接入模式）

③ switchport access vlan 10　　（将接口加入 VLAN 10）

④ exit　　（退出接口配置模式，回到上一级模式）

⑤ interface FastEthernet0/2　　（同上）

⑥ switchport mode access

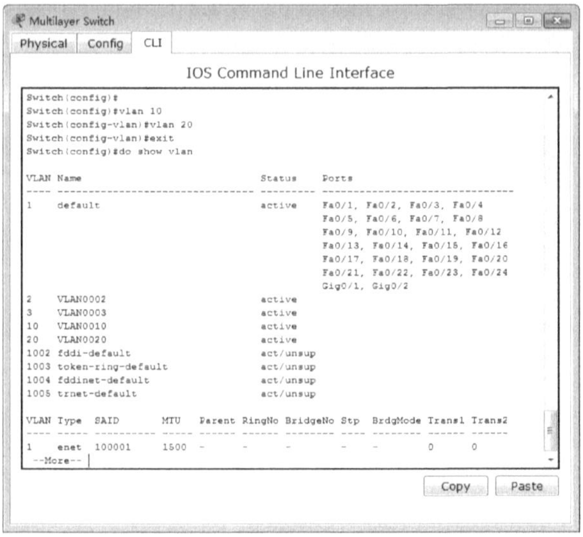

图 10-3　新的 VLAN 添加成功

⑦ switchport access vlan 20

⑧ exit

3）执行“do show vlan”命令查看 VLAN 的配置，以确认物理接口 FastEthernet 0/1 已加入 VLAN10，FastEthernet 0/2 已加入 VLAN20，如图 10-4 所示。

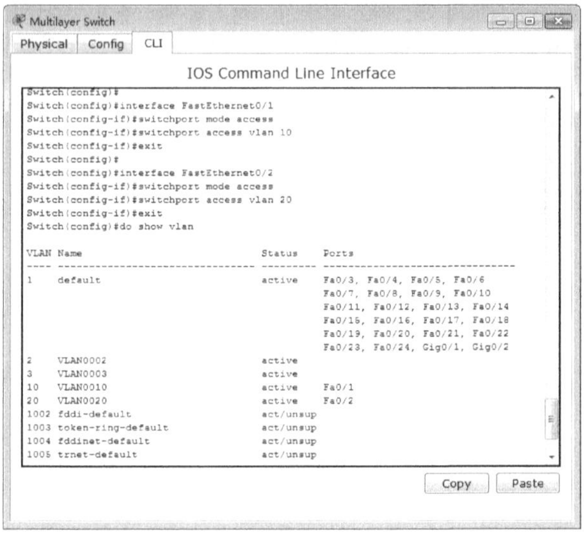

图 10-4　物理接口加入 VLAN

4）配置 SVI，命令如下：

① interface vlan10　　（进入接口配置模式，配置VLAN10接口）

② ip address 10.0.0.1 255.0.0.0　　（配置IP地址）

③ exit　　（退出接口配置模式，回到上一级模式）

④ interface vlan20　　（同上）

⑤ ip address 20.0.0.1 255.0.0.0

⑥ exit

5）执行“do show interface vlan10”（或“do show interface vlan20”）命令查看接口配置，确认 IP 配置正确，如图 10-5 所示。

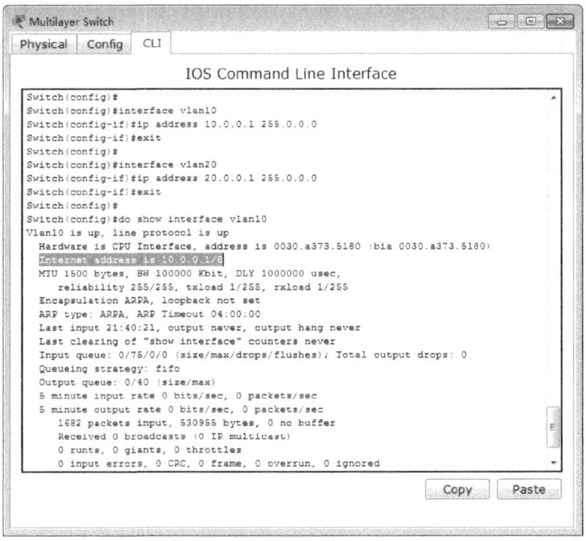

图 10-5　配置 SVI

6）开启三层交换机的路由功能，命令如下：

ip routing

在特权用户模式下，执行“show ip route”命令显示路由表，查看 VLAN 之间的路由信息，如图 10-6 所示。

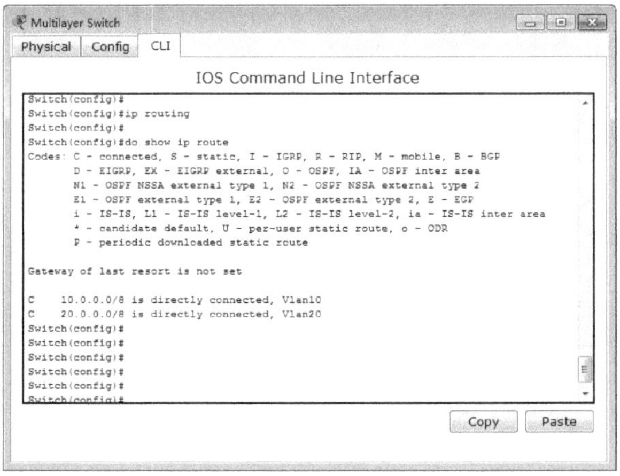

图 10-6　查看路由表

10.3.3　测试

上述操作完成后，任意选取 VLAN1 和 VLAN2 中的计算机，相互执行 ping 操作。如果能 ping 通，则表示配置成功。如果出现问题，则按上述步骤进行检查，修改错误后再重新进行测试。

本 章 小 结

本章主要学习了三层交换技术的基础知识，包括三层交换技术的工作原理及基本概念、三层交换技术的特点及使用场合、三层交换设备的基本命令、VLAN 划分方法及 VLAN 之间的路由方法。

习题及课后实训

1．填空题

（1）三层交换机工作在 OSI 七层模型的第________层和第________层。

（2）三层交换机的作用是____。

（3）三层交换机一般用于________（大中型、小型）网络。

（4）在三层交换机上启用路由功能的命令是____________。

2．简答题

简述三层交换机与二层交换机的联系和区别。

3．课后实训

在 10.3 节的内容之上，增加了通过路由器所连接的一个分公司的拓扑图，如图 10-7 所示。要求分公司子网与两个虚拟局域网在 IP 层上连通。

提示：需要把三层交换机连接路由器的那个以太网接口配置为路由接口（在接口配置模式下，使用“no switchport”命令），然后再配置 IP 地址。在三层交换机和路由器上运行相同的路由协议（RIP 或 OSPF 协议）。

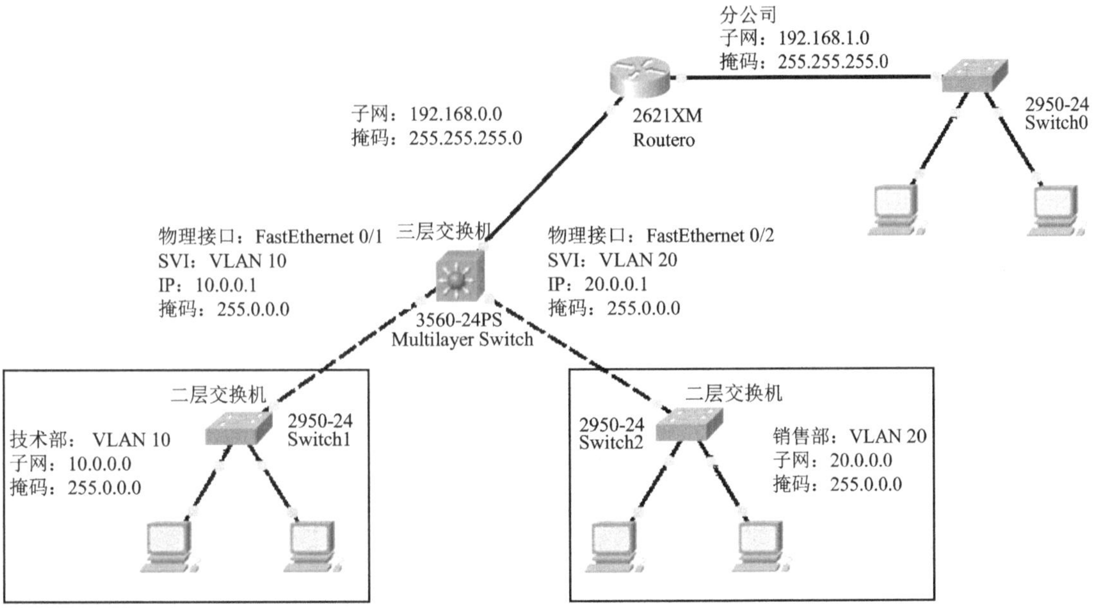

图 10-7　网络拓扑图

第 11 章 TCP 与 UDP

➢ **教学目标**

本章主要介绍传输层的基础知识。通过本章的学习，可以理解传输层的基本作用，掌握 TCP 的基本工作过程和特点，掌握 UDP 的基本工作过程和特点，理解端口的基本概念，掌握端口的基本使用方法。

➢ **教学要求**

知识要点	能力要求	相关知识
传输层	理解传输层的用途及基本概念	TCP/IP 协议栈
TCP	理解 TCP 的主要作用	TCP/IP 协议栈
UDP	掌握 UDP 的主要作用	TCP/IP 协议栈
端口应用	掌握常见端口的使用方法	TCP/IP 协议栈

➢ **教学要点**

重　点	传输层的作用、TCP 和 UDP、端口
难　点	TCP、端口

传输层是整个网络体系结构中的重要层次。本章主要学习 TCP/IP 体系结构中的两个协议 TCP 和 UDP。

11.1 传输层的作用

传输层的主要作用是保证数据传输的可靠性。在互联网中，不同的传输层协议为上层用户提供不同级别的通信可靠性。

11.1.1 点对点方式通信

IP 层采用点对点方式通信。互联网中 IP 数据报从源主机出发，中间经过若干个通信设备，最后到达目的主机。在这个信息的传递过程中，IP 数据报从一站转发到另一站，从一个节点传送给下一个节点，其主要的传输控制是在相邻两个节点之间进行的，称为点对点通信，如图 11-1 所示。

点对点通信并不能保证数据传输的可靠性，也不能说明源主机与目的主机之间是哪两个进程（简单地理解为正在运行的程序）在通信。

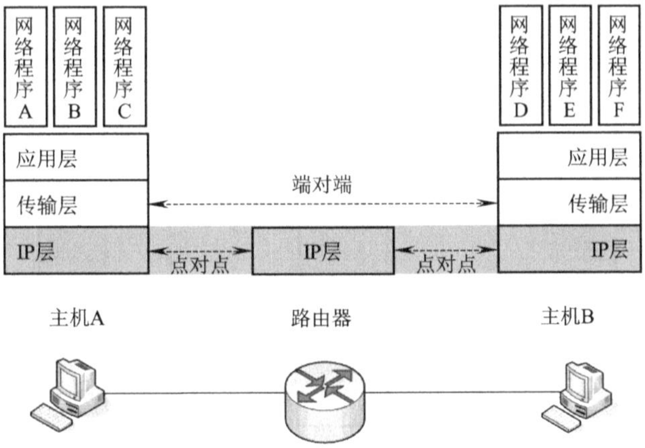

图 11-1　点对点通信与端到端通信

11.1.2　端到端方式通信

传输层采用端到端方式通信，如图 11-1 所示。如果说点对点方式通信是从“微观”角度来看待通信的话，那么端到端方式通信则是从“宏观”角度来看待通信。

端到端通信建立在点对点通信的基础上，它是由一段一段的点对点通信构成的，是比点对点通信更高一级的通信方式。

端到端方式通信，关心的是从“源”到“目的”之间的通信，期间往往包含多个点对点方式通信。注意，此处的“源”和“目的”不是指通信主机，而是指实际通信的实体，一般情况下就是主机中的“进程”（可简单理解为网络程序，如 QQ、IE 等）。

端到端是传输层才有的概念。在这个层次上，关心的不是通信细节（如点对点通信，IP 数据报从一个路由器转发到下一个路由器等），而是数据在“源”和“目的”之间的传输问题。例如，张三使用 QQ 与李四聊天，仿佛张三“直接”把信息传送给了李四，而不考虑信息在网络底层是如何传递的。

一个传输层通信连接，就是一个“端到端”的连接，仿佛在两个通信的进程之间有一条“直接”的传输线路。

从这里可以看出，IP 层和传输层有明显的区别。IP 层是为主机之间提供逻辑通信，而传输层则为通信进程之间提供端到端的逻辑通信。实际上，传输层还具有 IP 层无法代替的许多其他重要功能。

传输层实际向用户屏蔽了下层网络实现的细节（如网络拓扑、所采用的路由选择协议等），它使网络程序看起来就好像在两个传输层实体之间有一条端到端的逻辑通信信道，但这条逻辑通信信道对上层的表现却因传输层使用的协议不同而有很大的差别。当传输层采用面向连接的 TCP 时，尽管下面的网络是不可靠的（只提供尽最大努力服务），但这种逻辑通信信道就相当于一条全双工的可靠信道；但当传输层采用无连接的 UDP 时，这种逻辑通信信道仍然是一条不可靠信道。

11.1.3　传输层协议

TCP/IP 体系结构中的传输层有以下两个协议（如图 11-2 所示）：

1）传输控制协议（Transmission Control Protocol，TCP）。

2）用户数据报协议（User Datagram Protocol，UDP）。

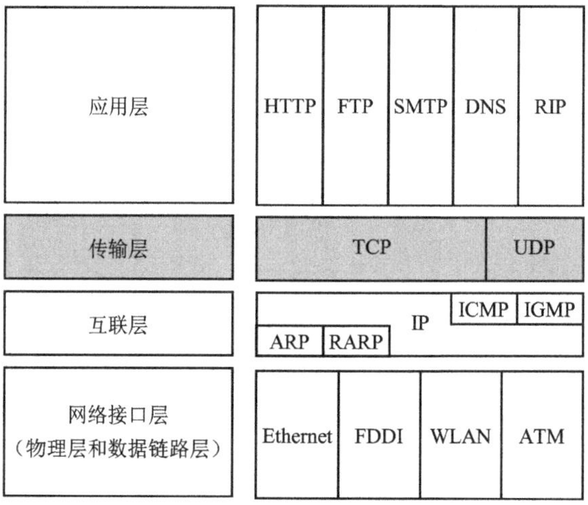

图 11-2　TCP/IP 体系结构中的传输层协议

应用层是建立在传输层基础之上的，应用层协议是基于 TCP 或 UDP 的。常见的应用层协议与 TCP 和 UDP 的对应关系见表 11-1。

表 11-1　基于 TCP 或 UDP 的应用层协议

应用服务	应用层协议	传输层协议
WWW	HTTP	TCP
E-mail	SMTP	TCP
文件传输	FTP	TCP
域名服务	DNS	UDP
路由选择	RIP	UDP
IP 电话	专用协议	UDP

11.2　传输层的端口

在互联网中，IP 地址只能定位到主机（或其他 IP 通信设备）。但是，通信实质上是在源主机的进程（源端）和目的主机的进程（目的端）之间发生的，而一台主机上往往有多个进程需要通信，但采用 IP 地址只能识别主机，不能进一步区分同一主机上的多个进程。

解决这个问题的方法是在传输层使用协议端口号（Protocol Port Number），简称为端口（Port）。端口号实质上就是通信进程的一个编号。这样，有了 IP 地址和端口号以后，就能在因特网中唯一定位一台主机及这台主机上的一个通信进程。端口号和 IP 地址一样都是一种地址，其区别在于 IP 地址是主机的地址，而端口是主机里进程的地址。

注意，这里的协议端口是软件端口，与路由器或交换机上的硬件端口是完全不同的概念。

硬件端口是硬件设备之间用于连接的物理接口，而软件端口是一种地址。

TCP/IP 的传输层用一个 16 位的二进制数来表示一个端口的编号，实际上就是主机的通信进程的编号。理论上，这个编号可由各个主机自己决定，不同主机可以使用相同的端口号而不会混淆（因为主机 IP 是不同的）。16 位的端口号允许有 2^{16}=65536 个不同的端口号，这个数目对于一个主机来说是足够用的。

由此可见，两个计算机中的进程要互相通信，不仅必须知道对方的 IP 地址（为了找到对方的主机），而且还要知道对方的端口号（为了找到对方主机中的通信进程）。Internet 上的计算机通信是采用客户/服务器的方式，一般由客户首先发起通信，因此，必须先知道服务器方的 IP 地址和端口号。为了解决这些问题，必须对端口号做一些约定。端口号分为以下两大类：

（1）服务器端使用的端口号

一类称为著名端口号，也称为系统端口号，数值为 0～1023。Internet 号码分配机构把这些端口号分配给了 TCP/IP 中最重要的一些服务程序，并让所有的用户都知道。

另一类称为登记端口号，数值为 1024～49151。这类端口号是为新开发的服务程序使用的。使用这类端口号必须在 Internet 号码分配机构进行登记，以防止重复。

实际上，这些端口号就像电话号码中的 119、120 等，为公众提供服务，必须固定下来。

（2）客户端使用的端口号

数值为 49152～65535。这类端口号是客户主机为通信进程随机分配的，又叫做动态端口号。当客户通信进程向服务器发送信息时，会把自己的 IP 地址和端口号一起发送，因此服务器不需要预先知道客户进程的端口号，也可以与客户正常通信。通信结束后，进程关闭，此进程的端口号由操作系统回收，可以供其他新启动的通信进程使用。

注意：TCP 与 UDP 的端口号是独立的，没有任何关联。基于 TCP 的程序使用的自然就是 TCP 端口号（0～65535）；基于 UDP 的程序使用的自然就是 UDP 端口号（0～65535）。在同一台主机上，即使 TCP 的端口号和 UDP 的端口号相同，也不会混淆（因为使用的是不同的协议）。

IP 地址和端口号结合在一起，中间用“:”分隔开，称为套接字（Socket），如 192.168.1.10:80。

访问服务器时，一般情况下必须指明 IP 地址和端口号，如访问 WWW 服务 http://192.168.1.100:80。但实际上写成“http://192.168.1.100”的形式也可以访问。尽管没有指明端口号，但是 HTTP 的应用层协议默认使用 TCP 的 80 端口号，因此浏览器会自动补上端口号，但仅限于默认端口号未被修改的情况。

11.3　TCP

TCP 能为应用程序提供可靠的通信连接，使一台主机发出的数据无差错地传送到网络上的其他主机。TCP 一般用于对可靠性要求较高的数据通信。

11.3.1　TCP 概述

TCP 的主要特点如下：

1）面向连接。应用程序在使用 TCP 传输数据前，必须先建立 TCP 连接。在传送数据完毕后，必须释放已经建立的 TCP 连接。应用进程之间的通信仿佛像在“打电话”：先拨号（建立连接），再通话（传输数据），最后挂机（释放连接）。在建立连接的过程中，TCP 能保证新建连接不会与其他连接或过时的连接混淆；在连接关闭时，TCP 能确保关闭之前所传递的数据都可靠地到达目的地。

2）提供可靠交付。TCP 确保通过一个连接发送的数据能正确地到达目的地，不会发生数据的错误、丢失或乱序。

3）提供全双工通信。一个 TCP 连接允许任何一方的进程同时接受和发送数据，数据在通信通道上双向流动。

4）面向字节流。TCP 提供了一个流接口，TCP 连接仿佛就是一个“管道”，每次传送一个字节。程序的数据被一个字节一个字节地传送到另一端，形成了所谓的“字节流”。

11.3.2　TCP 报文

TCP 传输数据时，是一个字节一个字节传送的，但数据是有格式的，这就是 TCP 报文，如图 11-3 所示。

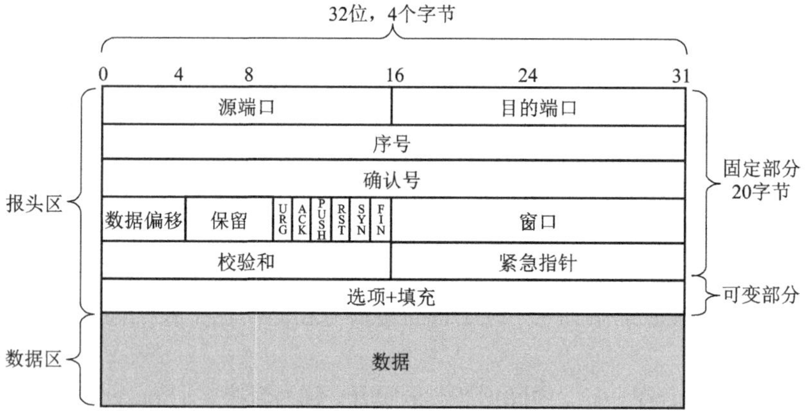

图 11-3　TCP 报文的格式

TCP 报文分为报头区和数据区两大部分，其中 TCP 报头区又分为固定部分和可变部分。固定部分的长度为 20 字节，是所有 TCP 报文必须具有的。在报头区的可变部分是一些可选字段，其长度是可变的。下面分别介绍报头区各字段的功能。

1）源端口和目的端口：源端口和目的端口各占 2 个字节，分别填源端口号和目的端口号，是传输层为应用层提供的服务接口。

2）序号：占 4 个字节。TCP 连接传送的数据流中的每一个字节都被编上一个序号。首部中序号字段的值指的是本报文所发送的数据的第一个字节的序号。

3）确认号：占 4 个字节。确认号是期望收到对方下一个报文的数据的第一个字节的序号。

4）数据偏移：占 4 位。它指出 TCP 报文的数据的起始处距离 TCP 报文的起始处有多远，实际上就是 TCP 报文头部的长度。

5）保留：占 6 位，保留为以后使用。

6）URG（紧急）：占 1 位。当 URG=1 时，表明紧急指针有效，它告诉系统报文中有紧急的数据，应尽快传送（高优先级），与紧急指针配合使用。

7）ACK（确认）：占 1 位。当 ACK=1 时，确认号字段有效；ACK=0 时，确认号字段无效。

8）PUSH（推送）：占 1 位。接收方接收到 PUSH=1 的报文时会尽快地将其交付给接收应用进程，而不再等到整个接收缓存都填满后再交付。

9）RST（复位）：占 1 位。当 RST=1 时，表明 TCP 连接中出现严重差错，必须释放连接。复位比特还用来拒绝一个非法的报文或拒绝打开一个连接。

10）SYN（同步）：占 1 位。在连接建立时用来同步序号。当 SYN=1 而 ACK=0 时，表明这是一个连接请求报文。对方若同意则建立连接，应在响应的报文中使 SYN=1 和 ACK=1。因此，SYN=1 就表示这是一个连接请求或连接接收报文。

11）FIN（终止）：占 1 位。当 FIN=1 时，表明此报文的发送端的数据已发送完毕，并要求释放运输连接。

12）窗口：占 2 个字节。用来控制对方发送的数据量，单位是字节，指明对方发送窗口的上限。

13）校验和：占 2 个字节。校验的范围包括报头和数据两个部分，计算校验和时需要在报文前加上 12 字节的伪首部。

14）紧急指针：占 2 个字节。指出本报文中紧急数据的字节数，只有当 URG=1 时才有效。

15）选项：长度可变，最长 40 字节。根据需要可使用最大报文长度、窗口扩大、时间戳、选择确认等选项。

11.3.3　TCP 可靠性的实现

由于 TCP 建立在 IP 层提供的面向非连接、不可靠的数据报传送服务基础之上，因此必须在 TCP 中设计相应的服务才能实现可靠传输。TCP 的可靠性问题主要包括连接问题和数据丢失问题。

1．连接的可靠建立与关闭

为了保证连接建立和关闭的可靠性，TCP 使用了“3 次握手法”来解决这个问题。“3 次握手法”是指在连接建立和关闭的过程中，通信的双方需要交换 3 个报文，通过这 3 个报文的反复确认，无论在发生什么问题的情况下，都可以保证连接的正常建立和正常关闭。

3 次握手实际上就是 3 次对话，通过一个简单的场景来理解这个过程：主机 A 向主机 B 发出连接请求数据包“我想给你发数据，可以吗？”，这是第一次对话；主机 B 向主机 A 发送同意连接和要求同步（同步就是两台主机一个在发送，一个在接收，协调工作）的数据包“可以，你什么时候发？”，这是第二次对话；主机 A 再发出一个数据包确认主机 B 的要求同步“我现在就发，你接着吧！”，这是第三次对话。3 次“对话”的目的是使数据包的发送和接收同步，经过 3 次“对话”之后，主机 A 才向主机 B 正式发送数据。

当请求创建一个新连接时，3 次握手法要求每一端产生一个随机的 32 位初始序列号，放在握手报文中发给对方，并在下一次握手报文中进行确认。由于每次请求新连接使用的初始序列号不同，因此 TCP 可以将过时的、错误的连接区分开来，保证连接的可靠建立。

在 TCP 中，连接的请求是由客户端主动发起的，而关闭连接的请求则是客户端和服务器端中的任何一方都可以发起的。为了保证在关闭连接之前所有的数据都能可靠地到达目的地，TCP 仍然使用“3 次握手法”，即一方发出关闭连接请求后并不立即关闭连接，而要等待对方确认，只有收到对方的确认信息后，才能关闭连接，如图 11-4 和图 11-5 所示。

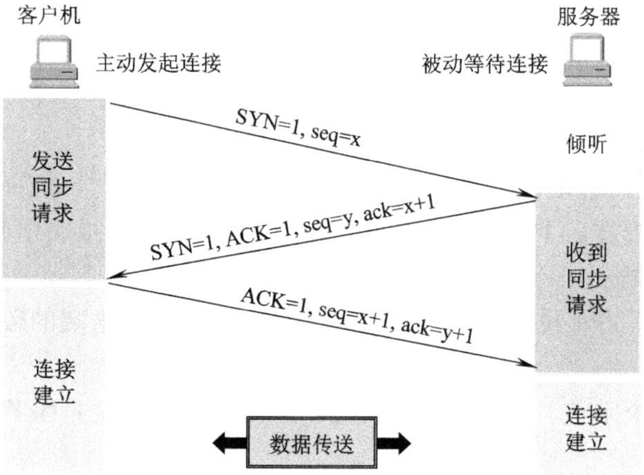

图 11-4　使用“三次握手法”建立 TCP 连接

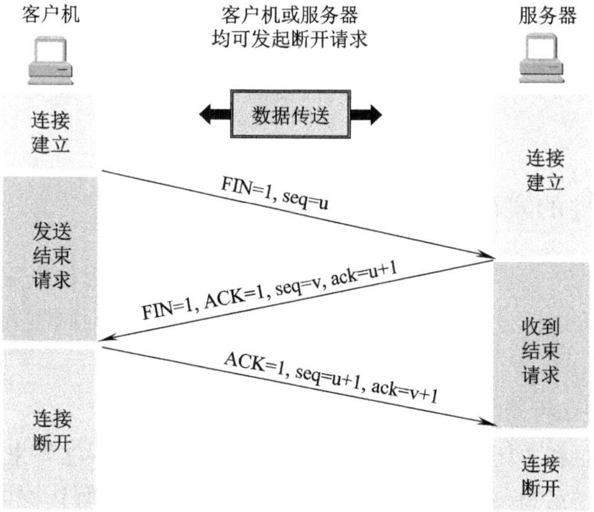

图 11-5　使用“三次握手法”断开 TCP 连接

2．数据丢失与重发

由于 TCP 建立在一个不可靠的 IP 虚拟通信系统上，因此，数据的丢失可能经常发生。通常，发送方利用重发技术解决数据包的丢失问题，而这种技术需要通信双方的共同参与。

在使用重发机制的过程中，如果接收方的 TCP 正确地收到一个数据包，它要回发一个确认信息给发送方。而发送方在发送数据时，TCP 会启动一个定时器，在定时器到时之前，如果没有收到一个确认信息，则发送方重发该数据。

11.3.4　流量控制

TCP 使用窗口机制进行流量控制。当一个连接建立时，连接的每一端分配一个缓冲区来暂时存储接收到的数据，并将缓冲区的尺寸发送给另一端。当数据到达时，接收方将发送确认信息，其中包含了自己剩余的缓冲区尺寸。剩余的缓冲区空间的尺寸称为窗口，接收方在发送的每一确认信息中都含有一个窗口通告。

如果接收方应用程序读取数据的速度与数据到达的速度一样快，那么接收方将在每次的确认信息中发送一个非零的窗口通告。但是，如果发送方操作的速度快于接收方，那么接收到的数据最终将充满接收方的缓冲区，导致接收方通告有一个零窗口。发送方收到一个零窗口通告时，必须停止发送，直到接收方重新通告一个非零窗口。

窗口和窗口通告可以有效地控制 TCP 的数据传输流量，使发送方发送的数据永远不会溢出接收方的缓冲空间，从而保证在发送方的速率和接收方的速率不一致的情况下，也能正常传输数据。

11.3.5　TCP 连接与端口

在应用程序利用 TCP 传输数据之前，首先需要建立一条到达目的主机的 TCP 连接。TCP 将一个 TCP 连接两端的端点叫做 TCP 端口，如图 11-6 所示。实际上，网络程序利用 TCP 进行数据传输的过程就是数据从一台主机的 TCP 端口流出，经 TCP 连接从另一主机的 TCP 端口流入的过程。

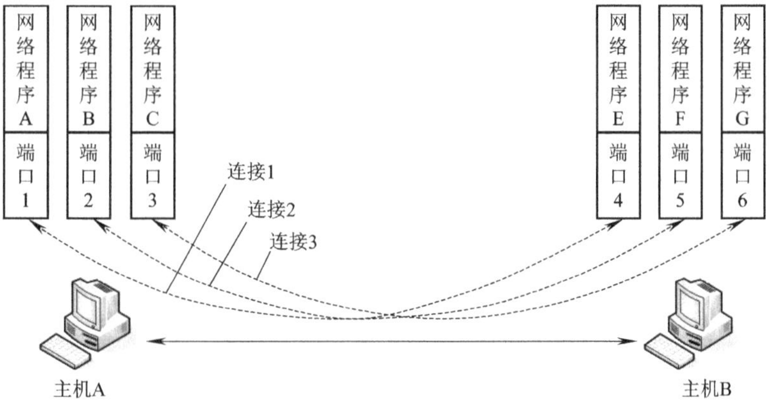

图 11-6　端口连接示意图

TCP 可以利用端口提供多路复用功能。一台主机可以通过不同的端口建立多个到其他主机的连接，应用程序可以同时使用一个或多个 TCP 连接发送或接收数据。

表 11-2 给出了一些 TCP 著名端口号。由于这些 TCP 端口已被使用，因此，在编写其他应用程序时应避免使用。

表 11-2　TCP 著名端口号

应用服务	应用层协议	TCP 端口号
WWW	HTTP	80
文件传输	FTP	21（20）
邮件传输	SMTP	25
邮局协议	POP3	110
远程登录	Telnet	23

11.4　UDP

11.4.1　UDP 概述

从用户的角度看，用户数据报协议（UDP）提供了面向非连接的、不可靠的传输服务，这与 TCP 发送数据前需要建立连接有很大的区别。UDP 既不使用确认信息对数据的到达进行确认，也不对收到的数据进行排序。因此，利用 UDP 传送的数据有可能会出现丢失、重复或乱序现象。使用 UDP 的应用程序必须要靠自己解决可靠性方面的问题，不过需要使用 UDP 的应用程序一般不会出现过多要求可靠性的问题。

UDP 的最大优点是运行的高效性和实现的简单性。尽管可靠性不如 TCP，但很多著名的服务程序还是采用了 UDP。UDP 在传送数据之前不需要先建立连接，远程主机的传输层在收到 UDP 报文后，也不需要给出任何确认。虽然 UDP 不直接提供可靠传输，但在某些情况下，UDP 却是一种最有效的工作方式，如网络视频直播。

TCP 提供可靠传输，但系统资源消耗较大，属于“重量级”协议；UDP 提供不可靠传输，但系统资源消耗较少，属于“轻量级”协议。如果把 TCP 的传输过程比喻成打电话的话，那么 UDP 的传输过程就像是发短信，不用预先建立连接，也不需要断开连接，而是直接发送信息，但无法直接确认信息是否到达目的地。TCP 和 UDP 各有所长，适用于不同要求的通信环境。

11.4.2　UDP 的特点

UDP 只在 IP 的数据报服务之上增加了很少一点的功能，其主要特点如下：

1）UDP 是无连接的。即发送数据之前不需要建立连接，发送数据结束时也不需要释放连接，因此减少了开销和发送数据之前的时延。

2）UDP 不保证可靠交付。UDP 对接收到的数据报不发送确认信号，发送端不知道数据是否被正确接收，也不会重发数据。UDP 虽然不保证可靠交付，但是还是会尽最大努力交付。因为不保证可靠交付，所以主机不需要维持复杂的连接状态（许多参数）。

3）UDP 不对收到的数据进行排序。在 UDP 报文的首部中并没有关于数据顺序的信息（如 TCP 所采用的序号），而且报文不一定按顺序到达，所以接收端无从排起。

4）UDP 没有拥塞控制。网络出现拥塞的时候，源主机的发送速率不会受到影响。很多的实时应用（如 IP 电话、实时视频会议等）要求源主机以恒定的速率发送数据，允许在网络发生拥塞时丢失少量数据，但却不允许数据有太大的时延。UDP 正好适合这种要求。

5）UDP 传送数据较 TCP 快，系统开销也少。

与 TCP 一样，UDP 的端口也使用 16 位二进制数表示。TCP 和 UDP 各自拥有自己的端口号，即使 TCP 和 UDP 的端口号相同，主机也不会混淆它们。UDP 的有些端口也被指派给一些著名的应用程序，称为 UDP 著名端口。表 11-3 给出了一些 UDP 著名端口号。

表 11-3　UDP 著名端口号

应用服务	应用层协议	UDP 端口号
域名服务	DNS	53
引导协议服务器	BOOTPS	67
引导协议客户端	BOOTPC	68
简单文件传输	TFTP	69
简单网络管理协议	SNMP	161

11.4.3　UDP 报文

UDP 报文分为报头区和数据区两部分。报头区只有 8 个字节，由 4 个字段组成，每个字段都占 2 个字节，如图 11-7 所示。

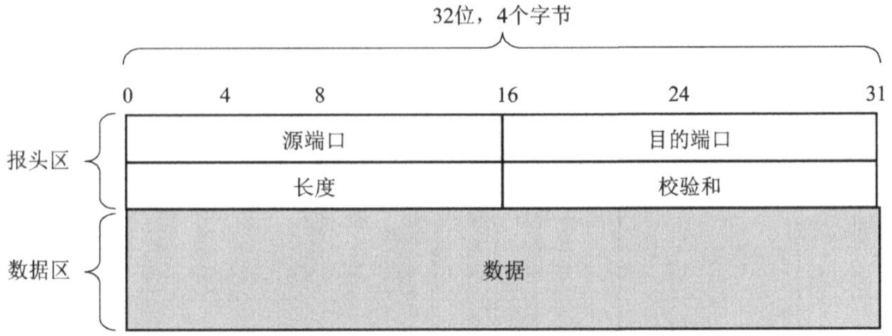

图 11-7　UDP 报文的格式

1）源端口：源端口号，需要对方回信时使用，不需要则填 0。
2）目的端口：目的端口号。
3）长度：UDP 整个报文的长度，最小值是 8（即只有报头）。
4）校验和：检测 UDP 报文在传输的过程中是否有差错，有错就丢弃。

11.5　端口访问实训

本章的实训任务是：通过一个具体的实例理解端口的作用，以及端口与网络进程的关系。

11.5.1　准备工作

1）在 Windows Server 2003 系统中，将本机的 IP 地址设置为 192.168.1.100。

2）如果没有安装 WWW 服务，则单击“开始”→“控制面板”→“添加/删除程序”→“添加/删除 Windows 组件”→“应用程序服务器”命令，选中“Internet 信息服务器（IIS）”

项，然后按“确定”按钮开始安装。安装期间可能需要插入 Windows Server 2003 安装盘。安装完毕后，单击“开始”→“控制面板”→“管理工具”命令，双击“Internet 信息服务（IIS）管理器”图标，查看 WWW 服务的设置。在“Internet 信息服务（IIS）管理器”窗口中单击“网站”→“默认网站”→“属性”命令，设置“网站”选项卡中的“TCP 端口”为 80。

3）使用“记事本”创建一个网页文件，内容如下：

```
<html>
    <body>
        测试页面
    </body>
</html>
```

保存到“C:\Inetpub\wwwroot”目录下，文件名为 default.htm。

11.5.2 默认端口测试

1）打开 IE 浏览器，输入地址 http://192.168.1.100，结果如图 11-8 所示，表明可以正常访问 WWW 服务。

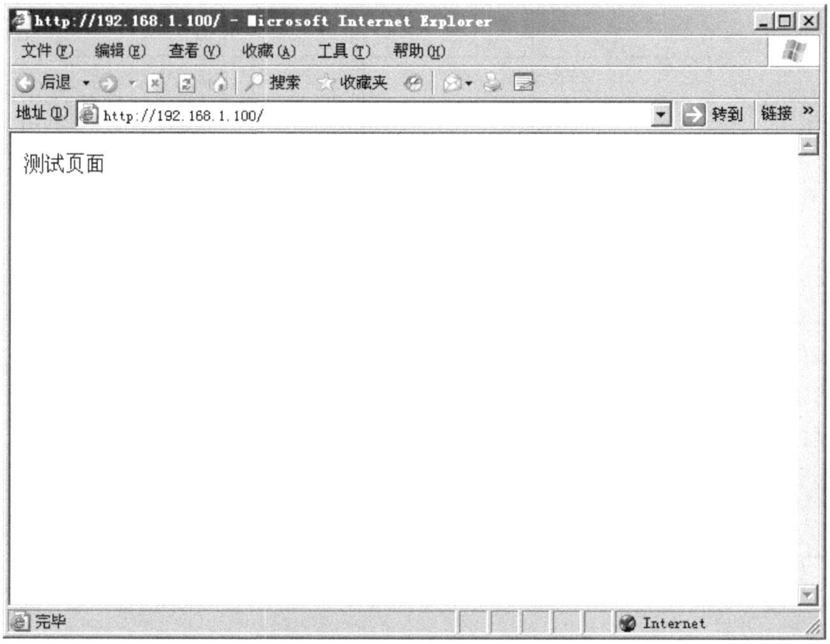

图 11-8 访问 WWW 服务

2）重新打开 IE 浏览器，输入地址 http://192.168.1.100:80，结果如图 11-9 所示，表明也可以正常访问 WWW 服务。

以上测试表明“http://192.168.1.100”与“http://192.168.1.100:80”在 IE 浏览器中是等价的，也说明 WWW 服务的端口地址是 TCP 的 80 号端口。

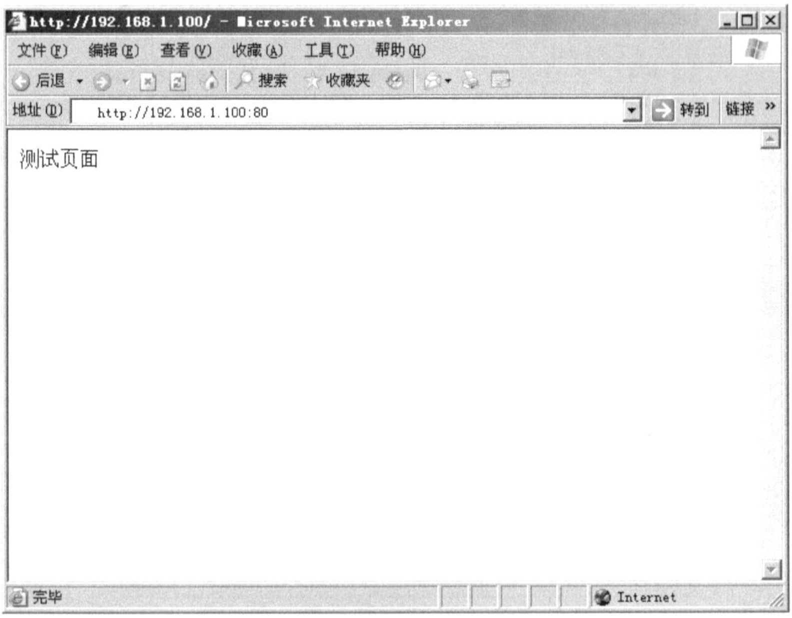

图 11-9　访问 WWW 服务（80 端口）

11.5.3　更改端口测试

1）在“Internet 信息服务（IIS）管理器”中，单击“网站”→“默认网站”→“属性”命令，在“网站”选项卡的“TCP 端口”中，将 80 改为 81，然后单击“确定”按钮，如图 11-10 和图 11-11 所示。

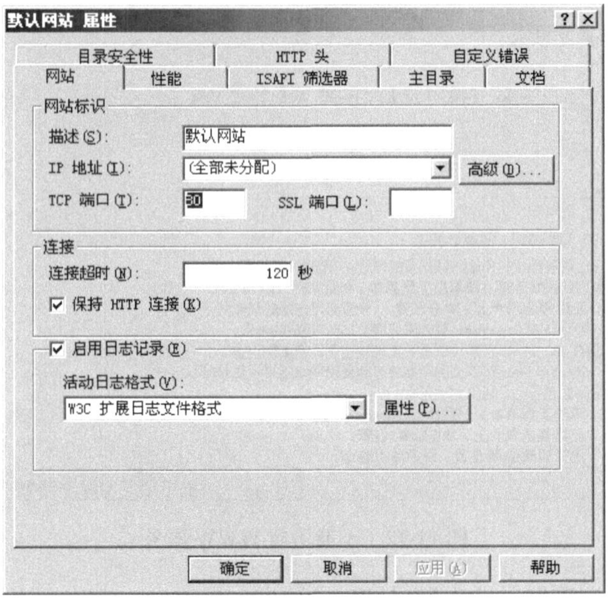

图 11-10　TCP 端口默认是 80

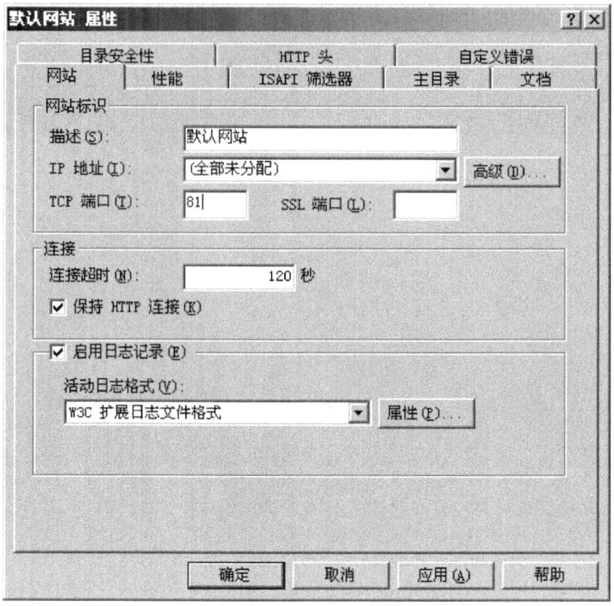

图 11-11　将 TCP 端口值改为 81

2）重新打开 IE 浏览器，输入地址“http://192.168.1.100”，结果如图 11-12 所示，表明不能访问 WWW 服务。

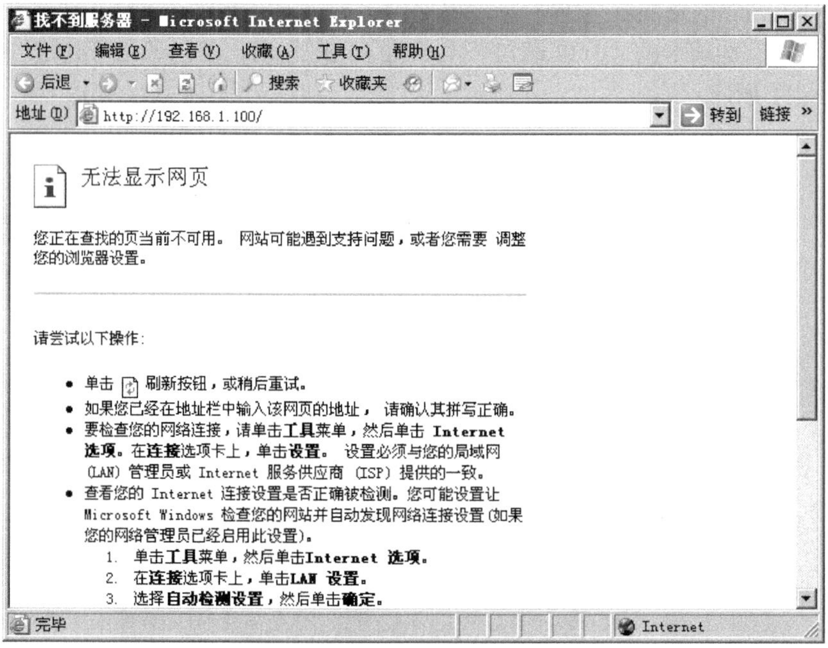

图 11-12　不能访问 WWW 服务

3）重新打开 IE 浏览器，输入地址“http://192.168.1.100:80”，结果如图 11-13 所示，表明也不能访问 WWW 服务。

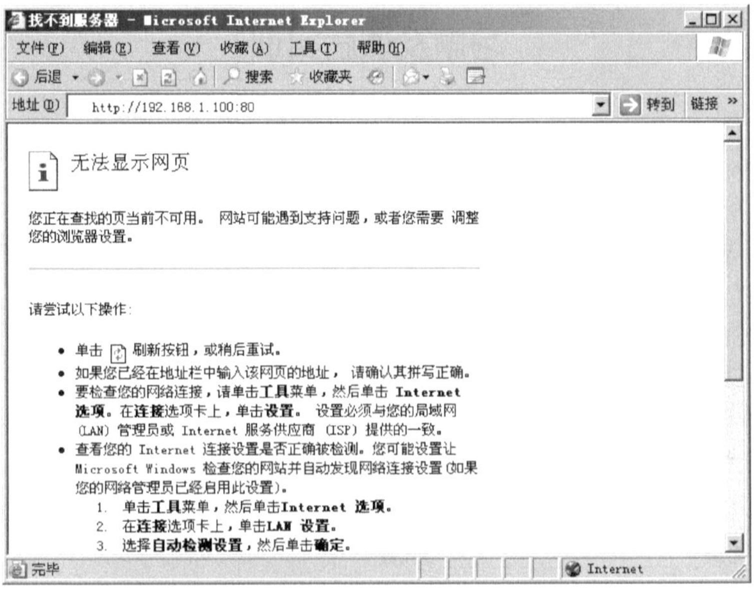

图 11-13　不能访问 WWW 服务（80 端口）

4）重新打开 IE 浏览器，输入地址“http://192.168.1.100:81”，结果如图 11-14 所示，表明可以正常访问 WWW 服务。

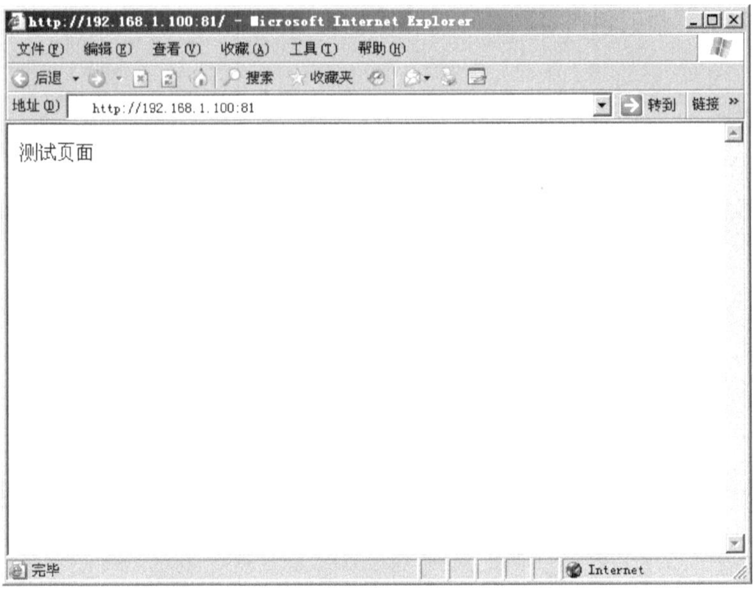

图 11-14　正常访问 WWW 服务（81 端口）

本 章 小 结

本章主要学习了传输层的基础知识，包括传输层的基本作用、TCP 的基本工作过程和特点、UDP 的基本工作过程和特点、端口的基本概念及常用端口。最后进行了端口访问的实训。

习题及课后实训

1．选择题

（1）为了保证连接的可靠建立，TCP 通常采用______。

A. 3次握手法　　B. 窗口控制机制

C. 自动重发机制　　D. 端口机制

（2）下列说法错误的是______。

A. TCP 和 UDP 的端口是相互独立的

B. TCP 和 UDP 的端口是完全相同的

C. 在利用 TCP 发送数据前，需要与对方建立连接

D. 在利用 UDP 发送数据时，不需要与对方建立连接

2．填空题

（1）TCP 提供____________________服务。

（2）UDP 提供____________________服务。

3．课后实训

（1）根据 11.5 节的实训内容，使用 Windows Server 2003 系统的“网络监视工具”，抓取 TCP 数据报并验证 TCP 数据报内容。

（2）仿照 11.5 节的实训内容，自行设计实验（如 TFTP），抓取 UDP 数据报并验证 UDP 数据报内容。

第 12 章　应用层协议与应用服务

➢ 教学目标

本章主要介绍应用层协议及其相关的应用服务知识。通过本章的学习，可以理解 DNS 协议的基本工作过程，掌握 DNS 服务的基本配置方法，理解 DHCP 的基本工作过程，掌握 DHCP 服务的基本配置方法，理解 HTTP 的基本工作过程，掌握 WWW 服务的基本配置方法。

➢ 教学要求

知识要点	能力要求	相关知识
DNS	掌握 DNS 服务的基本配置方法	DNS 协议
DHCP	掌握 DHCP 服务的基本配置方法	DHCP
WWW	掌握 WWW 服务的基本配置方法	HTTP

➢ 教学要点

重　点	DNS 协议、DHCP
难　点	DNS 协议

应用层位于 TCP/IP 模型的最高层，是网络向最终用户提供应用服务的协议层，其目的是支持用户联网的应用需求。由于用户的需求有很多种，因此应用层也包含支持不同应用的多种应用协议，提供多种应用服务，如域名解析服务（DNS）、动态主机配置协议（DHCP）、超文本传输协议（HTTP）、文件传输协议（FTP）、简单邮件传输协议（SMTP）等。

12.1　DNS 服务

12.1.1　为何需要 DNS

DNS 是域名系统（Domain Name System）的缩写。Internet 只能直接识别 IP 地址，而 DNS 用于将域名和 IP 地址相互转换。例如，用户想访问中央电视台的网站 www.cctv.com，DNS 即将“www.cctv.com”转换成 IP 地址“210.77.132.1”。这样，浏览器就可以向该 IP 地址所在的服务器发送请求了。

可以看出，域名和 IP 地址并不是一回事。域名是为了方便上网用户记忆而专门建立的一套地址转换系统，要访问一台互联网上的服务器，最终还必须通过 IP 地址来实现，而域名解析就是将域名重新转换为 IP 地址的过程。一个域名只能对应一个 IP 地址，而多个域名可以同时被解析到一个 IP 地址。域名解析需要由专门的域名解析服务器来完成，这种服务器称为 DNS 服务器。

12.1.2　域名

域名（Domain Name）是 Internet 上的一个服务器或一个网络系统的名字，其形式是以若干个英文字母、数字、连字符“-”组成，由“.”分隔成几部分，如 cctv.com。

域名系统的结构是层次化的，域下面按领域又分为子域，子域下面又有子域。在表示域名时，按照“.”分开的部分从左到右分别称为顶级域名、二级域名、三级域名……。顶级域名按照用途可分为不同的类型，如.com（用于商业公司）、.net（用于网络服务）、.org（用于组织、协会等）、.gov（用于政府部门）、.edu（用于教育机构）等；按照域名申请机构所在国家的代码，又可分为.cn（中国）、.fr（法国）、.au（澳大利亚）等。

顶级域名左边的部分就是二级域名，一般是注册机构选择的名字，如 cctv.com 中的 cctv 即是二级域名。

用户可以注册的顶级域名也称为国际域名，而以.cn 结尾的域名又称为国内域名，它比国际域名低一个层次。两者在使用上没有本质区别，都是互联网上具有唯一性的企业标识。只是在最终管理机构上，国际域名由互联网名称与数字地址分配机构（Internet Corporation for Assigned Names and Numbers，ICANN）负责管理，由其所授权的域名注册商负责注册；国内域名由中国互联网信息中心（China Internet Network Information Center，CNNIC）负责注册和管理，维护中文域名注册数据库，以确保互联网的稳定运作。

12.1.3　域名解析过程

域名解析过程实际上就是查询域名所对应的 IP 地址的过程。当应用程序需要将一个主机域名映射为 IP 地址时，就调用域名解析函数，解析函数将待转换的域名放在 DNS 请求中，以 UDP 报文方式发给本地域名服务器。本地的域名服务器查到域名后，将对应的 IP 地址放在应答报文中返回。

主机向本地域名服务器的查询一般都是采用递归查询。如果主机所询问的本地域名服务器不知道被查询域名的 IP 地址，那么本地域名服务器就以 DNS 客户的身份，向其他根域名服务器继续发出查询请求报文。

本地域名服务器向根域名服务器的查询通常是采用迭代查询。当根域名服务器收到本地域名服务器的迭代查询请求报文时，要么给出所要查询的 IP 地址，要么告诉本地域名服务器下一步应当向哪一个域名服务器进行查询，然后让本地域名服务器进行后续的查询。具体的迭代域名解析过程如图 12-1 所示。

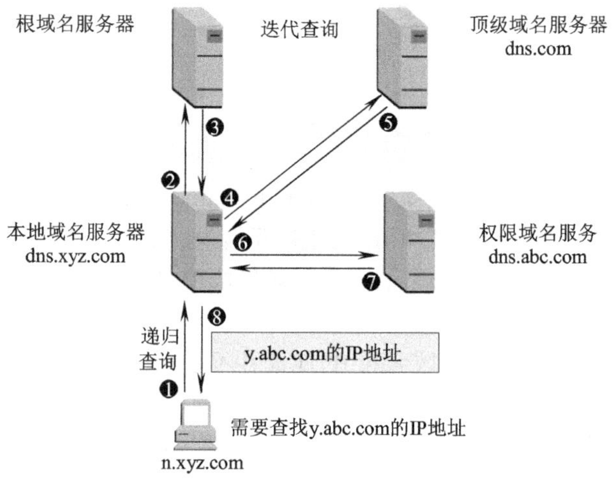

图 12-1　域名解析过程

12.1.4 DNS 服务器的安装与配置

1. 安装 DNS 服务组件

默认情况下，Windows Server 2003 系统没有安装 DNS 服务组件，用户需要手动添加。

1）单击“开始”→“控制面板”→“添加或删除程序”→“添加/删除 Windows 组件”命令，打开“Windows 组件安装向导”对话框。

2）在“组件”列表框中双击“网络服务”项，打开“网络服务”对话框。在“网络服务 的子组件”列表框中勾选“域名系统（DNS)”复选框，并单击“确定”按钮，如图 12-2 所示，按照系统提示安装 DNS 组件。在安装过程中，需要提供 Windows Server 2003 系统安装光盘或指定安装文件路径。

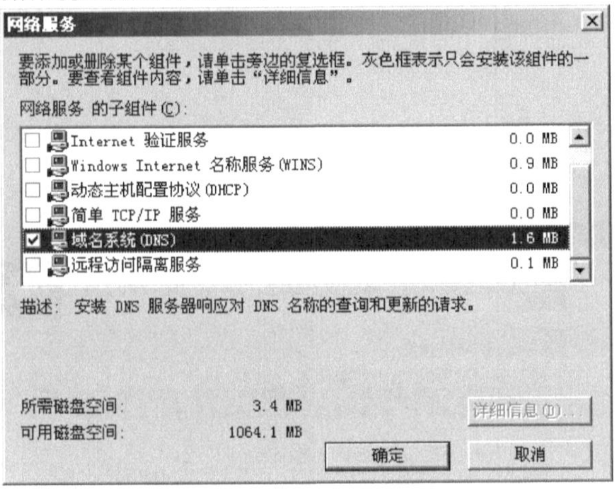

图 12-2 安装 DNS 组件

提示： *要想使在局域网中搭建的 DNS 服务器能够解析来自 Internet 的域名解析请求，必须向域名申请机构（如 http://www.chinadns.com 或 http://www.net.cn）申请正式的域名，并注册 DNS 解析服务。另外，局域网中的 DNS 服务器还必须拥有能够被 Internet 访问的固定 IP 地址。*

2. 创建正向查找区域

DNS 服务器安装完成以后，会自动打开“配置 DNS 服务器向导”对话框。在该向导的指引下开始创建第一个区域，操作步骤如下：

1）单击“开始”→“管理工具”→“DNS”命令，打开 DNS 控制台窗口。在左窗格中右键单击服务器名称，单击“配置 DNS 服务器”命令，如图 12-3 所示。

2）打开“配置 DNS 服务器向导”对话框，单击“下一步”按钮，打开“选择配置操作”向导页。在默认情况下，适合小型网络使用的“创建正向查找区域”单选按钮处于选中状态，如图 12-4 所示。保持默认设置并单击“下一步”按钮。

上述步骤创建的正向查找区域是指将域名解析为 IP 地址的过程，即当用户输入某个域名时，借助于该记录可以将域名解析为 IP 地址，从而实现对服务器的访问。

3）打开“主服务器位置”向导页，选中“这台服务器维护该区域”单选按钮，单击“下一步”按钮，如图 12-5 所示。

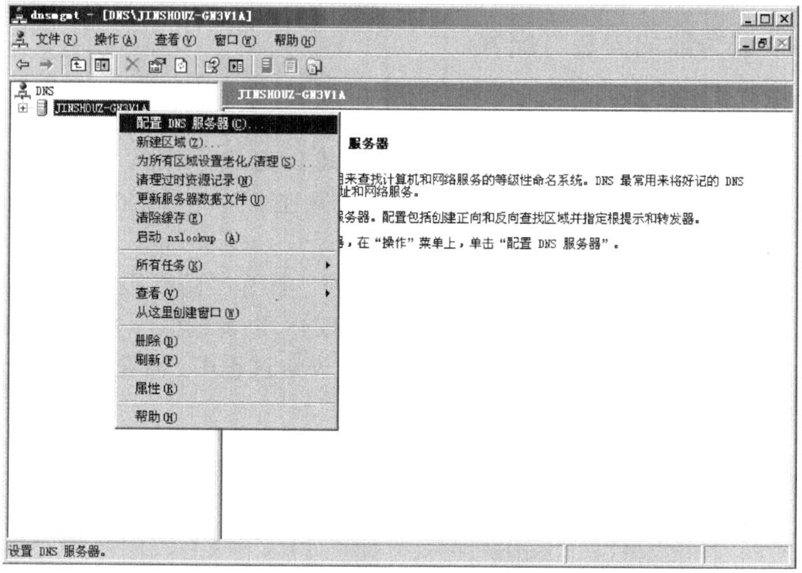

图 12-3　配置 DNS 服务器

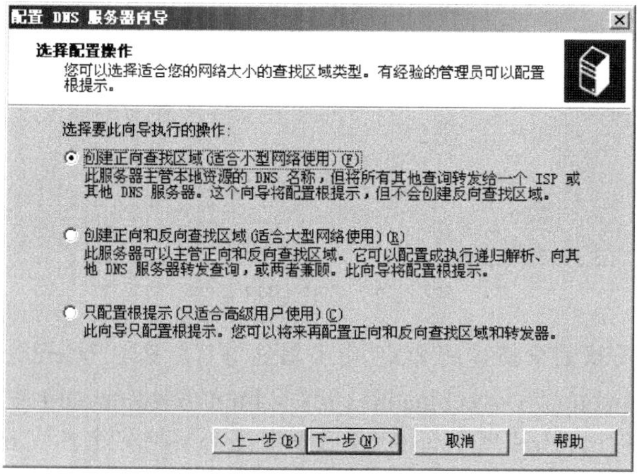

图 12-4　“选择配置操作”向导页

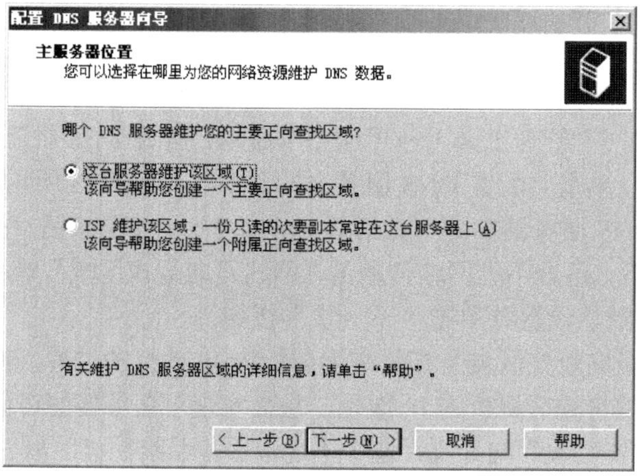

图 12-5　“主服务器位置”向导页

4）打开“区域名称”向导页，在“区域名称”文本框中输入一个能代表网站主题内容的区域名称（如 jinshouzhi.com.cn），单击“下一步”按钮，如图 12-6 所示。

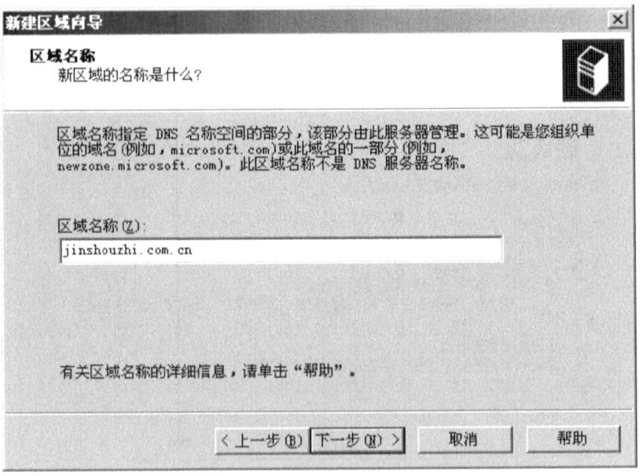

图 12-6 “区域名称”向导页

5）在打开的“区域文件”向导页中，已经根据区域名称默认填入了一个文件名。该文件是一个 ASCII 文本文件，里面保存着该区域的信息，默认情况下，保存在 windows\system32\dns 文件夹中。保持默认值不变，单击“下一步”按钮，如图 12-7 所示。

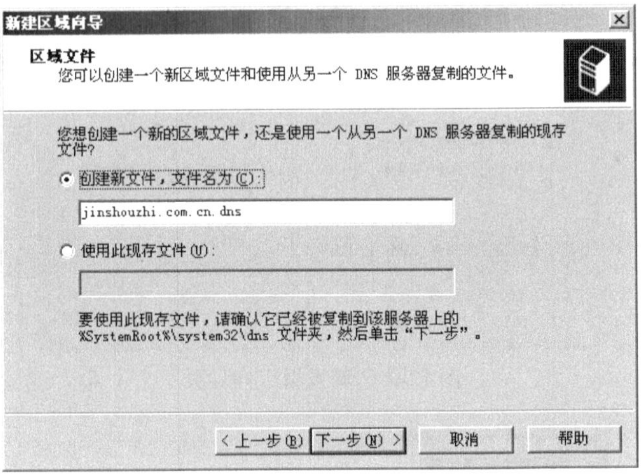

图 12-7 “区域文件”向导页

6）在打开的“动态更新”向导页中，指定该 DNS 区域能够接受的注册信息更新类型。允许动态更新可以让系统自动在 DNS 中注册有关信息，在实际应用中比较有用。因此，选中“允许非安全和安全动态更新”单选按钮，单击“下一步”按钮，如图 12-8 所示。

7）打开“转发器”向导页，保持“是，应当将查询转发到有下列 IP 地址的 DNS 服务器上”单选按钮的选中状态。在 IP 地址文本框中输入 ISP（或上级 DNS 服务器）提供的 DNS 服务器 IP 地址，单击“下一步”按钮，如图 12-9 所示。

ISP（Internet service Provider，Internet 服务提供商）是专门提供网络接入服务的商家，通常都是电信部门。配置“转发器”可以使局域网内部用户在访问 Internet 中的网站时，尽量使用 ISP 提供的 DNS 服务器进行域名解析。

8）在最后打开的“完成配置”向导页中列出了设置报告，确认无误后单击“完成”按钮，结束主要区域的创建和 DNS 服务器的安装配置过程，如图 12-10 所示。

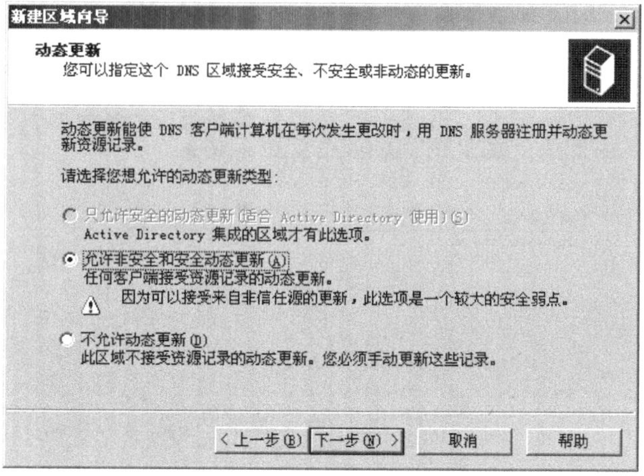

图 12-8 “动态更新”向导页

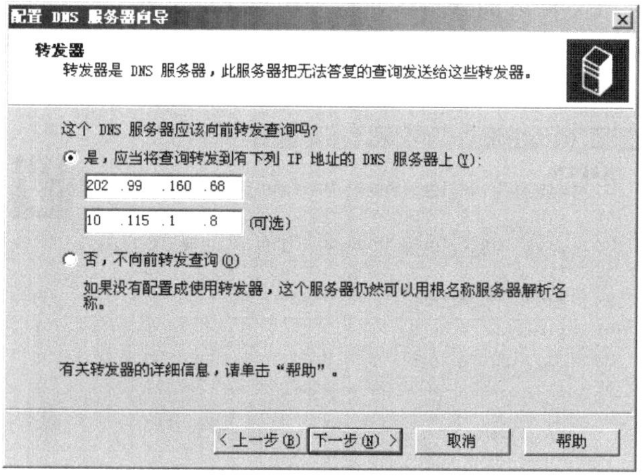

图 12-9 “转发器”向导页

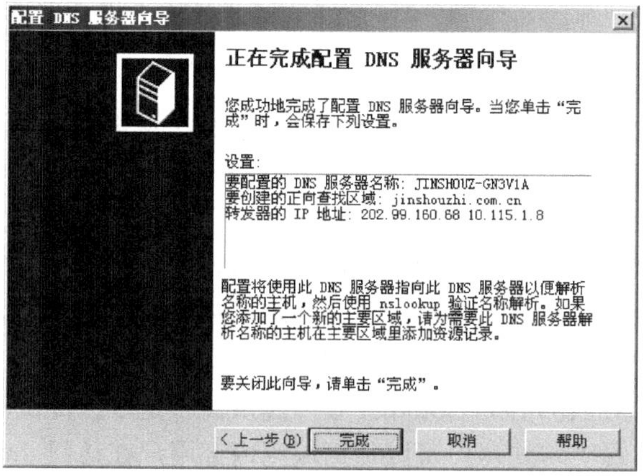

图 12-10 完成配置

3．添加主机记录

1）单击“开始”→“管理工具”→“DNS”命令，打开 DNS 控制台窗口。在左窗格中依次展开服务器和“正向查找区域”目录，然后右键单击准备添加主机的区域名称（如 jinshouzhi.com.cn），在快捷菜单中单击“新建主机”命令，如图 12-11 所示。

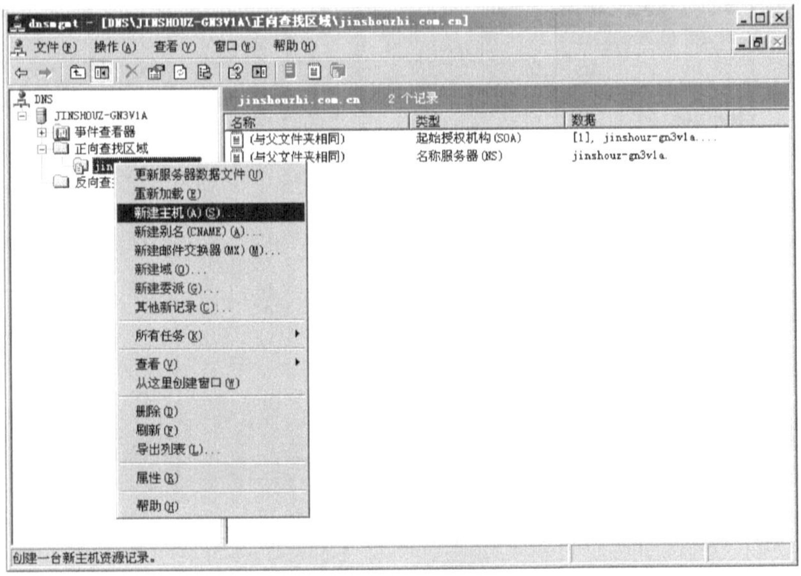

图 12-11　新建主机

主机记录也叫做 A 记录，用于静态地建立主机名与 IP 地址之间的对应关系，以便提供正向查询服务。因此，必须为每种服务均创建一个 A 记录，如 FTP、WWW、Media、Mail、News、BBS 等。主机记录和 MX 记录都只需在主 DNS 服务器上进行设置。

2）打开“新建主机”对话框，在“名称”文本框中输入能够代表目标主机所提供服务的有意义的名称（如 www、mail、ftp、bbs 等），并在“IP 地址”文本框中输入该主机的 IP 地址（如 10.115.223.60），则该目标主机对应的域名就是 www.jinshouzhi.com.cn。当用户在浏览器中输入“www.jinshouzhi.com.cn”时，该域名将被解析为 10.115.223.60。设置完毕后，单击“添加主机”按钮，如图 12-12 所示。

3）弹出提示框提示主机创建成功，如图 12-13 所示。单击“确定”按钮，返回“新建主机”对话框。

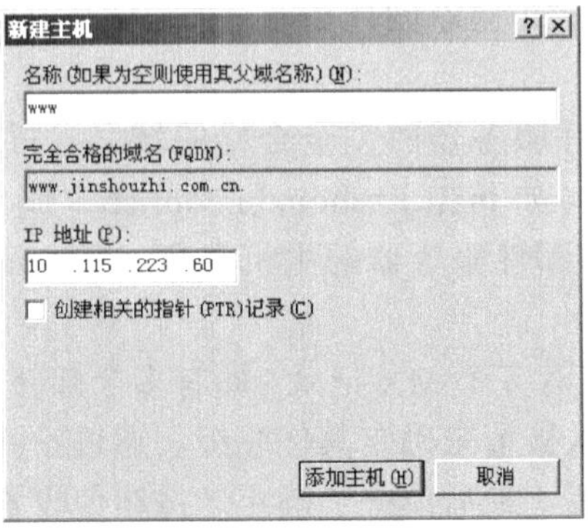

图 12-12　添加主机

图 12-13　成功创建主机记录

重复上述步骤可以添加多个主机，如 mail、ftp、news、media 等。主机全部添加完成后，单击“完成”按钮，返回 DNS 控制台窗口，在右窗格中显示出所有创建成功的主机与 IP 地址的映射记录，如图 12-14 所示。

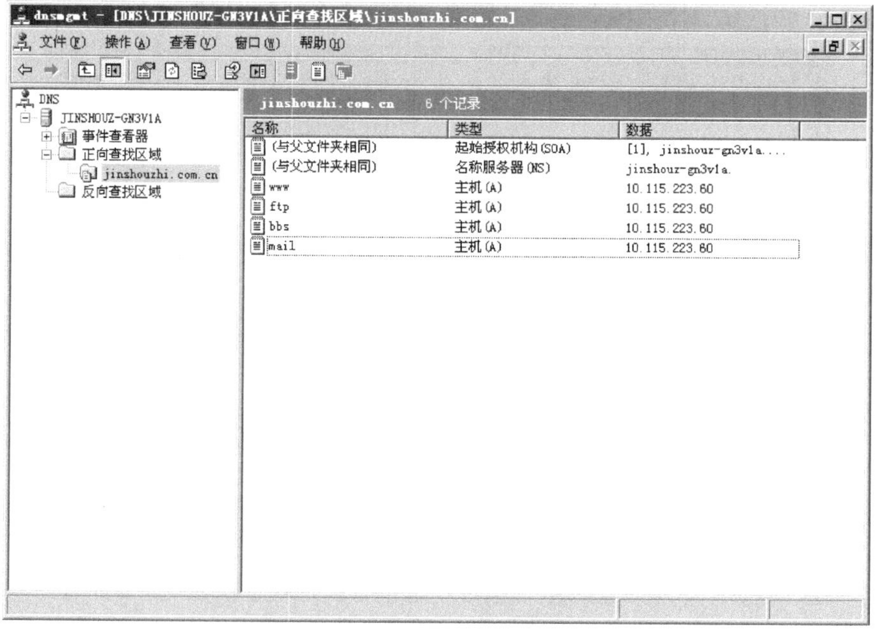

图 12-14 主机与 IP 地址映射记录

4. 添加 MX 记录

MX（Mail Exchanger，邮件交换）记录用以向用户指明可以为该域接收邮件的服务器。如果用户准备发邮件给 chhuian@jinshouzhi.com.cn，这个邮件地址只能表明收邮件人在 jinshouzhi.com.cn 域上拥有一个账户。可是仅仅知道这些并不够，因为电子邮件程序并不知道该域的邮件服务器地址，因此不能将这封邮件发送到目的地。而 MX 记录就是专门为电子邮件程序指路的，在 DNS 服务器中添加 MX 记录后，电子邮件程序就能知道邮件服务器的具体位置（即 IP 地址）。在主 DNS 服务器中添加 MX 记录的操作步骤如下：

1）在 DNS 控制台窗口中首先添加一个主机名为 mail 的主机记录，并将域名 mail.jinshouzhi.com.cn 映射到提供邮件服务的计算机 IP 地址上。

2）在“正向查找区域”目录中右键单击准备添加 MX 邮件交换记录的域名，单击“新建邮件交换器（MX）”命令，如图 12-15 所示。

3）打开“新建资源记录”对话框，在“邮件服务器的完全合格的域名（FQDN）”文本框中输入事先添加的邮件服务器的主机域名（如 mail.jinshouzhi.com.cn），或单击“浏览”按钮，在“浏览”对话框中找到并选择作为邮件服务器的主机名称（如 mail），如图 12-16 所示。

4）返回“新建资源记录”对话框，当该区域中有多个 MX 记录（即有多个邮件服务器）时，则需要在“邮件服务器优先级”文本框中输入数值来确定其优先级。通过设置优先级数字来指明首选服务器，数字越小表示优先级越高。最后单击“确定”按钮使设置生效，如图 12-17 所示。

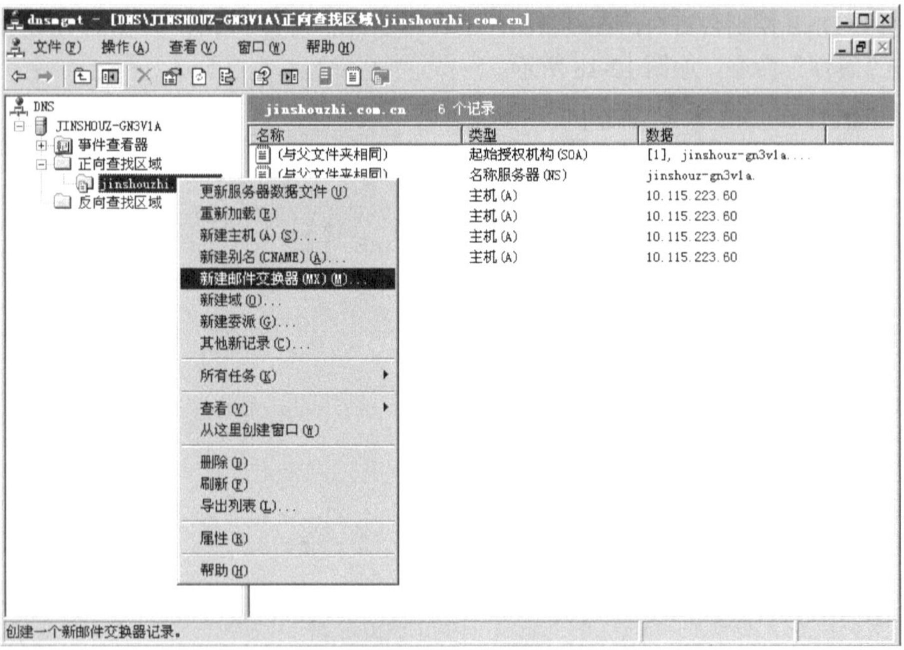

图 12-15　新建邮件交换器

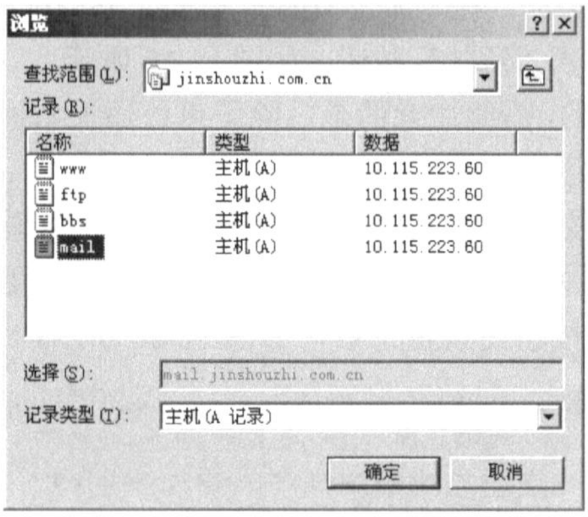

图 12-16　选择邮件服务器主机

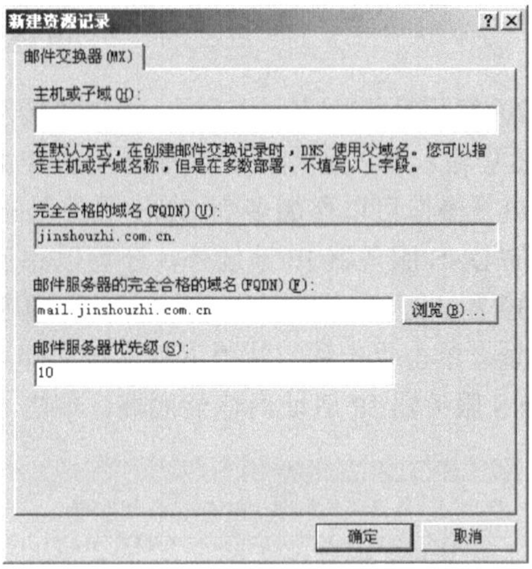

图 12-17　“新建资源记录”对话框

一般情况下，“主机或子域”文本框中应该保持为空，这样才能得到诸如 user@jinshouzhi.com.cn 之类的信箱地址。如果在“主机或子域”文本框中输入内容（如 mail），则信箱名将会成为 user@mail.jinshouzhi.com.cn。

5）重复上述步骤，可以添加多个 MX 记录，并且需要在“邮件服务器优先级”编辑框中分别设置其优先级。

5. 设置 DNS 转发器

尽管在 DNS 安装配置的过程中已经设置了 DNS 转发器，但有时还需要添加多个 DNS 转发器或调整 DNS 转发器的顺序。设置 DNS 转发器的操作步骤如下：

1）打开 DNS 控制台窗口，在左窗格中右键单击准备设置 DNS 转发器的 DNS 服务器名称，单击“属性”命令，如图 12-18 所示。

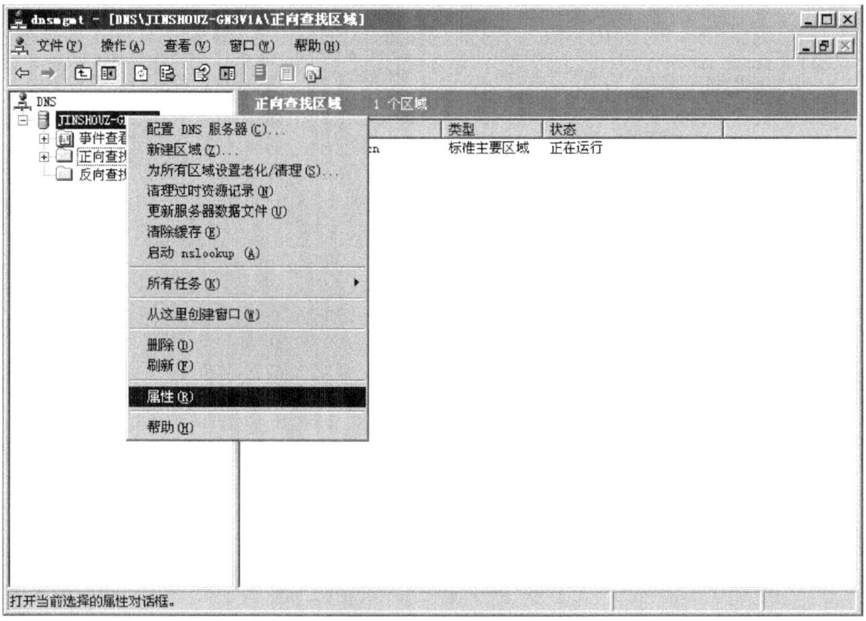

图 12-18　DNS 属性

2）打开服务器属性对话框，单击“转发器”选项卡。在“所选域的转发器的 IP 地址列表”文本框中输入 ISP 提供的 DNS 服务器的 IP 地址，单击“添加”按钮，如图 12-19 所示。

重复操作可以添加多个 DNS 服务器的 IP 地址。需要注意的是，除了可以添加本地 ISP 提供的 DNS 服务器 IP 地址外，还可以添加其他地区 ISP 的 DNS 服务器 IP 地址。

3）用户还可以调整 IP 地址列表的顺序。在转发器的 IP 地址列表中选中准备调整顺序的 IP 地址，单击“上移”或“下移”按钮即可进行相关操作。一般情况下，应将响应速度较快的 DNS 服务器 IP 地址调整至顶端。单击“确定”按钮使设置生效，如图 12-20 所示。

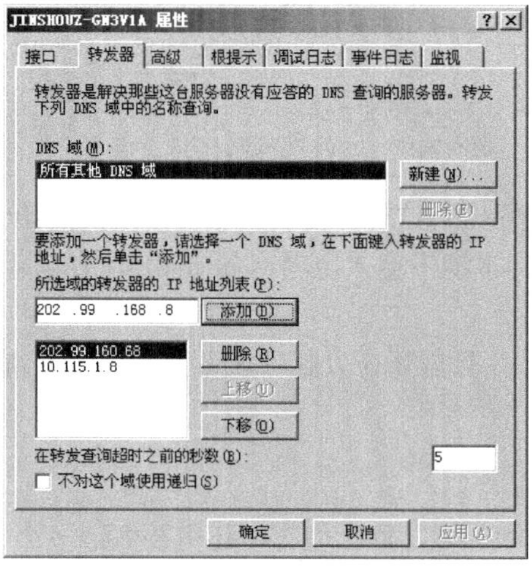

图 12-19　添加转发目标 IP 地址

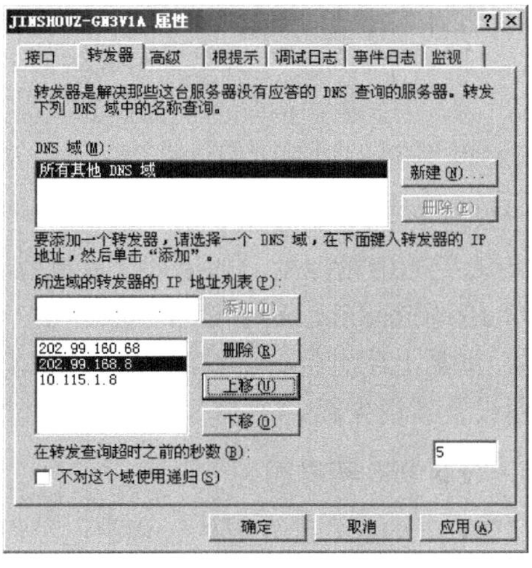

图 12-20　调整 DNS 服务器顺序

6. 创建辅助区域

为了防止 DNS 服务器由于各种软、硬件故障导致停止 DNS 服务，建议在同一个网络中部属两台或两台以上的 DNS 服务器，其中一台作为主 DNS 服务器，其他的作为辅助 DNS 服务器。当主 DNS 服务器正常运行时，辅助 DNS 服务器只起备份作用。当主 DNS 服务器发生故障后，辅助 DNS 服务器立即启动，承担 DNS 解析服务。另外，辅助 DNS 服务器会自动从主 DNS 服务器中获取相应的数据，因此无需在辅助 DNS 服务器中添加各个主机记录。创建辅助区域的步骤如下：

1）在另一台运行 Windows Server 2003 系统的服务器中安装 DNS 服务器组件，然后打开 DNS 控制台窗口。在左窗格中展开 DNS 服务器目录，然后右键单击“正向查找区域”目录，单击“新建区域”命令，如图 12-21 所示。

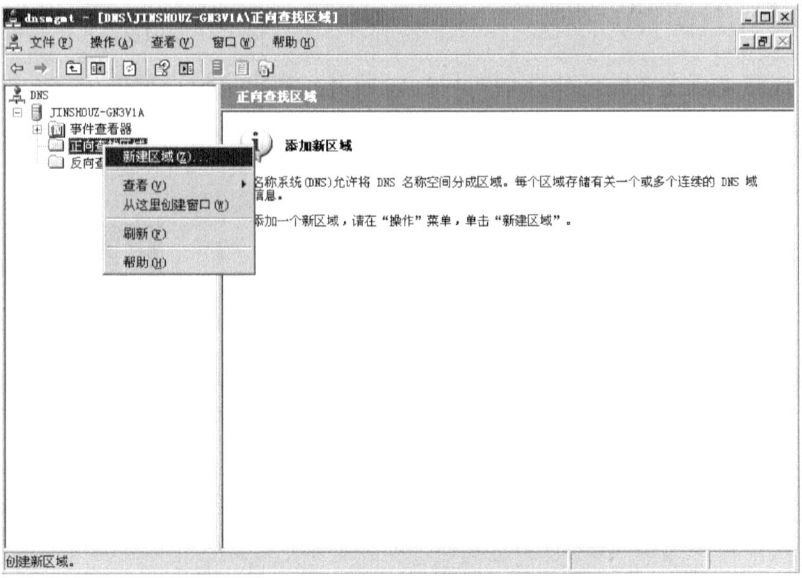

图 12-21　新建区域

2）打开“新建区域向导”对话框，在“欢迎”向导页中单击“下一步”按钮。在打开的“区域类型”向导页中选中“辅助区域”单选按钮，并单击“下一步”按钮，如图 12-22 所示。

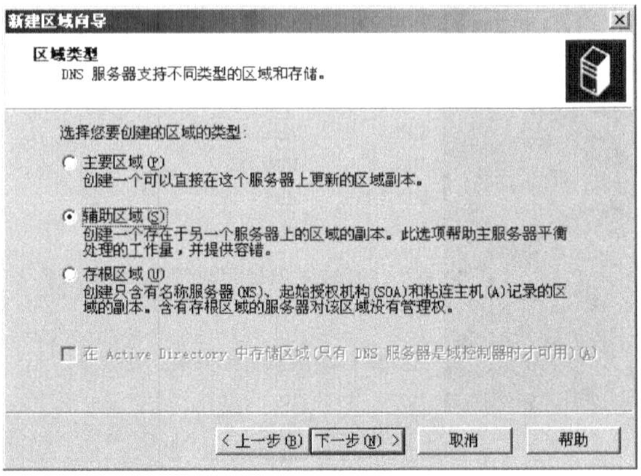

图 12-22　“区域类型”向导页

3）在打开的“区域名称”向导页中需要输入区域名称。需要注意的是，这里输入的区域名称必须和主要区域的名称完全相同。用户在“区域名称”文本框中输入“jinshouzhi.com.cn”，单击“下一步”按钮，如图12-23所示。

4）打开“主DNS服务器”向导页。在“IP地址”文本框中输入主DNS服务器的IP地址，以便从主DNS服务器中复制数据。完成输入后，依次单击“添加”按钮及“下一步”按钮，如图12-24所示。

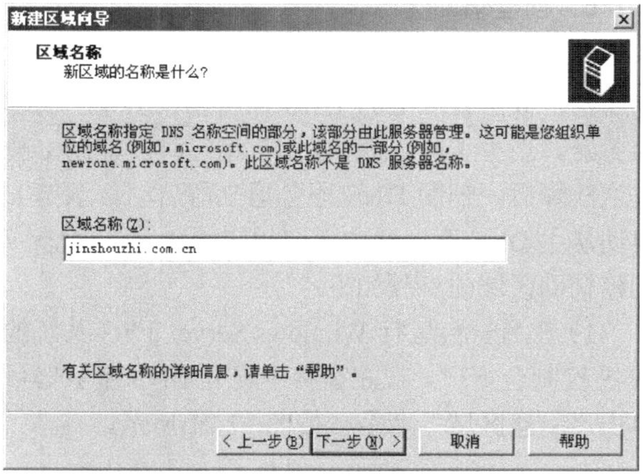

图12-23　“区域名称”向导页

5）最后打开“正在完成新建区域向导”向导页，列出已经设置的内容。确认无误后单击“完成”按钮，完成辅助DNS区域的创建过程，如图12-25所示。该辅助DNS服务器会每隔15min自动和主DNS服务器进行数据同步操作。

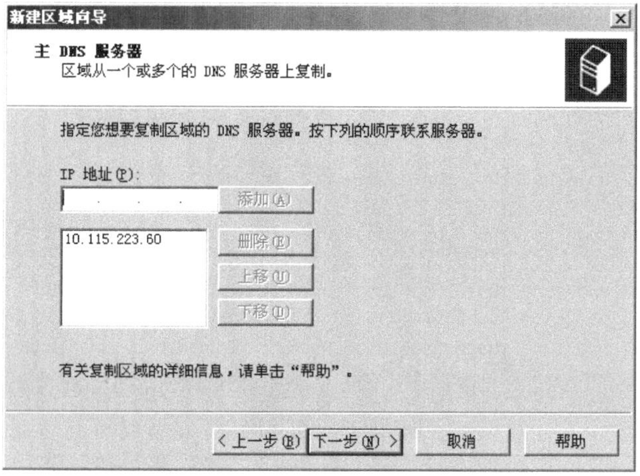

图12-24　“主DNS服务器”向导页

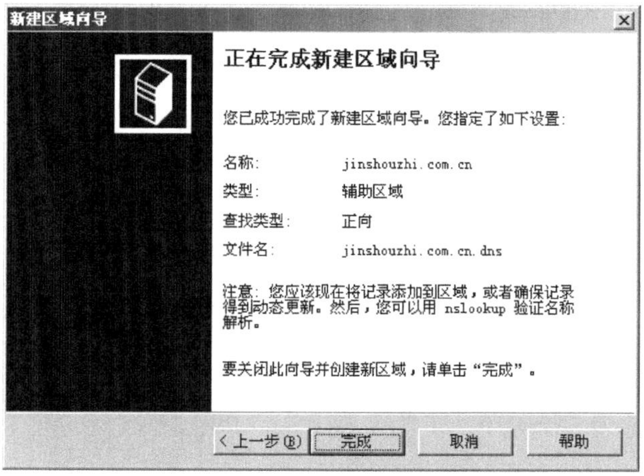

图12-25　成功创建辅助区域

12.2　DHCP 服务

12.2.1　DHCP 服务简介与安装

DHCP（Dynamic Host Configuration Protocol，动态主机配置协议）服务的主要用途是为网络中的客户端计算机自动分配 IP 地址。

因为在 Windows Server 2003 系统中默认没有安装 DHCP 服务组件，所以需要手动添加该组件。首先，需要确保为 Windows Server 2003 服务器指定了静态 IP 地址（本例中为 192.168.0.10）。添加 DHCP 服务组件的步骤如下：

1）单击“开始”→“控制面板”→“添加或删除程序”命令，在打开的“添加或删除程序”对话框中单击左侧的“添加/删除 Windows 组件”按钮，打开“Windows 组件向导”对话框，如图 12-26 所示。

2）在“组件”列表框中双击“网络服务”项，打开“网络服务”对话框。在“网络服务的子组件”列表框中勾选“动态主机配置协议（DHCP）”复选框，单击“确定”和“下一步”按钮开始配置和安装 DHCP 服务，如图 12-27 所示。

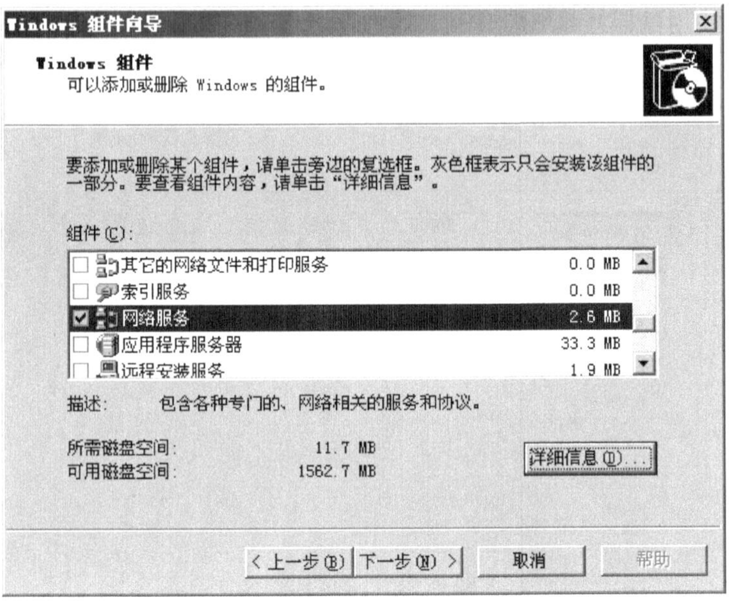

图 12-26 “Windows 组件向导”对话框

提示：在安装 DHCP 服务组件的过程中，需要提供系统安装光盘或者指定安装源文件。另外，如果安装 DHCP 服务的服务器处于 Active Directory（活动目录）域中，则必须进行“授权”操作才能使 DHCP 服务器生效。如果是基于工作组模式，则无需进行授权操作即可使 DHCP 服务器生效，本例的网络环境属于后者。

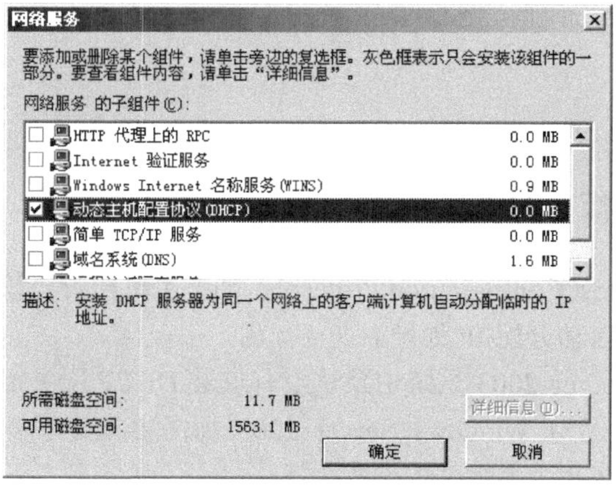

图 12-27 "网络服务"对话框

12.2.2 创建 DHCP 作用域

完成 DHCP 服务组件的安装后，并不能立即为客户端计算机自动分配 IP 地址，还需要经过一些设置工作。首先要做的就是根据网络中的节点或计算机数确定一段 IP 地址范围，并创建一个 IP 作用域。这部分操作属于配置 DHCP 服务器的核心内容，具体操作步骤如下：

1）单击"开始"→"控制面板"→"管理工具"→"DHCP"命令，打开 DHCP 控制台窗口。在左窗格中用鼠标右键单击 DHCP 服务器名称，在弹出的快捷菜单中单击"新建作用域"命令，如图 12-28 所示。

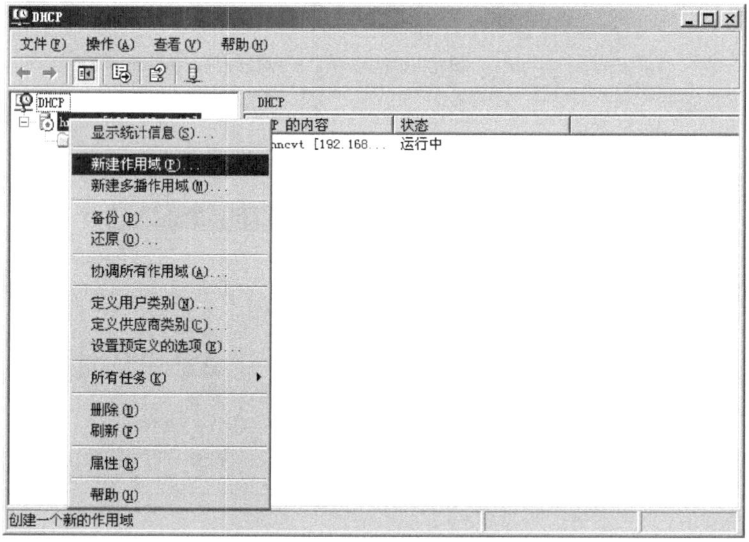

图 12-28 DHCP 控制台窗口

2）打开"新建作用域向导"对话框，单击"下一步"按钮，打开"作用域名"向导页。在"名称"文本框中为该作用域输入一个名称和一段描述性信息，单击"下一步"按钮，如图 12-29 所示。

3）在打开的"IP 地址范围"向导页中，分别在"起始 IP 地址"和"结束 IP 地址"文本框中输入已经确定好的 IP 地址范围的起止 IP 地址，单击“下一步”按钮，如图 12-30 所示。

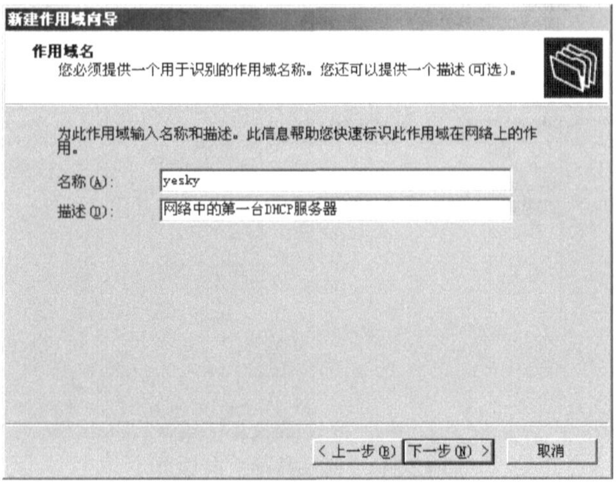

图 12-29 “作用域名”向导页

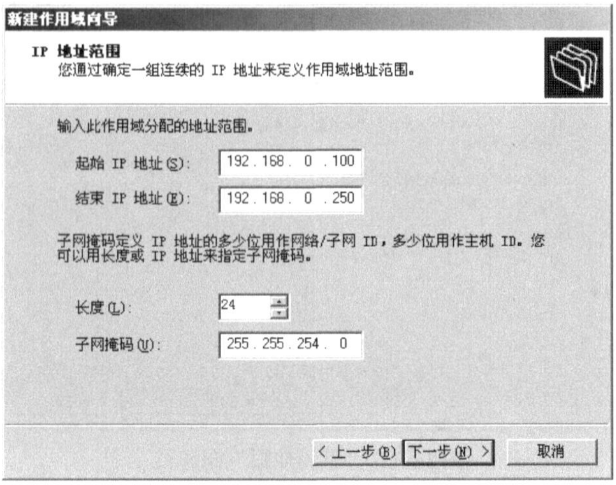

图 12-30 “IP 地址范围”向导页

提示：当输入起始 IP 地址后，“子网掩码”文本框会根据 IP 地址自动判断网络类别，并自动填写子网掩码。如果所处的网络环境特殊（如属于某网络的一个子网），则可以调整“长度”右侧的微调框来调整子网掩码。

4）在打开“添加排除”向导页中可以指定需要排除的 IP 地址或 IP 地址范围。在“起始 IP 地址”文本框中输入排除的 IP 地址并单击“添加”按钮。单击“下一步”按钮，如图 12-31 所示。

5）在打开的“租约期限”向导页中，默认将客户端获取的 IP 地址使用期限限制为 8 天。如果没有特殊要求，则保持默认值不变，单击“下一步”按钮，如图 12-32 所示。

6）打开“配置 DHCP 选项”向导页，保持“是，我想现在配置这些选项”单选按钮的选中状态。单击“下一步”按钮，如图 12-33 所示。

7）在打开的“路由器（默认网关）”向导页中，根据实际情况输入网关地址，并单击“添加”按钮。如果没有可以不填，直接单击“下一步”按钮，如图 12-34 所示。

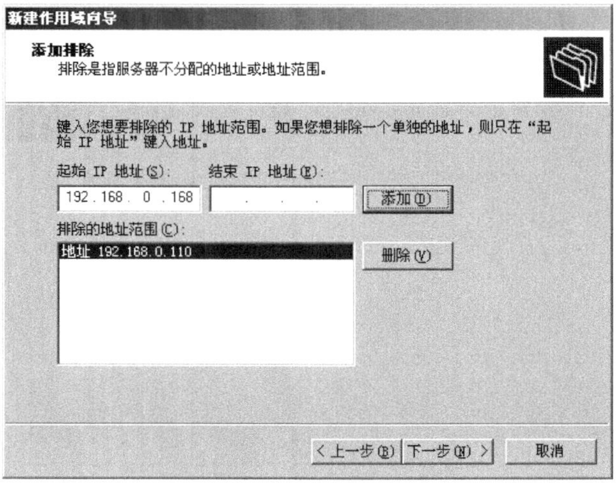

图 12-31 “添加排除”向导页

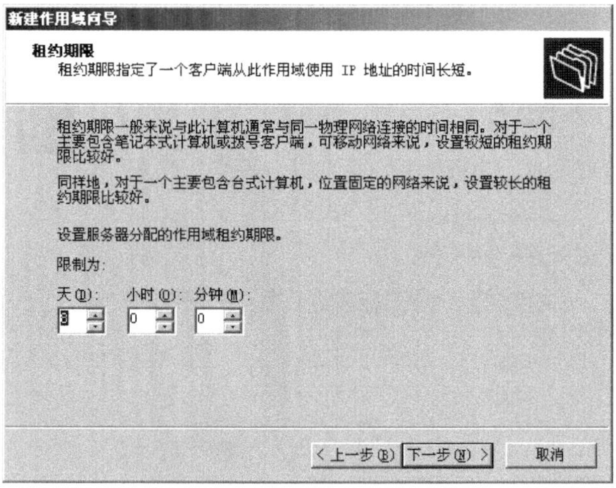

图 12-32 “租约期限”向导页

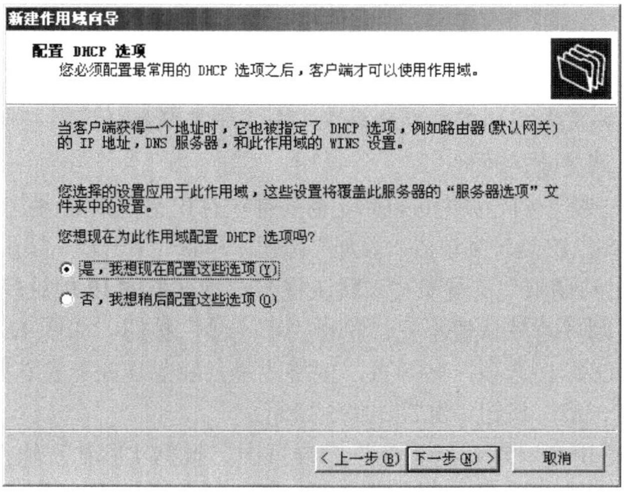

图 12-33 “配置 DHCP 选项”向导页

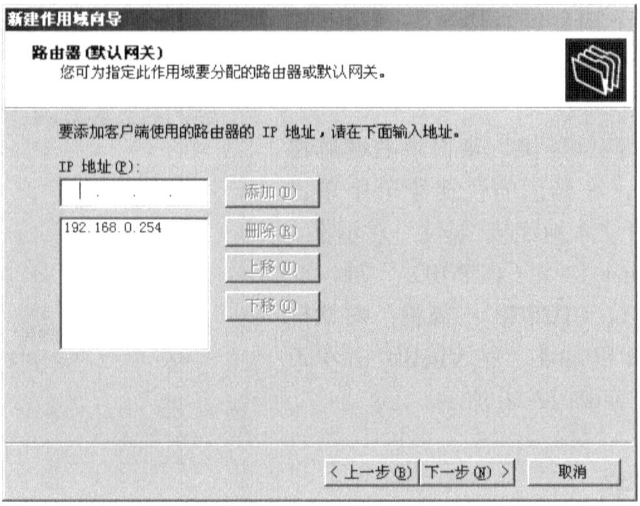

图 12-34　“路由器（默认网关）”向导页

8）在打开的“激活作用域”向导页中，保持“是，我想现在激活此作用域”单选按钮的选中状态。单击“下一步”按钮及“完成”按钮完成配置，如图 12-35 所示。

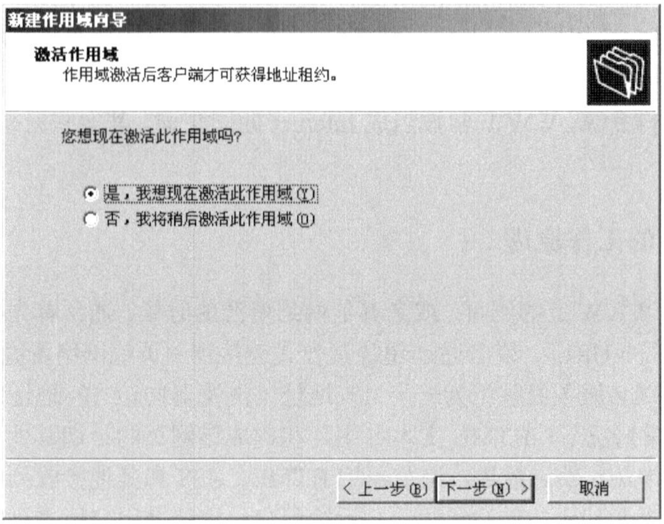

图 12-35　“激活作用域”向导页

至此，DHCP 服务器端的配置工作基本完成了。现在 DHCP 服务器已经做好了准备，随时恭候客户端计算机发出的获取 IP 地址的请求。

12.2.3　设置 DHCP 客户端

为了使客户端计算机能够自动获取 IP 地址，除了 DHCP 服务器正常工作以外，还需要将客户端计算机配置成自动获取 IP 地址的方式。实际上在默认情况下，客户端计算机使用的都是自动获取 IP 地址的方式，一般并不需要进行配置。如果已经修改过，则配置方法如下：

1）在系统桌面上用鼠标右键单击“网上邻居”图标，在弹出的快捷菜单中单击“属性”命令。

2）在打开的“网络连接”窗口中右键单击“本地连接”图标，在弹出的快捷菜单中单击“属性”命令，打开“本地连接 属性”对话框。

3）双击“Internet 协议（TCP/IP）”项，在打开的“Internet 协议（TCP/IP） 属性”对话框中，选中“自动获得 IP 地址”单选按钮，并单击“确定”按钮即可，如图 12-36 所示。

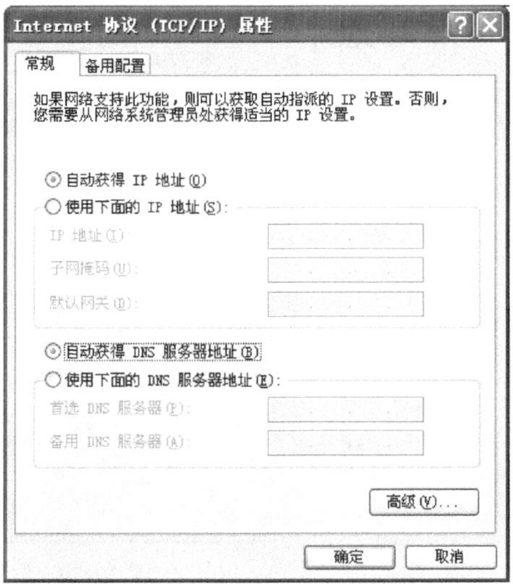

图 12-36　设置“自动获得 IP 地址”

12.3　WWW 服务

12.3.1　WWW 简介

WWW 是环球信息网（World Wide Web）的缩写，也可以简称 Web，中文名字是“万维网”。它是一个网页文档的集合，由统一资源标识符（Uniform Resource Locator，URL）来标识。这些资源通过超文本传输协议（Hypertext Transfer Protocol，HTTP）来传输，使用者通过单击超链接来获得资源。WWW 常被当成 Internet 的同义词，其实它只是 Internet 提供的一项服务。

12.3.2　WWW 的工作原理

当用户想访问 WWW 上的网页，或者其他网络资源的时候，通常首先在浏览器中输入网页的统一资源定位符（URL），或者通过超链接方式链接到网页或网络资源。然后，浏览器将其中的域名发送给域名服务器解析为一个 IP 地址，浏览器向该 IP 地址的服务器发送一个 HTTP 请求。在通常情况下，HTML 文本、图片和构成该网页的一切其他文件很快会被逐一请求并发送回客户端浏览器。最后，浏览器把 HTML、CSS 和其他接收到的文件所描述的内容，加上图像、链接和其他必需的资源，显示给用户，这就是用户所看到的“网页”。

12.3.3　WWW 系统的组成

1．浏览器

浏览器又称为 WWW 客户机，其主要任务有以下几点：

1）帮助用户生成一个 WWW 请求（通常在单击某个链接时）。

2）将用户的请求发送给某个 WWW 服务器。

3）接收网页及其他文件，通过处理后，显示给用户。

通常，浏览器不仅限于向 WWW 服务器发出请求，还可以向其他服务器（如 FTP、Mail）发出请求。

2. WWW 服务器

WWW 服务器的主要任务有以下几点：

1）接受 HTTP 请求。

2）检查请求的合法性检查，包括安全性屏蔽。

3）根据请求查找文件，包括网页、图像、网页脚本程序、视频、声音等。

4）把文件发送给提出请求的浏览器。

12.3.4　WWW 服务的安装与配置

1. 安装 Web 服务组件

在 Windows Server 2003 系统中创建 Web 站点需要 IIS（Internet Information Services）6.0 的支持。但由于 IIS 5.0 饱受安全漏洞和黑客攻击之苦，因此微软在发布 Windows Server 2003 系统时，默认并没有安装 IIS 6.0，因此需要手动安装。

1）安装前，首先要保证 Windows Server 2003 服务器有一个静态的 IP 地址。

2）单击“开始”→“控制面板”→“添加或删除程序”命令，在打开的“添加或删除程序”对话框中单击“添加/删除 Windows 组件”按钮，打开“Windows 组件向导”对话框。

3）在“组件”列表框中双击“网络服务”项，打开“网络服务”对话框。在“网络服务的子组件”列表框中勾选“应用程序服务器”复选框。在打开的“应用程序服务器”对话框中双击“Internet 信息服务（IIS）”项，打开“Internet 信息服务（IIS）”对话框。在子组件列表框中找到并勾选“万维网服务”复选框，如图 12-37 所示。依次单击“确定”、“确定”和“下一步”按钮后开始安装。在安装过程中可能还需要插入 Windows Server 2003 安装光盘。最后单击“完成”按钮结束安装过程。

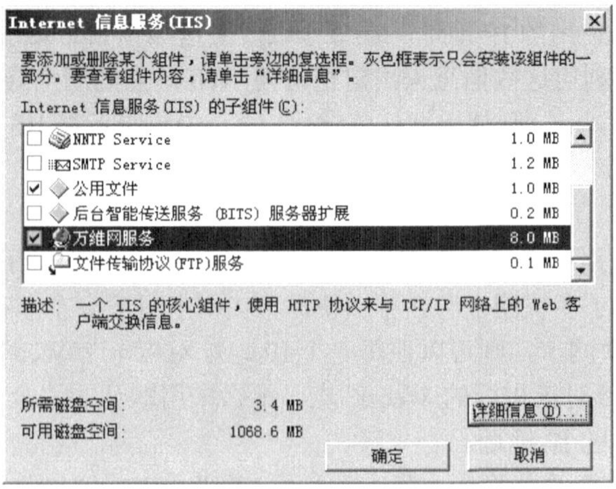

图 12-37 “Internet 信息服务（IIS）”对话框

2. 创建 Web 站点

成功安装 Web 服务组件以后，Windows Server 2003 服务器已经具备了发布 Web 站点的能力。默认情况下，Web 服务组件中已经创建了一个默认的 Web 站点，该 Web 站点指向了默认的网站目录。通过修改该默认站点的属性可以发布用户自己的网站。为了比较完整地演示创建 Web 站点的过程，这里创建一个新的 Web 站点。创建过程如下：

1）单击“开始”→“控制面板”→“管理工具”命令，双击“Internet 信息服务（IIS）管理器”图标，打开“Internet 信息服务（IIS）管理器”窗口。

2）在左窗格中展开“ServerName（本地计算机）”目录，并用鼠标右键单击“网站”项。在弹出的快捷菜单中单击“新建”→“网站”命令，打开“网站创建向导”对话框，单击“下一步“按钮。

3）在“网站描述”向导页中，输入一段用以描述或标识该 Web 站点的语句，单击“下一步”按钮，如图 12-38 所示。

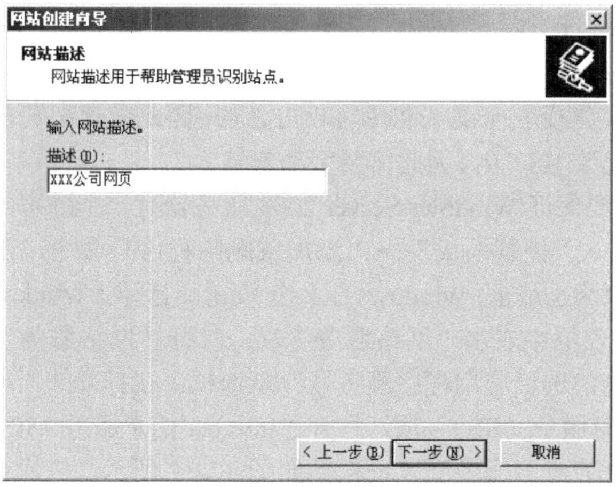

图 12-38 “网站描述”向导页

4）在“IP 地址和端口设置”向导页中需要设置一些关于用户如何访问该站点的信息。这些信息包括该站点所使用的 IP 地址、端口号以及发送给 Windows Server 2003 服务器的主机头字符串。IIS 6.0 会利用这些信息来决定把访问 Web 站点的用户导向哪个网站。当然，如果 IIS 中只有一个 Web 站点，则使用默认值就可以了。如果准备在 IIS 中创建多个 Web 站点，则必须配置这些信息。

在“网站 IP 地址”下拉列表框中选择本机的一个静态 IP 地址。这一项主要是在服务器中安装有多块网卡并分别指定了静态 IP 地址，或者将多个 IP 地址指向了同一块网卡时进行设置。当服务器中安装了多块网卡时，可以使每一块网卡对应一个 Web 站点；而如果是将多个 IP 地址指向了同一块网卡，则可以使每一个 IP 地址对应一个 Web 站点。当然，如果希望服务器中任何 IP 地址都对应相同的 Web 站点，那么采用默认的“全部未分配”选项即可，否则必须指定一个具体的 IP 地址。

在“网站 TCP 端口”文本框中，默认填入了“80”端口。“80”端口是指派给 HTTP 的标准端口，主要用于 Web 站点的发布。如果所创建的 Web 站点是一个公共站点，那么只需采用默认的“80”端口即可。这样，用户在浏览器中输入网址（或 IP 地址）时，客户端浏览器会自动尝试在“80”端口上连接 Web 站点。如果该 Web 站点有特殊用途，则需要增强其安全性，那么可以设置特定的端口号。“此网站的主机头”文本框可以采用默认的空白设置，然后单击“下一步”按钮，如图 12-39 所示。

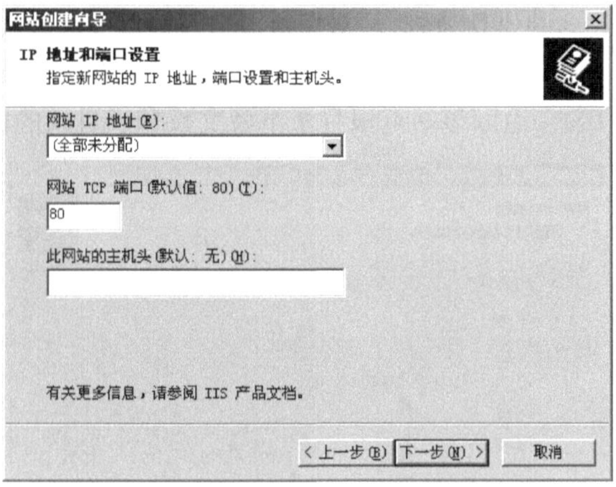

图 12-39　“IP 地址和端口设置”向导页

5）在“网站主目录”向导页中，需要为该 Web 站点的文件指定位置，并且决定是否允许用户对这个站点进行匿名访问。单击“浏览”按钮，选择保存有网站文件的文件夹。如果该 Web 站点是提供给用户随便访问的，那么可以勾选“允许匿名访问网站”复选框（默认就是选中状态），这样可以使任何用户都能连接到该 Web 站点并且不需要任何身份验证。如果希望该站点作为一个比较安全的专用站点来使用，那么建议取消勾选该复选框，以禁止匿名访问。设置完毕后单击“下一步”按钮，如图 12-40 所示。

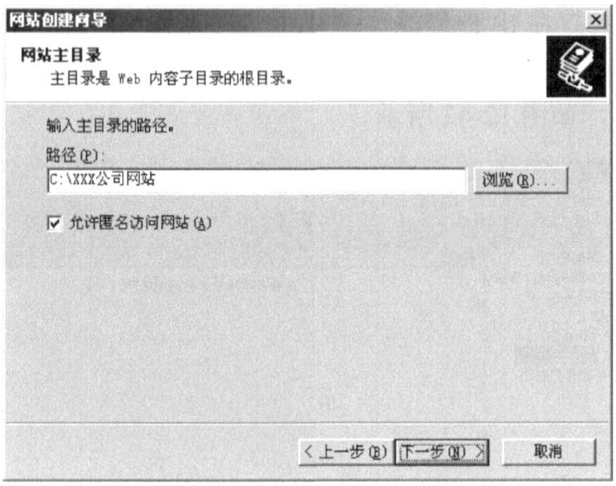

图 12-40　“网站主目录”向导页

6）“网站访问权限”向导页中所列出的权限将从 Web 站点的根目录开始，自动应用到该站点下的所有子目录中。如果该站点只是用来发布一些静态网页，则保持默认选取状态，单击“下一步”按钮，如图 12-41 所示。网站访问权限中各项解释如下。

读取：允许用户从该 Web 站点读取文件。

运行脚本（如 ASP）：允许在 Web 站点中运行活动服务器页面（Active Server Pages，ASP）脚本。

执行（如 ISAPI 应用程序或 CGI）：允许在网站上执行 ISAPI 或者 CGI 应用程序，且启用该权限后将自动启用“运行脚本”的权限。

写入：允许用户通过客户端浏览器向 Web 站点写入数据（如填写注册表格等）。

浏览：当用户没有向 Web 站点发出针对某个具体文件的请求，并且 Web 站点中也没有定义默认的文档时，则 IIS 会返回该站点根目录下各文件和子目录的信息。

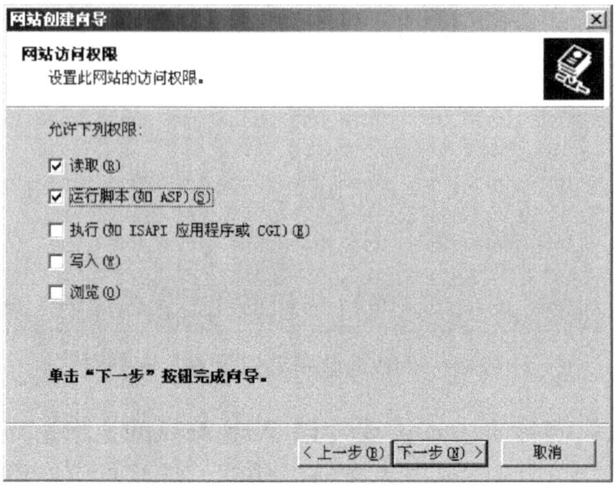

图 12-41　“网站访问权限”向导页

3. 设置 Web 站点的属性

完成第一个 Web 站点的创建后，为了保证网站的正常运行，还需要再做进一步的设置。

1）检查 Web 站点的运行状态。因为在创建新的 Web 站点以前，IIS 中已经存在一个默认网站。如果两个网站都存在 IP 地址或端口号冲突的情况，则将导致其中一个网站处于“停止”状态。因此，首先在“Internet 信息服务（IIS）管理器”窗口中检查“XXX 公司网页”是否处于“启动”状态，如图 12-42 所示。

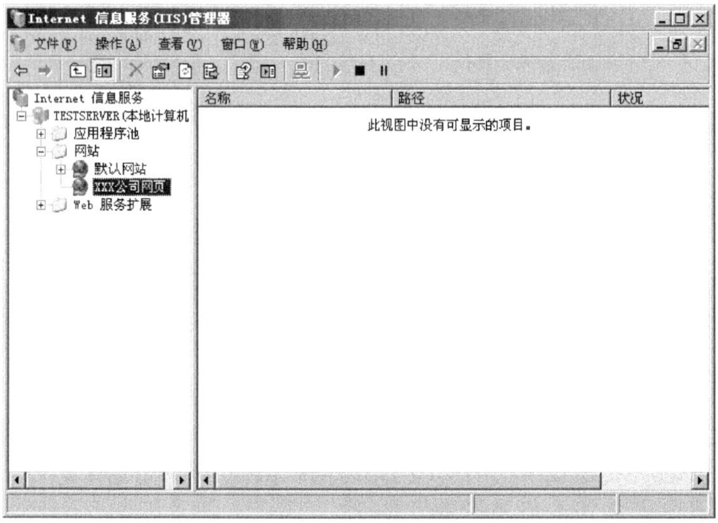

图 12-42　检查网站的运行状态

2）指定默认内容文档。当用户访问该 Web 站点且并没有指定具体的目标文件时，IIS 会自动根据默认内容文档列表在网站主目录中查找默认文档。如果存在跟默认内容文档列表相对应的文档，则返回给用户该文档的内容。默认情况下，默认内容文档列表中存在有

default.htm、default.asp 和 index.htm 3 个文档名称。如果有特殊需要想使用其他文档名，则只需在该 Web 站点的“属性”对话框的“文档”选项卡中单击“添加”按钮将其添加进来即可，如图 12-43 所示 。

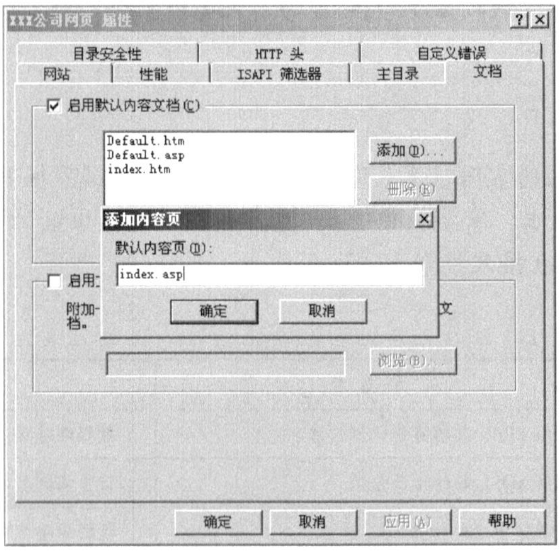

图 12-43　指定默认内容文档

本 章 小 结

本章主要学习应用层协议及其相关的应用服务知识，包括 DNS 协议及服务的配置方法、DHCP 及配置方法、HTTP 及 WWW 服务的配置方法。

应用层协议和相应的服务非常多，本章只是介绍基础的 3 个协议及服务，读者可根据需要选择专门的书籍来学习。

习题及课后实训

1．填空题

（1）常见的应用层协议有________、________、________、________、________。

（2）统一资源定位符的标准格式是____。

（3）DNS 的中文名称是________________________。

（4）DHCP 的中文名称是________。

2．课后实训

本章所安装的服务器软件都是微软公司的产品。在 Internet 上通过 www.baidu.com 搜索一下，看看有哪些替代软件，下载并安装测试一下，看看与微软的产品有哪些不同。

第 13 章　广域网技术

➢ 教学目标

本章主要介绍广域网的常用技术。通过本章的学习，可以掌握 PPP 及身份认证方法，理解 xDSL 的特性及常见技术，掌握帧中继的特点及 X.25 与帧中继的区别，理解 ATM 的基本概念及特性，掌握 Internet 接入技术。

➢ 教学要求

知识要点	能力要求	相关知识
PPP	理解 PPP，掌握身份认证方法	数据链路层协议
xDSL	理解 xDSL 的特性及分类	信号调制解调
帧中继	掌握帧中继的特性	数据链路层协议
ATM	理解 ATM 的基本概念及特性	城域网

➢ 教学要点

重　　点	PPP、xDSL、帧中继
难　　点	PPP、帧中继

广域网（Wide Area Network，WAN）又称为远程网，其分布范围可达数百公里甚至更远，可覆盖一个地区、一个国家乃至全世界。广域网可以分为公共传输网络、专用传输网络和无线传输网络。

1）公共传输网络：一般是由政府电信部门组建、管理和控制，网络内的传输和交换装置可以提供（或租用）给任何部门和单位使用。公共传输网络大体可以分为两类，一类是电路交换网络，主要包括公共交换电话网（PSTN）和综合业务数字网（ISDN）；另一类是分组交换网络，主要包括 X.25 分组交换网、帧中继和交换式多兆位数据服务。

2）专用传输网络：由一个组织或团体自己建立、使用、控制和维护的私有通信网络，主要是数字数据网（DDN）。

3）无线传输网络：主要是移动通信网，典型的有 GSM 和 GPRS 技术等。

广域网不具备规则的拓扑结构，速度慢、延迟大，通信子网部分通常由公共传输系统构成。公共传输系统包括传输线路和交换节点两部分，主要工作在 OSI 模型的最低两层（即物理层和数据链路层），也有小部分工作在低三层（即物理层、数据链路层和网络层）。

连接公共传输系统的设备主要有调制解调器（普通 Modem、ISDN Modem、ADSL Modem 等）、路由器（Router）和网关（Gateway）等。路由器的广域网通信接口分为同步串行口（SyncSerial Port）和异步串行口（AsyncSerial Port）两大类。X.25、Frame Relay 使用路由器的同步串行口，PSTN 使用路由器的异步串行口。

13.1 公用电话交换网

公用电话交换网（Public Switched Telephone Network，PSTN）就是人们平时所用的有线电话系统。传统的 PSTN 是以模拟技术为基础的电路交换网络，利用它实现数据通信较为廉价，但传输质量较差，网络资源利用率也较低。可把 PSTN 看成是物理层网线的一个延伸，因为 PSTN 传输的是模拟信号，需要调制解调器实现模拟信号和数字信号的转换。

13.1.1 入网方式

用户端需要的硬件设备有 PC、Modem（调制解调器）和电话（线），可以接入 Internet。用户不必申请 IP 地址和域名，只需从 ISP 申请一个账号即可。

这种入网方式较为经济，但速率较慢，适用于数据量很小的业务，目前使用这种技术入网的单位和个人越来越少了。

13.1.2 SLIP/PPP

通过 SLIP/PPP 拨号上网是使用较多的一种方式。这种方法使用户计算机成了网络的一个节点，拥有自己的独立、合法的 IP 地址（拨号上网动态分配得到的），可享有 Internet 的所有服务。

1. SLIP

SLIP（Serial Line Internet Protocol，串行线路网际协议）是较早的一个协议，其目的是提供电话线（串行线路）访问 Internet 的方法。SLIP 较为简单，实施也比较容易，但是功能受限，不支持用户认证（用户名和口令等）。在后来的发展过程中，SLIP 逐步被 PPP 替代。

2. PPP

PPP（Point to Point Protocol，点对点协议）是一个数据链路层的协议，它提供了在点对点串行线路上传输多种协议数据报的方法，同时还提供在点对点链路上传输、封装网络层数据包的功能，是目前 TCP/IP 网络中最主要的点到点数据链路层协议。PPP 不但支持多种协议，还支持异步通信、同步通信、错误检测、选项商定、头部压缩等机制。PPP 跟上了时代发展的步伐，所以成为了新的标准。

PPP 适用于通过 Modem、点到点专线、HDLC 和其他物理层的多协议帧机制，是正式的 Internet 标准，广泛应用于如 PSTN、ISDN、DDN 等广域网，甚至能应用于同步数字系列（Synchronous Digital Hierarchy，SDH）和同步光纤网络（Synchronous Optical Network，SONET）等高速线路上。

3. PPP 的身份验证

PPP 是针对点到点链路上传输网络协议数据而提出的，通常利用拨号线路进行通信。PPP 包含了通信双方的身份验证和安全性协议，即在网络层协商 IP 地址前，先要通过身份验证。PPP 的身份验证有 PAP 和 CHAP 两种方式。

（1）PAP

PAP（Password Authentication Protocol，口令认证协议）是一种很简单的认证协议，验证过程从客户端（被验证方）发起，并以明文传输密码。PAP 只在连接建立时进行，连接建立后，数据传输过程中不进行 PAP 认证。它是两次握手认证协议，如图 13-1 所示。具体验证过程如下：

1）客户端发送用户名和口令。

2）服务器端验证用户名和口令是否正确。如果正确，则给客户端发送确认 ACK 报文，并接受连接；如果不正确，则发送 NAK 报文，并拒绝连接。

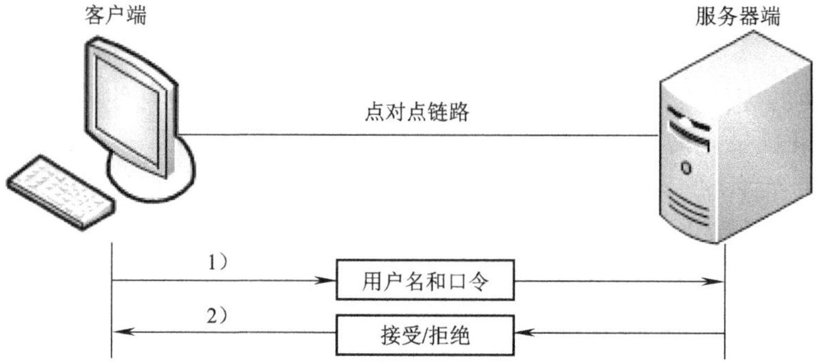

图 13-1　PAP 两次握手验证过程

因为 PAP 以明文的方式传输用户名和密码，所以如果在传输过程中被截获，就有可能对网络安全造成威胁。由于是源节点来控制验证重试的频率和次数，因此 PAP 不能防范再生攻击和重复的尝试攻击。因此，PAP 适用于对网络安全要求相对较低的环境。

（2）CHAP

CHAP（Challenge Handshake Authentication Protocol，询问握手认证协议）是三次握手协议，它比 PAP 安全性更好。这种方法在网络中只传输用户名，口令是保密的。CHAP 的三次握手过程如图 13-2 所示，和 PPP 相反，它是由服务器端首先发起验证请求的。

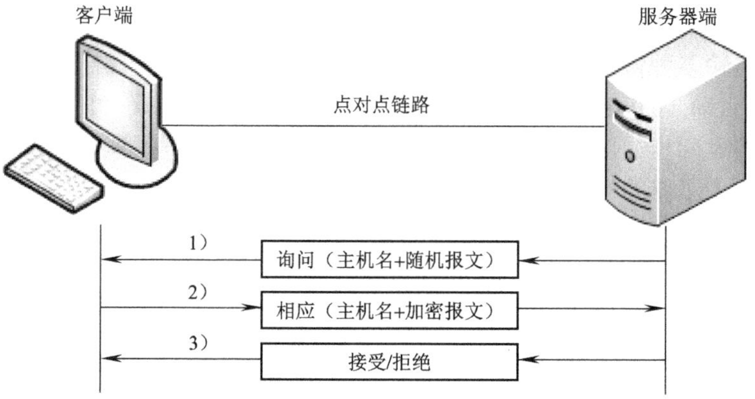

图 13-2　CHAP 三次握手验证过程

CHAP 的验证过程如下：

1）数据链路建立后，服务器端向客户端发送一个查问包，该包中包含服务器端的主机名（用户名）和一些随机产生的报文。

2）客户端根据接收的查问包中的主机名，在客户端的用户数据库中查找用户。如果找到相同的用户名，则利用接收到的随机报文，加上客户端的密钥和报文 ID，用单向哈希函数算法得到一个结果，将这个结果和自己的主机名作为响应包发送给服务器端。

3）服务器端收到响应包后，利用对方的主机名在本端的用户数据库中查找对方的用户名及口令，再利用本端保留的密钥、随机报文和报文 ID 用相同的算法得出结果，并与客户端响应包中的应答信息比较，根据比较结果做出接收或拒绝的处理。

CHAP 不仅在连接建立阶段进行，而且在数据传输过程中也可以按随机时间间隔继续进行验证。每次随机数据都不同，以防第三方猜出密钥。服务器端一旦发现结果不一致，就立即断开线路。通过递增改变的标识符和可变的询问值，CHAP 防止了来自端点的重放攻击，使用重复校验可以限制暴露于单个攻击的时间，所以它的安全性比 PAP 高。

13.1.3　拨号入网

拨号入网采用模拟传输技术，使用普通的调制解调器实现远程通信。用户线路的传输速率较低，一般仅为 14.4～56kbit/s。拨号入网可以采用终端方式或使用 SLIP/PPP。

13.2　综合业务数字网（ISDN）

综合业务数字网（Integrated Services Digital Network，ISDN）使用用户现有的电话线，实现用户端数字信号入网，是数字传输和数字交换综合而成的数字电话网，整个思想就是电话网络数字化。

13.2.1　ISDN 简介

ISDN 的目标是形成一个广域网，用户通过一个标准的用户网接口，可以享用各种类型的网络服务，用户利用 ISDN 可以实现上网和打电话同时进行。

ISDN 将所有的用户服务都变成数字而不是模拟，它将模拟的本地用户环路替换为数字用户环路，完全的数字业务比模拟业务更加有效和灵活。通过 ISDN，用户可实现电话、传真、数据和图像等多种业务的数据传输和处理。在客户端，所有的通信都合并为单个接口，因此它是一个综合业务的数字网。

ISDN 具有电路交换、包交换和无交换连接等功能。它先提供了 X.25 业务，随着市场需求的变化和技术的进步，又提供帧中继业务，大大提高了数据处理的效率。ISDN 提供了物理层、数据链路层和网络层的功能。

13.2.2　ISDN 的接入

1．信道

ISDN 将用户和 ISDN 局之间的数字通道定义为 3 种类型的信道，即载体信道（B 信道）、数据信道（D 信道）和混合信道（H 信道）。

B 信道是基本的用户信道，它被定义为 64kbit/s，可以用全双工方式传输任何数字信息，如数字数据、数字化语音或其他低速率的信息。而D信道虽然名字是数据信道，但它是用来传输控制信息的信令信道。H信道具有多种速率，适合视频、网络会议等信息传输。

2. 用户接口

窄带ISDN（N-ISDN）有两种类型的标准接口：基本速率接口和主速率接口。

（1）基本速率接口

基本速率接口（Basic Rate Interface，BRI）的速率为144kbit/s，它包含了3个信道，即两个64kbit/s的B信道和一个16kbit/s的D信道。另外，ISDN本身需要48kbit/s的带宽，因此BRI实际占用192kbit/s的带宽。

BRI适用于家庭用户或小型企业，一般不需要更换现有的电话线，但需要专门的ISDN MODEM。目前，使用ISDN主要采用BRI模式，用户只要拥有一条ISDN线路，就可以进行上网、电话、收发传真和可视图文等多种业务。

（2）主速率接口

主速率接口（Primary Rate Interface，PRI）由23个B信道和一个64kbit/s的D信道组成。PRI本身需要8kbit/s的带宽，所以PRI需要占用一个1544kbit/s的数字信道。它和北美DS-1的电话业务的T1线路相同。在欧洲，PRI包含了30个B信道和两个64kbit/s的D信道，总容量是2.048Mbit/s，这是E1线路的标准。

13.2.3 宽带ISDN

随着信息社会的到来，各个领域对通信的要求都越来越高，除了原有的语音、数据、传真业务外，还要求综合传输高清晰度电视、广播电视、高速数据传真等宽带业务。但是，大部分网络都是面向特定的业务需求而建设的，无法适应未来网络的发展。因此，需要建立一个单一的多功能网络，这便是宽带综合业务数字网（B-ISDN）。

B-ISDN为用户提供了600Mbit/s的传输速率，现在支持的速率更高。B-ISDN基于ATM技术，是电信界从双绞线到光缆的一个重大改变。

13.3 数字用户环路（xDSL）

xDSL是DSL（Digital Subscriber Line，数字用户环路）的统称，是一种点到点的接入技术，利用现有电话网的用户环路为用户提供高速的数据传输。xDSL中的“x”代表不同种类的数字用户线路技术。

13.3.1 xDSL的工作原理

传统的PSTN是一种模拟传输技术，它利用普通的Modem，传输速率不超过56kbit/s。而DSL不需要将数字数据进行数-模转换，便可将电话线更大的带宽用于传输数字数据。同时，DSL技术还可以将信号分离，将一部分带宽用于传输模拟信号（语音），大部分带宽用于传输数字数据。因此，使用这种技术需要客户端安装一台分离器，以分离模拟语音信号和数字数据信号。

DSL有多种调制技术，如分立多音频技术（DMT）、无载波振幅调制（CAP）、多虚拟线路（MVL）等。一般，DSL 的最大传输距离为 5.5km，传输速率随用户与电话局之间的距离越远而下降。

13.3.2　xDSL 的种类

1．ADSL

ADSL（Asymmetric Digital Subscriber Line，非对称数字用户环路）是 xDSL 技术中最常用的一种，也是众多 DSL 技术中较为成熟的一种，其带宽较大、连接简单、投资较小，因此发展很快。ADSL 不需要改造用户线路，利用普通铜质电话线作为传输介质，用户只要拥有一个 ADSL Modem，便可入网。

ADSL 因为上行和下行带宽不对称，因此称为非对称数字用户线环路，它采用频分复用技术把普通的电话线分成了电话、上行和下行 3 个相对独立的信道。由于 ADSL 使用高频信号，所以在两端都要使用 ADSL 信号分离器，将 ADSL 数据信号和普通音频电话信号分离出来，避免打电话的时候出现噪声干扰，所以边打电话边上网，也不会发生上网速率和通话质量下降的情况。通常，ADSL 在不影响正常电话通信的情况下，可以提供 640kbit/s 的上行速率和 8Mbit/s 的下行速率。

2．HDSL

HDSL（High bit-rate Digital Subscriber Line，高比特率数字用户环路）是对称的高速数字用户环路，通过两对或三对双绞线提供全双工 1.544/2.048Mbit/s（T1/E1）的数据传输能力，支持 640kbit/s、1168kbit/s、2320kbit/s 3 种速率，但不支持语音服务和 ISDN。HDSL 没有中继时的传输距离，根据用户线规格的不同而不同，约为 4.7km。

3．SDSL

SDSL（Symmetrical Digital Subscriber Line，对称数字用户环路）是 HDSL 的一个分支，也称为单线对数字用户环路。SDSL 使用一对双绞线在上、下行方向上实现 El/Tl 的传输，上行和下行速率相同，可达到 2Mbit/s，传输距离为 3km 左右。

4．RADSL

RADSL（Rate-Adapted Digital Subscriber Line，速度自适应数字用户环路）可以根据线路质量动态调整自己的速率。它是在 ADSL 的基础上发展起来的，也属于非对称传输模式。其上行传输速率为 128～768kbit/s，下行传输速率为 384kbit/s～9.2Mbit/s，传输距离为 5.5km 左右。

5．VDSL

VDSL（Very high bit-rate Digital Subscriber Line，甚高比特率数字用户环路）是较先进的数字用户环路，在一对铜质双绞线上实现数字数据的双向传输。其上行传输速率为 1.5～7Mbit/s，下行传输速率为 13～52Mbit/s，传输距离为 300m～1.3km 左右。

13.4　数字数据网（DDN）

数字数据网（Digital Data Network，DDN）可以采用铜电缆、光缆、微波或卫星等作为传输介质，向用户提供永久性连接，它是一种使用数字信道传输数据的数字传输网络，是面向所有专线用户或专用网用户的基础电信网。

DDN 的特点如下：

1）DDN 是纯数字线路，传输质量高，延迟小，可靠性高。

2）通信速率根据需要可在 2.4kbit/s～2.048Mbit/s 中进行选择。当 DDN 专线是光纤时，接入速率可达千兆位每秒。

3）可以集电话、传真、数字数据传输、视频等多媒体服务于一体，向用户提供永久性连接。

4）传输距离远，DDN 的传输距离可以跨地区甚至跨国。

5）投资和运行费用较高。

因为 DDN 是点到点的专用连接，所以用户租用 DDN 就是租用了一条高质量、高带宽的双向数字信道，可直接进行数字通信。DDN 和 X.25（见下节）的区别是：X.25 是一个面向连接的虚电路分组交换网，需要呼叫建立临时虚连接，而 DDN 不具备交换功能，在用户申请专线后，连接就已建立；X.25 按流量计费，DDN 按固定的月租收费。因此，DDN 更适用于实时性、突发性、高速和通信量大的系统。

13.5 公共分组交换网（X.25）

公共分组交换网（X.25）协议是 CCITT 于 1976 年制定的，描述了 DTE 与 DCE 之间的接口标准，是广域网的包交换协议，世界上绝大多数的国家都提供 X.25 协议。X.25 提供了面向连接的虚电路服务，强调的是高可靠性。

X.25 提供虚呼叫和永久虚电路（PVC）两种虚电路服务。虚呼叫需要通过呼叫来建立连接和拆除过程的虚电路服务。永久虚电路是指两个 DTE 之间有一个永久性的连接，类似于专线。

X.25 的特点如下：

1）能接入不同的用户设备。X.25 内各节点具有存储转发功能，并向用用户提供了统一的 DTE 和 DCE 之间的接口标准，因此能保证不同的传输速率、码型和传输控制规程的用户设备都能接入 X.25，并且它们之间能相互通信。

2）可靠性高。X.25 强调的是高可靠性，它在分组层为用户提供了面向连接的虚电路服务，在物理层、帧层和分组层都进行差错检测处理，而且在帧层和分组层都采用了确认和超时重传机制。在 X.25 网络内部的何个节点（交换机）至少与另两个交换机相连，一旦其中的一个中间交换机有故障，那么可以选择另一个传输路径来传输数据。

3）多路复用。客户端是以点对点的方式接入 X.25 的，虽然只有一个物理链路，但可多路复用多条逻辑信道（虚电路），使一个用户能同时与多个用户进行通信。每条虚电路都通过呼叫建立，其路径可能不同。

4）流量控制和拥塞控制。当发送端传输过快时，数据包容易丢失，通过重传会加重网络负担，X.25 具有流量控制功能，有拥塞控制机防止拥塞。

5）支持多种协议。X.25 支持多种协议，如 IP、IPX、AppleTalk 和 DECnet 等，它们通过 X.25 网络时都被封装到 X.25 的包内进行传输。

我国的 X.25 网是 ChinaPAC，已连通了县以上的城市和地区，提供比普通电话线高的信道容量和可靠性。城市间的传输速率为 64～256kbit/s，用户接入的数据传输速率为 2.4kbit/s、4.8kbit/s 和 9.6kbit/s。

13.6　帧中继（Frame Relay）

帧中继（Frame Relay）是一种虚电路技术，是一种面向连接的协议。传统的广域网技术主要采用模拟信道，由于传输介质和网络设备的原因使得数据传输质量差、误码率较高，都不太适应越来越高的用户需求。而现在数据通信的主干线已逐步采用高性能的光缆，大大提高了数据传输速率，也使误码率降低了几个数量级，同时可靠性也有明显提高。

帧中继与 X.25 有基本相同之处。由于 X.25 基于铜质模拟线路，网络设施质量较差，为了保证公用网的可靠性，需要广泛的差错检测与流量控制，网络层的每个包在经过所有节点时，都要进行检查，以保证包的正确无误。而帧中继建立在大容量、低损耗、低误码率的光纤线路之上，在数据链路层进行数据帧交换，省略了 X.25 的网络层，中间节点不负责确认与重发，只进行简单的检错，一旦有错就将其丢弃，也没有在中间节点设置流量控制和路由选择。所以，帧中继是在 X.25 的基础上形成的一种新型快速交换技术。

13.6.1　帧中继的特点

帧中继以帧为传输单位，只在物理层和数据链路层操作，可为已经有网络层协议的网络提供服务。对于 X.25 的网络，如果 TCP/IP 想利用 X.25 的服务，那么 TCP/IP 中的网络层 IP 和 X.25 的网络层会有一个重复差错检测的过程。而帧中继省略了网络层，就不会有这种情况发生。由于 X.25 与帧中继很相似，因此很容易从 X.25 升迁到帧中继。

帧中继的缺点是：虽然它的传输速率与 X.25 相比较高，某些帧中继网络的传输速率可达 44.376Mbit/s，但和更高速率的协议（如 B-ISDN）相比仍显得不够。另外，帧中继允许可变长度的帧，这可能会产生可变的延时。

在我国，帧中继最初是通过在 ChinaDDN 上配置模块实现的，后来出现了帧中继宽带业务网（ChinaFRN），它提供帧中继永久虚电路（PVC）和帧中继交换虚电路（SVC）等业务，并具备 ATM 业务功能。帧中继用户的接入速率为 64kbit/s～34Mbit/s，接入价格比 DDN 还要低。

13.6.2　帧中继和 X.25 的比较

帧中继和 X.25 有以下几点区别：

1）X.25 强调高可靠性，而帧中继着眼于快速传递。

2）X.25 有自己的网络层，如果 TCP/IP 想利用 X.25 的服务，由于 TCP/IP 中已有一个网络层协议 IP，那么在网络层的功能中就会有重复。而帧中继只在物理层和数据链路层操作，省略了网络层，因此不会发生网络层重复的情况。

3）X.25 中的每个数据包都需要在第三层进行转发，而帧中继中数据帧的交换在第二层进行。

4）X.25 中的数据包在传输过程中，在每个中间节点都要进行差错检查和流量控制。而帧中继中数据链路层不负责确认与重发，只简单地检查数据帧有没有错误，一旦传输有错即丢弃数据帧。

5）帧中继允许突发性数据，用户不必遵守 X.25 或 T 线路规定的恒定速率。

13.7 异步传输模式（ATM）

帧中继是以帧为单位在数据链路层进行交换，而异步传输模式（Asynchronous Transfer Mode，ATM）是以信元（Cell）为传输单位在数据链路层进行交换。ATM 是信元帧中继协议，它和 B-ISDN 的结合可实现全世界的网络之间的高速连接。ATM 是信息高速公路上的“高速公路”，比帧中继的传输速率高，短距离时速率高达 2.2Gbit/s，长距离时可达 155Mbit/s。

13.7.1 ATM 的基本概念

传统网络的交换方式主要有电路交换和包交换。电路交换的主要缺点是带宽的浪费（通信双方独占信道），而包交换的主要不足是信息延退的不确定性。ATM 克服了这两者的缺点，它支持可变带宽、不同的传输介质和使用不同的传送技术。

1．包交换网络

基于包交换的网络都是为特定的业务而设计的，但各种应用对网络的速率、带宽等要求是不一样的。一个包由数据和额外开销比特组成，额外开销比特以头部（尾部）的形式出现，用于识别路由、流量控制、差错控制等需要的数据。

不同协议使用的包长度及包的复杂性不同。有的协议提供可变长度的包，如以太网的帧为 64～1518 个字节，IPv4 数据报中的数据长度为 20～65 536 个字节。由于包的大小可变，会导致通信量不可预测和时延的不确定。交换机、路由器必须融合复杂的软件系统来处理大小不同的包，这些网络设备必须阅读大量的报文头信息，并对每个比特计数，以保证每个包的完整性。

传统的数据传输允许有一定的时延，而语音和视频等多媒体信息的传输则不允许有太大的时延。

2．信元交换网络

包交换网络带来的问题可通过 ATM 信元交换网络来解决。在 ATM 中，所有的业务类型都可以在同一网络上传送，因为 ATM 可以把各种应用的信息转换为信元，它被认为是一种很适合 B-ISDN 的交换方式。光纤技术的发展为 ATM 技术的应用创造了条件。

ATM 采用面向连接的交换方式，以信元为单位。ATM 信元由信头和信息段两部分组成，整个信元长度固定为 53 个字节，其中信头 5 个字节，信息段 48 个字节，每个信元都花费同样的传输时间。由于信元的发送无固定周期，因此可以采用异步时分复用传输技术，这也是将 ATM 称为异步传输模式的原因。传输时每个时间片传输一个信元，发送和接收时都按时间片进行处理，这种交换方式综合了包交换和电路交换的优点，克服了电路交换方式中网络资源利用率低以及包交换方式中延退和抖动等缺点，大大提高了网络效率，容易实现高达数百兆以上的传输速率。

由于信元大小固定，交换机和终端节点可将每个信元作为传输单元处理，而不将它们作为比特流，即信元交换网络的最小传输单元是信元而不是比特，而交换和复用可用硬件来实现，这样使得网络处理的效率更高。

3. TP、VP 和 VC

ATM 网络中，两个端点之间的连接是通过 TP（Transmission Path，传输链路）、VP（Virtual Path，虚通道）和 VC（Virtual Circuit，虚电路）完成的。一个 VP 提供两个交换机之间的一条连接或多个连接的全体，就像一条高速公路有可以双向通行，每个方向上可以有多条车道一样。属于用于同一报文的所有信元沿着同一条 VP 传输，并保持它们的原始次序一直到达目标节点。一个 VC 就像高速公路上的一条车道。TP 是一个端节点与一个交换机或两个交换机之间的一个物理连接。TP、VP 和 VC 间的关系如图 13-3 所示。

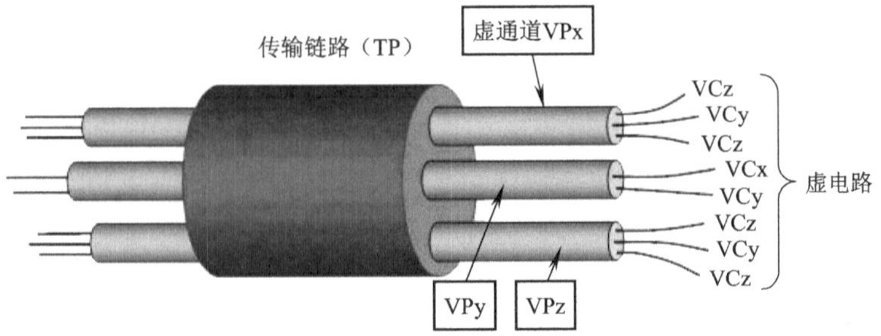

图 13-3　TP、VP 和 VC 间的关系

4. VPI 和 VCI

为了规定从源端点到目标端点的传输数据的路线，需要使用标识来表示该虚连接。一个虚连接由 VPI（Virtual Path Identifier，虚通道标识符）和 VCI（Virtual Circuit Identifier，虚电路标识符）两个数定义，它们是两级层次的标识符。VPI 定义的是特定的 VP，而 VCI 定义的是在 VP 中的一个特定的 VC。VPI 对所有的虚连接都是相同的，把它们捆绑成一个 VP。

5. ATM 交换

ATM 用交换的方式来确定信元从源端点到目标端点的路由，一般使用 VP 和 VPC 两种交换类型。VP 交换只用 VPI 确定信元的路由，而 VCP 交换使用 VPI 和 VCI 来确定信元的路由。典型的 ATM 网络大多数交换都是 VP 交换，而在网络的边界处大都是利用 VPI 和 VCI 进行交换。

13.7.2　ATM 的应用

ATM 是广域网技术，它为未来具有统一结构的网络定义了复用和交换的方法，并且得到了高速、大容量的同步光纤网（SONET）和同步数字系列（SDH）的支持。ATM 可以根据不同的应用的特性要求（如延迟、丢失率等），提供多个服务质量类别，它支持语音、数据、视频、图像等业务。

ATM 一般用在广域网中，作为主干网来连接局域网或其他的广域网。

13.8 常用的 Internet 接入技术

13.8.1 个人用户接入

单机用户接入广域网，可以采用普通拨号（使用 SLIP/PPP）、ADSL 或 N-ISDN 技术等方式接入。

单机用户通过 ADSL 或 N-ISDN 技术接入 Internet 时，方式和拨号上网方法类似，只是需要将普通的 Modem 换成 ADSL Modem 或 ISDN Modem，而且需要通过本地电信局将客户端和电信局端的线路进行调整，如图 13-4 所示。

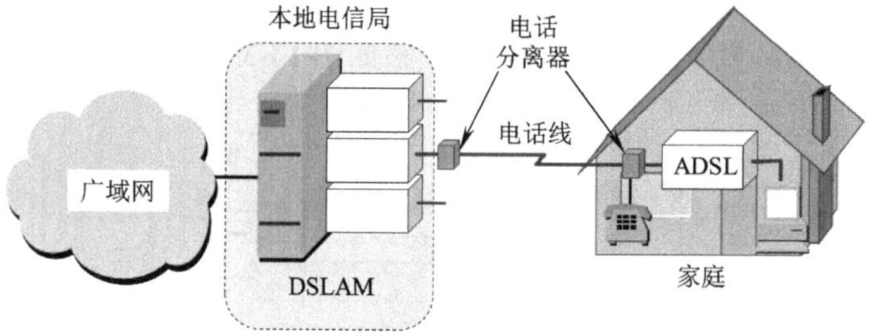

图 13-4 ADSL 接入示意图

大多数的 ADSL Modem 不但具有调制解调的功能，而且具有网桥和路由器的功能。ADSL Modem 的网桥和路由器功能使单机接入变得非常容易。ADSL 可以满足影视点播、网上游戏、远程教育等多媒体应用的需要，而且数据信号和语音信号可以同时传输，互不影响。与其他技术相比，ADSL 具有费用低、无须重新布线和建设周期短等特点，特别适合家庭和中小型企业的 Internet 接入需求。

如果家庭或办公室需要接入多台计算机，可考虑在 ADSL 与计算机之间接入路由器或交换机，以实现多台计算机“共享上网”。如果需要无线局域网，则加入一台无线路由器即可。现在市场上的无线路由器包含 ADSL Modem、路由器、交换机、防火墙等多种网络功能，价格便宜，使用方便。

13.8.2 小区宽带接入

利用现有的楼内的网络，将整个小区统一接入宽带。在这种方式中，每个用户上网是通过小区内申请、开通、付费、使用和维护，各个环节的程序简单快捷，价格大幅度下降，而速度极大地提高。

现在主要的接入方式是 FTTx（Fiber-to-the-x，光缆接入）+LAN 方式，是基于 Ethernet 的宽带接入技术。在这种接入方式中，传输介质是由光缆和双绞线组成的，其中光纤到小区，双绞线到房间。由于 LAN 多采用快速 Ethernet 组网方式，所使用的铜缆多数是超五类 UTP，甚至是六类 UTP，其数据传输性能和抗干扰能力远优于普通的电话电缆。若采用千兆位以太网组网技术，可以轻松实现 100Mbit/s 到楼、10Mbit/s 到户的宽带接入服务。小区光缆的出口可直接接至城域光缆主干网和 ATM 主干网，或经相关网络设备直接接入 Internet，具体如图 13-5 所示。

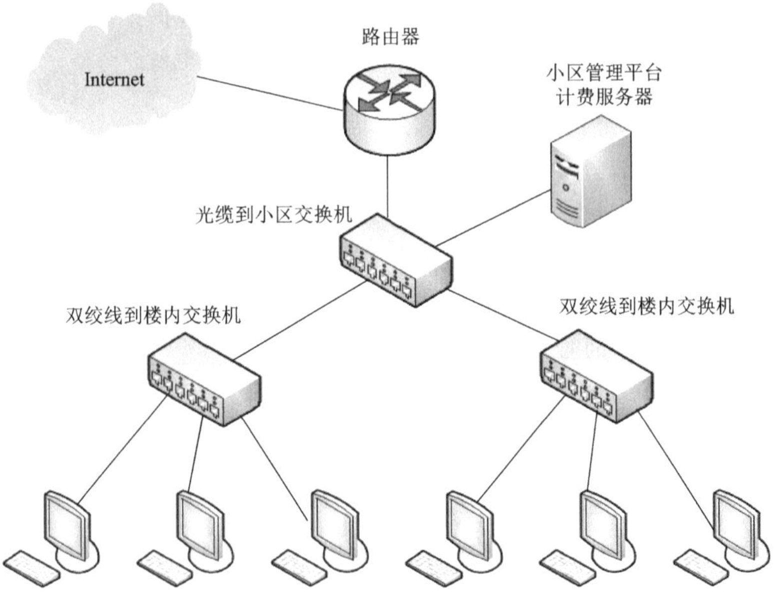

图 13-5 小区宽带接入

由于采用光缆到大楼或光缆到小区的方式，因此解决了双绞线缆在传输距离方面的限制。光缆到楼后，接入网络端口分配单元，由光-电转换设备（O/E）和楼层交换机等构成网络端口分配单元。分配后的网络端口为双绞线送至每户的高速数据插座。通常，楼层网络设备多设在底层的弱电井内。该接入方案有以下几个特点：

1）LAN 能为每个家庭提供至少提供 100Mbit/s 的端口速率和至少 10Mbit/s 的上网速率。

2）LAN 支持小区物业管理信息平台，物业可进行电子管理和服务。

3）网络端口数的扩展和性能提升较为方便。

4）所有用户在同一个网络中，网络的安全问题能有效地通过集中控制得到解决。

5）利用小区现有的网络可大幅度降低入网的费用。

6）能方便地提升整个小区的上网速率。

FTTX+LAN 是一种宽带升级潜力大、扩容成本低的宽带接入方式。国内许多住宅小区都已采用了这种宽带接入技术或用这种接入方式进行改造升级。

本 章 小 结

本章主要介绍了广域网的常用技术，包括公用电话交换网、PPP 及身份认证、xDSL 的特性及常见技术、DDN、X.25、帧中继、ATM 及常见的 Internet 接入技术等。

习题及课后实训

1．选择题

（1）ADSL 通常使用__________进行信号传输。

A. 电话线路　　B. ATM 网
C. DDN 网　　D. 有线电视

（2）非对称数字用户环路是________。

A. HDSL　　B. ADSL　　C. SDSL　　D. RADSL

（3）以下属于分组交换的是________。

A. PSTN 网　　B. SDH　　C. X.25 网　　D. 有线电视网

（4）以下属于点到点连接的链路层协议是________。

A. X.25　　B. IP　　C. ATM　　D. PPP

（5）CHAP 是三次握手的验证协议，其中第一次握手是________。

A. 被验证方直接将用户名和口令传递给验证方
B. 验证方将一段随机报文和用户名传递到被验证方
C. 被验证方生成一段随机报文，用自己的口令对这段随机报文进行加密，然后与自己的用户名一起传递给验证方
D. 验证方将一段随机报文传递到被验证方

（6）帧中继技术是一种广域网技术，有许多优秀的技术特性，其中不包括________。

A. 信元长度固定
B. 是一种国际标准
C. 简化了 X.25 的第三层功能
D. 在链路层完成了统计复用、帧透明传输和错误检测

（7）以下不是广域网协议的是________。

A. PPP　　B. X.25　　C. FrameRelay　　D. Ethernet

2．填空题

（1）ADSL 的“非对称”性指的是________________________________。

（2）ATM 网络的基本数据单元是信元，一个信元的长度为______个字节，其中______个字节为头部，______个字节为有效载荷。

3．课后实训

ADSL Modem 通常有手动拨号模式和自动拨号路由模式。分别设置一下两种模式，看看计算机所获得的 IP 地址有什么区别。

第 14 章　IPv6 技术

➢ 教学目标

本章主要介绍 IPv6 的基础知识。通过本章的学习，可以理解 IPv6 分组的格式，掌握基本头部字段的功能，理解 ICMPv6 的工作过程，掌握 IPv6 地址的表示方法、分类方法及配置方法，理解 IPv4 向 IPv6 过渡的技术。

➢ 教学要求

知识要点	能力要求	相关知识
IPv6 分组	理解 IPv6 分组的格式，掌握基本头部的功能	IPv6
IPv6 地址	掌握 IPv6 地址配置方法	IPv6
ICMPv6	理解 ICMPv6 的工作过程	IPv6
过渡技术	理解 IPv4 向 IPv6 过渡的技术	IPv6

➢ 教学要点

重　点	IPv6 分组格式、IPv6 地址
难　点	IPv6 地址

14.1 IPv6 的基本概念

IP 是 TCP/IP 体系结构中网络层的核心协议。IPv6（Internet Protocol Version 6）是 IETF（Internet Engineering Task Force，互联网工程任务组）设计的用于替代 IPv4 的下一代网络互联协议。

IPv4 是 20 世纪 70 年代基于当时的网络规模设计的，IPv4 的设计者对于 Internet 规模的发展估计明显不足。随着 Internet 的进一步发展，IPv4 越来越显示出它的局限性。在 IPv4 面临的一系列问题中，32 位的 IPv4 地址耗尽是最为严重的问题。

为了彻底解决 IPv4 存在的问题，IETF 从 1995 年开始，着手研究并开发下一代网络互联协议。IPv6 具有长达 128 位的二进制地址空间，可以彻底解决 IPv4 地址不足的问题，增强了 Internet 的可扩展性，也加强了路由功能，允许 IPv4 与 IPv6 地址的共存。除此之外，IPv6 还采用分级地址模式、高效 IP 包头、服务质量、主机地址自动配置、认证和加密等多种技术。

IPv4 向 IPv6 的过渡是一个长期的问题，即使采用了 IPv6，IPv4 也不会马上作废，中间会有一个长时间的共存、过渡过程。

14.1.1 IPv4 的不足

IPv4 的不足主要体现在以下几个方面。

1．有限的地址空间

（1）IPv4 的地址空间

IP 开发者当时将它用于 ARPAnet（美国高级研究计划署在 1969 年开发的网络）中，网络个数不多，因此他们将 IP 的地址长度设定为 32 位二进制数，其中前 8 位标识网络，其余 24 位标识主机。然而随着 ARPAnet 的日益膨胀，IP 开发者认识到原先设想的网络个数已经无法满足实际需求，于是他们将 32 位 IP 地址分成了 3 类：A 类，用于大型企业；B 类，用于中型企业；C 类，用于小型企业。

对 IP 地址进行分类后，网络个数大大增加，但又出现了新的问题。例如，一个 C 类网络仅能容纳 254 个主机，而许多企业网络中的主机个数超出了 254，尽管这些企业的主机远远没有达到 B 类地址的最大主机容量（65 534），但国际互联网络信息中心（InterNIC）不得不为它们分配 B 类地址。这种情况，一方面造成了 IP 地址资源的极大浪费，另一方面导致 B 类地址面临着即将被分完危险。

IPv4 地址资源紧张直接限制了 IP 技术应用的进一步发展。1996 年，InterNIC 已将 80%的 A 类网络地址、50%的 B 类地址、10%的 C 类地址分配给了用户。2002 年 9 月，IPv4 的地址资源已有 58%的地址分配给了全球用户，而且还有 12%的 D 类和 E 类地址是不能作为单播地址分配给用户的，2%的特殊地址也是不能分配的。因此只剩下了 28%的 IPv4 地址没有分配。

地址分配不均进一步突出了地址紧缺的矛盾。在美国，几乎所有的大学和一些大公司都得到了一个完整的 A 类或 B 类地址，它们的网络内部主机数远远小于分配到的 IP 地址数，甚至有些机构到目前为止尚有相当一部分未被使用的 IPv4 地址。而在欧洲和亚太地区，申请 IPv4 地址却非常困难。

（2）IPv4 网络解决地址紧缺的办法

针对地址资源紧张的情况，在 IPv4 网络中设计出了几种解决办法，如可变长子网掩码（VLSM）、无类域间路由（CIDR）和网络地址转换（NAT）等，但都不能从根本上解决 IPv4 存在的问题。

1）可变长子网掩码。可变长子网掩码（Variable Length Subnet Mask，VLSM）技术是将一个网络进一步划分为若干个子网后，供多个单位和部门使用。以一个 B 类地址为例，它可以包含 65 534 台主机，在目前 IPv4 地址非常紧张的情况下，这对于一个单位来说，是一个非常巨大的地址空间。一般情况下，一个单位是用不完的，造成了巨大的浪费。通过 VLSM 技术，多个单位和部门可共用一个网络，可充分利用空闲的地址，达到节省 IP 地址的目的。

VLSM 本身也浪费了许多 IP 地址。例如，一个 B 类地址，本来可以有 65 534 个 IP 地址供分配。如果在主机部分取出 4 位作为子网 ID，则可以划分 16 个子网。这时，子网掩码的长度变成了 20 位，主机 ID 为 12 位。划分子网后，子网 ID 全 0（共有 2^{12}=4 096 个）和全 1（也是 4 096 个）的 IP 地址不能再被分配给主机，每个子网内又各有一个主机 ID 全 0 的 IP 地址用于子网 ID，主机 ID 全 1 的 IP 地址用于子网广播地址，也就是共有 2×16=32 个地址再也不能分配给主机。这个方案共浪费了 8 224 个 IP 地址。

2）无类域间路由。分类划分 IP 地址在 1982 年时被认为是一个非常好的想法，因为分类减少了用 IP 地址发送掩码信息的工作。但是分类划分严重地浪费了 IP 地址，许多 IP 地址被用于网络 ID、广播地址等而不能分配给主机。其中，仅用于标识网络 ID 的 IP 地址就不少，这些网络 ID 不能再被分配给主机。

对于一个需要大量地址（如 3 000 个 IP 地址）的大型组织，可以采用两种办法。一种方法是直接申请一个 B 类地址，可以容纳 65 534 台主机，而这个单位只需 3 000 个 IP 地址，造成大量 IP 地址的浪费；另一种方法是提供多个 C 类地址，但这些地址不属于同一个网络，在 Internet 路由器的路由表中必须有多个 C 类网络的 ID 项才能把 IP 数据包路由到这个组织，这会导致 Internet 上的路由表迅速扩大，最后可能会使路由机制崩溃。

无类域间路由（Classless Inter-Domain Routing，CIDR）是节省 IP 地址的一个好的办法。它不再受地址类别的约束，网络 ID 的长度可以是任意的，而不再是 A 类的 8 位、B 类的 16 位、C 类的 24 位等地址分割方法。CIDR 的原理是为那些拥有数千个或更多主机的企业分配一个由一系列连续的 C 类地址组成的地址块。

例如，某个企业网络中有 1 500 台主机，那么可以为该企业分配 8 个连续的 C 类地址，如 192.56.0.0/21～192.56.7.0/21，并将子网掩码设定为 255.255.248.0，即地址的前 21 位标识网络，剩余的 11 位标识主机。这样，这些连续的地址块在路由器处理时，便可将它们视为同一个网络 ID 去处理。

CIDR 没有类的概念，所以称为无类域间路由，它的思想和 VLSM 正好相反。VLSM 是将一个单一的网络划分为多个子网（因为产生了子网 ID，导致浪费了更多的 IP 地址），而 CIDR 是将多个网络聚合起来形成一个更大的单一网络。CIDR 的特性如下：

① 路由会聚。CIDR 通过地址会聚操作，使路由表中的一个记录能够表示许多的网络地址空间，这样可以减少路由表的大小，使网络具有更好的可扩展性。

② 消除地址分类。消除地址分类虽不能从已分配的地址空间中将浪费的地址恢复，但它能更好地利用剩下的将要使用的地址。

③ 超网。超网就是将多个网络聚合起来，构成一个共同地址前缀的网络。C 类地址和 B 类或 A 类地址相比，差异太大。利用超网的方法可将一块连续的 C 类地址模拟成一个单一的更大的地址空间，介于 B 类地址和 C 类地址之间。超网的合并过程是首先获得一块连续的地址空间，然后从默认子网掩码最右边开始尽量多地删除位，直到它们的网络 ID 保证相同为止。例如，一块连续的地址空间为 211.70.16.0～211.70.31.0，它们原来的默认子网掩码为 255.255.255.0，通过超网的方法，将它们的子网掩码都改为 255.255.240.0。此时，原来的 16 个 C 类地址都属于网络 211.70.16.0/20，因为它们的网络 ID 都是 211.70.16.0。这时在广域网的路由器中，就不再给这 16 个网络地址分别分配不同的路由表项了，而是使用单一的“211.70.16.0/20”这个网络 ID，这样可大大缩减路由表项的数目，提升路由器性能，这就是路由会聚。

3）网络地址转换。网络地址转换（Network Address Translate，NAT）是一种将无法在 Internet 上使用的内部保留 IP 地址转换为可以在 Internet 上使用的合法 IP 地址的机制。NAT 为内部网络的主机分配 IPv4 的保留（内网）IP 地址，然后在内部网络与 Internet 交接点上设置 NAT 服务器和由少量合法 IP 地址组成的 IP 地址池，这样可以解决大量内部主机访问 Internet 的需求。NAT 技术得到了较为广泛的应用，被认为是解决 IP 地址紧缺的有效手段，但 NAT 也有其无法克服的缺点，主要有以下几个方面：

① NAT 破坏了 IP 网络的端到端的模型。IP 被设计为处理端到端的连接，NAT 的应用对于对等通信有着极大影响。对等通信模型中的任一方既可作为客户端，也可以作为服务端使用。但如果这种模型中，通信双方有一方处于 NAT 的后方，则需要作额外的处理才能解决这个问题。NAT 会使网络吞吐量降低，影响网络的性能。

② NAT 阻止了端到端的网络安全。为了保护 IP 报头的完整性，可以使用一些加密方法，但这样的 IP 报头从源到目标之间是不能被改变的。NAT 对报头部分的转换会破坏完整性检查。

③ NAT 必须对所有的内部网和 Internet 之间的 IP 数据报进行地址转换，但是大多数的

NAT 无法将转换后的地址信息传递给 IP 数据报负载，这导致某些必须将地址信息嵌在 IP 数据报负载中的高层应用出现问题。

④ NAT 技术要求 NAT 转换器必须保持连接状态，并记住被转换的地址端口。地址和端口的转换都需要额外的开销。

（3）新技术应用使 IP 地址空间更紧张

现在出现的新技术都需要使用 IP 地址，如平板电脑、3G 移动电话、汽车，甚至家用电器都将需要使用全球唯一的 IP 单播地址，以连接到 Internet 中。移动和宽带技术的发展要求有更多的 IP 地址。

2．路由表越来越大

IPv4 的地址由网络号和主机号两部分构成，以支持层次型的路由结构，它与网络拓扑结构无关。子网划分技术和 CIDR 的引入提高了路由层次结构的灵活性。但是 IPv4 地址的层次结构缺乏统一的分配和管理，而且多数 IP 地址空间的结构只有两层或者 3 层，这导致了主干路由器中存在大量的路由表项。随着接入的网络数目越来越大，路由器数目也飞速增加，相应地，路由表也就不断加大。庞大的路由表增加了路由查找和存储的开销，成为影响提高互联网效率的一个瓶颈。同时，由于 IPv4 数据包的报头长度不固定，因此难以利用硬件提取和分析路由信息，这对进一步提高路由器的数据吞吐率也是不利的。

3．缺乏服务质量保证

IPv4 对涌现出的新业务缺乏有效的支持，如实时和多媒体应用，这些应用要求提供一定的服务质量保证。研究人员提出了在 IPv4 网络中支持以上应用的新协议，如资源预留协议（RSVP）和支持实时传输的 RTP/RTCP。这些协议同时增加了规划和构造 IP 网络的成本及复杂性。

14.1.2　IPv6 的发展和特性

IPv6 继承了 IPv4 的端到端和尽力传输的基本思想，仍支持面向无连接的传输，但将传输单位称为 IPv6 分组，而不是 IP 数据报。IPv6 不仅加大了地址空间，而且是一个修正 IPv4 编址方案的好机会。IPv6 具有以下特征：

1）巨大的地址空间。IPv6 的地址长度从 IPv4 的 32 位扩展到 128 位，地址空间增大了 2^{96} 倍，这样庞大的地址空间可以满足 Internet 的不断增长的需要，即使为所有的移动电话和家用电器等都分配一个 IP 地址也足够了。

2）全新的地址配置方式。IPv6 采用类似 CIDR 的地址聚类机制层次的地址结构，但寻址效率比 CIDR 高。为了支持更多的地址层次，IPv6 的网络前缀可以分成多个层次的网络。这样，不仅可以定义非常灵活的地址层次结构。同时，同一层次上的多个网络在上层路由器中表示为一个统一的网络前缀，这样可以显著减少路由器必须维护的路由表项，大大降低了路由器的寻址和存储开销。为了简化主机的配置，IPv6 支持手工地址配置、有状态自动地址配置和无状态地址配置。有状态自动地址配置是利用专用的地址分配服务器动态分配 IPv6 地址。而在无状态地址配置中，网络上的主机能自动给自己分配 IPv6 地址。所以，在同一链路上，所有主机不用人为干预就可以进行通信。

3）灵活的头部格式。IPv6 使用了新的协议头格式，报文头由基本的固定头部和扩展头部组成。固定头部的长度为 40 字节，它将一些不是主要的和可选的字段移到了扩展头部中，简化了路由器的操作，降低了路由器处理分组的开销，具有更高的效率。在基本固定头部之后还可以附加不同类型的扩展，为定义可选项以及新功能提供了灵活性。注意，IPv6 头部和 IPv4 头部是不兼容的。

4）简化协议，加快分组的转发。在 IPv6 基本头部格式中，取消了头部检验和字段，分段只在源站点进行，简化了协议，加快了分组的转发。

5）对 QoS 有更好的支持。QoS（Quality of Service）允许对网络资源进行预分配，支持实时传输视频和图像等要求，保证了一定的带宽。IPv6 在包头中新定义了一个叫做流标签的特殊字段，它使路由器可以对属于一个流的数据包进行识别并提供特殊处理。使用这个标签，路由器可以不打开传输的内层数据包就可以识别流。这样做的好处是，即使对数据包的数据部分进行了加密，但仍然可以实现对 QoS 的支持。

6）内置的安全性。IPv6 中的加密和认证选项提供了包的可信性和完备性。IPv6 本身就支持 IP 安全体系结构（Security Architecture for the Internet Protocol，IPsec），这就为网络安全性提供了一种标准的解决方案，还提供了不同 IPv6 方案之间的互操作性。

7）全新的邻居发现协议。邻居发现（Neighbor Discover）协议是 IPv6 中的一系列机制，是 IPv6 的一个关键协议，也是与 IPv4 的一个主要的区别点。邻居发现协议用来管理相邻节点之间的交互。邻居发现协议使用更加有效的单播和组播报文，取代了 IPv4 中的地址解析协议、ICMP 路由器发现和 ICMP 路由器重定向，并在无状态自动地址配置中起到了重要的作用。

8）可扩展性。IPv6 在基本头部之后增加了扩展头部，可以很方便地实现功能扩展。IPv4 中的选项最多只能支持 40 个字节的选项，而 IPv6 扩展头部的长度只受 IPv6 数据包的长度限制。当有新的技术和应用需求时，IPv6 允许对协议进行扩充。

IPv6 还增加了许多新的特性，如支持移动性和多播寻址（Multicast）等。因此，IPv6 为 Internet 换了一个简捷、高效的引擎，不仅可以解决 IPv4 地址短缺的难题，而且可以使 Internet 摆脱日益复杂、难以管理和控制的局面，变得更加稳定、可靠、高效和安全。同时，允许协议继续演变和增加新的功能，更适应未来技术发展的需要。

IPv6 的以上特性同时为 3G 网络提供了广阔的前景。移动通信正试图从电路交换提供语音服务，向 IP 提供数据、语音、视频等多种服务。但 IPv4 很难对此提供有效的支持，如移动设备入网需要大量的 IP 地址，全球漫游问题也必须由附加的移动 IPv4 给予支持。而 IPv6 的地址空间、移动性的支持、服务质量保证机制、安全性和其他灵活性很好地满足了 3G 网络的需求。

IPv6 对 IP 地址和头部的改进、提出的身份认证和安全机制以及 QoS 等，对电子商务来说至关重要。而多媒体技术、视频会议和语音 IP 等均可从该协议的 QoS 特点中获益。另外，使用 IPv6 可以大大改进并简化 VPN 的实现。IPv6 的自动地址配置给特定的应用带来了方便。

14.1.3　IPv6 中的基本概念

IPv6 中的基本概念的介绍如下：

1）节点。IPv6 中的节点可以是任何运行 IPv6 的入网设备，如主机、路由器、手机、电视机和冰箱等。

2）路由器。IPv6 中的路由器是一个可以转发数据包的节点，是一个非常重要的网络设备。

3）主机。一般是 IPv6 数据流的源和目标。主机不但可以是计算机，还可以是冰箱、汽车等，只要它运行 IPv6。

4）上层协议。IPv6 的上层协议主要包括 Internet 层协议（如 ICMPv6）和传输层协议（如 TCP 和 UDP），但不包括应用层协议（如 SMTP、FTP、DNS 等）。

5）局域网段。局域网段是 IPv6 链路的一部分，它由单一介质组成，以二层交换机为边界。

6）链路。链路是以路由器为边界的一个或多个局域网段。

7）子网。子网是 IPv6 地址中前 64 位地址前缀相同的一个或多个链路。一个子网还可以继续被子网内部的路由器分为几个部分。

8）网络。网络是由路由器连接起来的两个或多个子网。

9）邻节点。邻节点是在同一链路上的物理或逻辑节点。这个概念比较重要，因为 IPv6 的邻居发现协议解析的是邻节点的链路层地址，同时还监视和检测邻节点是否可以到达等。

10）最大传输单元。最大传输单元（MTU）是指可以在链路上发送的最大长度的数据包。

11）路径最大传输单元。从源节点到目标节点的一条路径上，在不执行主机拆分的情况下，可以发送的最大长度的 IPv6 数据包。

14.2　IPv6 分组结构和 ICMPv6

IPv6 分组由一个 IPv6 的基本头部、多个扩展头部和一个上层协议数据单元组成。扩展头部是在基本头部之后的可选头部，它可以有一个或多个，也可以没有。上层协议数据单元一般由上层协议包头和它的有效载荷构成。例如，可以是 ICMPv6 报文、TCP 报文或 UDP 报文。

14.2.1　IPv6 基本头部

IPv6 分组的基本头部是一个固定长度的报头，总共有 8 个字段，长度为 40 字节。IPv6 分组的格式和基本头部的格式如图 14-1 所示。

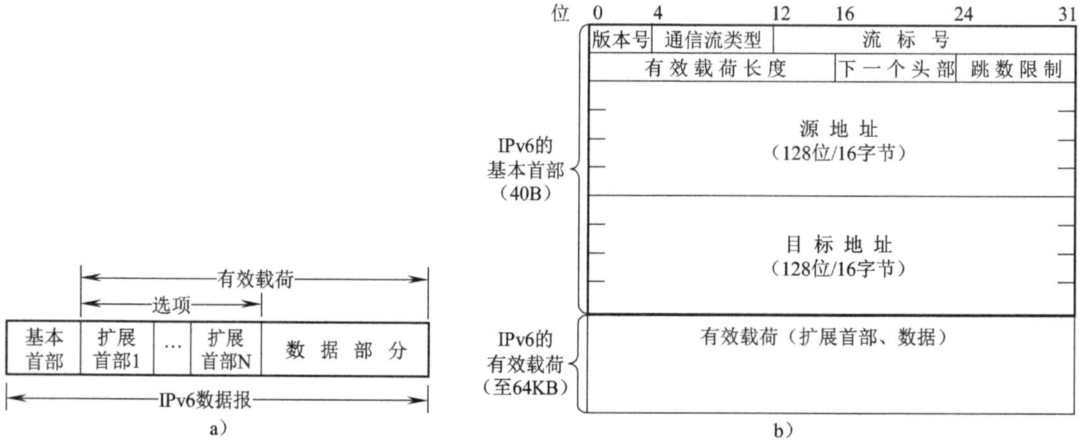

图 14-1　IPv6 分组的格式和基本头部的格式

a）分组格式　b）基本头部格式

IPv6 基本头部格式中各字段的含义如下：

1）版本号（Version）。它表示 IP 的版本，由 4 位组成。IPv6 的版本为 6，二进制表示为“0110”。

2）通信流类型（Traffic Class）。这个字段和 IPv4 中的服务类型功能类似，表示 IPv6 数据包的优先级（Priority）或流类型，占 8 位。IPv6 把流分为可进行拥塞控制的和不可进行拥塞控制的两大类，每一类都分为 8 个优先级，值越大，优先级越高。可进行拥塞控制的业务优先级为 0～7，当发生拥塞时，这类业务可以放到后面传输。不可进行拥塞控制的业务优先级为 8～15，这类业务是实时性业务，它们的发送速率都是恒定的，即使丢失数据，也不进行重传。例如，电子邮件的优先级为 2，Telnet 的优先级为 6，音频（如 IP 电话）的优先级为 15 等。

3）流标号（Flow Label）。流标号占 20 位，是 IPv6 的一个新机制，用来表示这个数据包属于源节点和目标节点之间的一个特定数据包序列，它需要 IPv6 中间路由器进行特殊处理。流标号支持资源预留，允许路由器将每一个数据报与一个指定的资源分配关联。流是从源节点到目标节点的一系列数据报，将有关视频的应用程序建立一个流后，它们所需要的带宽和延迟就可得到保证。流也可用来限制计算机或应用程序所发送的业务流量和服务质量，还可用于某个特定的组织，使用它可以管理网络资源，以保证所有的应用公平地使用网络。

4）有效载荷长度（Payload Length）。该字段长度为 16 位，指明 IPv6 分组中基本头部之后的扩展头部和上层协议数据单元的字节数，所以 IPv6 可容纳 2^{16}（65 536）字节的数据。因为 IPv6 基本头部长度固定，所有没有如 IPv4 那样指明 IPv6 整个数据报的总长度。

5）下一个头部（Next Header）。该字段长度为 8 位，指明基本头部后的扩展头部（如果有扩展头部）的类型，如果没有扩展头部，则用来指明上层协议数据单元的类型。

6）跳数限制（Hop Limit）。占 8 位，类似于 IPv4 的 TTL（Time To Live），定义了 IPv6 数据包所能经过的路由器的最大个数，用于防止分组在网络中无限制地循环。每经过一个路由器，跳数限制字段的值减 1，当值为 0 时，就将该分组丢弃。

7）源地址（Source Address）。占 128 位，是发送分组的源节点的地址。

8）目标地址（Destination Address）。占 128 位，是接收分组的目标节点的地址。

与 IPv4 报文头部相比，IPv6 分组中去掉了 IPv4 中的头部长度、标识、标志、段偏移、头部检验和、选项和填充字段。因为 IPv4 头部中含有选项字段，因此 IPv4 的头部长度是不固定的。而 IPv6 没有选项字段，改用了扩展字段，所以长度固定为 40 字节，因此在 IPv6 中把头部长度字段取消了。

由于 IPv6 处理分片的方法和 IPv4 不同，所以标识、标志和段偏移 3 个与分段有关的字段也被去掉了。在 IPv6 网络中，中间路由器不再处理分片，而是由发送数据包的源节点处理分片，这就可以节省中间路由器为处理分片而耗费的大量网络资源。

因为第二层和第四层都有校验和，而且 UDP 校验和在 IPv4 中也是可选的，所以在第三层网络层的校验和是一种冗余，会浪费中间路由器的资源。因此，IPv6 将校验和字段去掉了。

IPv6 将选项改由扩展头部处理，因此把选项字段也取消了，这样简化了报文头，减少了路径上中间路由器的处理消耗。

14.2.2 IPv6 扩展头部

因为 IPv4 报文头部包含了所有的选项，因此数据包每经过一个路由器都必须检查这些选项是否存在，如果存在，则必须去处理它们，这样就大大降低了路由器转发 IPv4 数据包的效率。IPv6 的基本头部和扩展头部代替了 IPv4 的头部（包括选项），它将相关的选项放到了扩展头部中，这样 IPv6 的中间路由器就不需要检查、处理每一个有可能出现也有可能不出现的选项。扩展头部增强了 IPv6 的功能，使其具有极大的扩展性。IPv6 的扩展头部长度没有限制，可以容纳 IPv6 通信所需的所有扩展数据。

在 IPv6 数据包中，可以有扩展头部，也可以没有扩展头部，不是每个数据包都需要扩展头部。IPv6 的扩展头部有以下几种：

1）逐跳选项头部（Hop-by-Hop Options Header）。逐跳选项头部用于携带在该数据包传输过程中所经过的每个节点都必须检查的选项。它在传输路径上每次跳转时指定发送参数，路径中的每个路由器都要读取并处理该字段。如果存在逐跳选项头部，则在 IPv6 基本头部中“下一个首部（Next Header）”字段的值为 0。

2）目标选项头部（Destination Options Header）。目标选项头部用于存放数据包目标地址需要处理的选项，它在 IPv6 基本头部中“下一个首部”字段的值为 60。

3）路由头部（Routing Header）。路由头部的作用是使数据包经过指定的中间节点到达目的地。使用这个扩展头部，在数据包发向目标节点的路径中，数据包可以被源节点强制经过指定的路由器，而不是根据链路状况随机选择路径。它在 IPv6 基本头部中“下一个首部”字段的值为 43。

4）分段片部（Fragment Header）。分片头部用于 IPv6 报文的拆分和重组。只有源节点才可以对有效载荷（上层协议数据单元）进行拆分。当数据包源节点发现上层协议交给它传输的数据包的大小超过了路径最大传输单元时，就将数据包进行分片，并使用分段头部来提供重组信息。它在 IPv6 基本头部中“下一个头部”字段的值为 44。

5）认证头部（Authentication Header）。认证头部为 IPv6 数据包和经过 IPv6 网络传输后，值不会改变的字段提供数据验证（对源节点进行校验）、数据完整性（确认数据在传输中没有改变）验证和防重发保护（确保数据不是重发的）。

6）封装安全有效载荷头部（Encapsulating Security Payload Header，ESP）。封装安全有效载荷头部提供了数据机密性、数据验证、数据完整性和对已封装有效载荷的重发保护服务。

14.2.3　ICMPv6

IPv4 网络利用 Internet 控制报文协议（ICMP）为 IP 提供差错报告和控制机制，网关和主机利用 ICMP 发送关于所发数据包的有关问题报告，如目标或端口不可达、数据包超长、超时和网络中出现拥塞等消息，或者回应请求和回应应答等操作。

IPv6 使用 ICMPv6 作为控制协议，遵循与 ICMP 相同的策略和目的。原来 IPv4 中的 ARP 和 IGMP 已被组合到 ICMPv6 中，RARP 已从第六版协议簇中删除，因为 RARP 不经常使用。IPv4 和 IPv6 的网络层比较如图 14-2 所示。

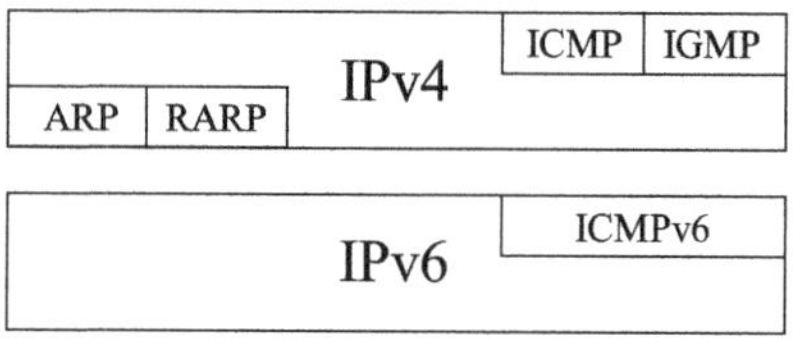

图 14-2　IPv4 和 IPv6 的网络层比较

ICMPv6 在 IPv6 基本头部中“下一个首部”字段的值为 58。ICMPv6 除了能提供原来

ICMP 常用的功能外，还提供如邻节点发现、无状态地址配置和路径最大传输单元等消息。ICMPv6 是 IPv6 网络中非常重要的一个协议，是 IPv6 网络中许多机制的基础。

ICMPv6 报文分为差错报文和信息报文两种。差错报文是网络层故障汇报，用于报告在转发 IPv6 数据包过程中出现的一些差错问题，如目标不可达、数据包超长、超时和参数问题。信息报文提供网络层故障诊断（如 ping 的基础），实现部分网络层功能以及路由器请求和广播、组成员资格、邻居发现等。常见的信息报文主要是回送请求报文和回送应答报文。

ICMPv6 中各种消息的具体介绍如下：

1）目标不可达（Destination Unreachable）消息。用来在一个数据包无法转发到目标节点或上层协议时，路由器或目标节点向一个 IPv6 报文的源节点发送 ICMPv6 的报文，汇报无法被送到目的地的原因。

2）数据包超长（Packet Too Big）消息。由于出口链路的最大传输单元小于 IPv6 数据包的长度而导致数据包无法转发，路由器会发现数据包超长，这个路由器就向发送该报文的源节点汇报该报文超长。

3）超时（Time Exceeded）消息。当路由器收到一个 IPv6 报文，但基本头部中跳数限制字段的值为 1 的数据包时，会丢弃该数据包，并向报文源节点通报该报文已经超时。这里可能有两种情况，一是报文在被发送出去时跳数限制（Hop Limit）已经变为零，二是报文重组超时。

4）参数问题（Parameter Problem）消息。当 IPv6 基本头部或扩展头部出现错误，导致数据包不能被进一步处理时，IPv6 节点会丢弃该数据包，并向报文源节点发送消息，指明问题的位置和类型，用一个指针指出原来报文中出错的参数。

5）回送请求报文（Echo Request）和回送应答报文（Echo Reply）消息。用来进行网络层可达性测试。回送请求报文用于发送到目标节点，使得目标节点立即发回一个回送应答报文。当目标节点收到一个回送请求报文时，ICMPv6 使用回送应答报文响应。

14.3 IPv6 的地址和地址配置

IPv6 的地址长度为 128 位，共有地址数 2^{128} 个，这样大的地址空间相当于为地球表面每平方米的面积上提供了 7×10^{23} 个地址，世界上每个人都可以拥有 9.2×10^{12} 个 IPv6 地址。如果地址分配速率是每微秒分配 100 万个地址，则需要 10^{19} 年才能分配完毕。尽管由于采用了地址的编码方案，但实际可以分配和使用的 IPv6 地址不会有那么多，但是 IPv6 的地址数量仍然是大得惊人。

14.3.1 IPv6 地址表示

IPv6 的地址由前缀和接口标识组成。前缀可以理解为 IPv4 地址中的网络 ID，但它与 IPv4 地址中的网络 ID 是两个不同的概念。接口标识相当于 IPv4 地址中的主机 ID。按照 RFC 2373 IPv6 地址结构（IPv6 Addressing Architecture）中的定义，IPv6 地址有以下 3 种格式：

（1）首选格式

IPv6 不采用“点分十进制”表示方法，而是将地址每 16 位划分为一段，每段转换为一个 4 位的十六进制数，共分为 8 段，段与段之间用冒号分隔，这种方法称为“冒号十六进制记法”。例如，FEDC:BA98:7654:686E:0000:1180:096A:1234。

（2）零压缩法（Zero Compression）

许多 IP 地址中都有好多个连续的 0，在冒号十六进制记法中，可将不必要的 0 去掉。例如，“…:0001:0000:096A:…”表示为“…:1:0:96A:…”。但要注意，不能把一个段内的有效 0 也压缩了。例如，“…:AB01:906A:…”如果表示成“…:AB1:96A:…”，则不正确。

如果整个一段（16 位）或几段都是零，则可以用一对冒号代替，这种方法是实用的，因为在实际应用中会有许多地址包含连续的零串。例如，FF05:36AD:0:0:0:0:0:3C 可以压缩表示成 FF05:36AD::3C。但在一个地址中，这样的一对冒号只能出现一次，否则容易引起歧义，因为系统会分不清每对冒号代表的是几个零了。

（3）以 IPv4 地址作为后缀（内嵌）

这是从 IPv4 向 IPv6 过渡的过程中使用的一种特殊表示方法。IPv6 地址的前面部分用冒号十六进制表示，而后缀可以是点分十进制的 IPv4 地址。例如：

0:0:0:0:0:0:192.168.0.2（或表示为：::192.168.0.2）

0:0:0:0:0:FFFF:192.168.0.2（或表示为：::FFFF:192.168.0.2）

3AE2:0:0:0:0:0:128.18.3.56（或表示为 3AE2::128.18.3.56）

14.3.2　IPv6 地址分类

IPv6 的地址结构采用层次化的多级体系，这是为了使路由器可以更快地查找路由。IPv6 的地址前缀是 IPv6 地址中前面的部分，前缀的值可以是固定的值，它是路由或子网的标识。它类似于 IPv4 中的网络 ID，但 IPv6 的前缀和 IPv4 的网络 ID 是两个完全不同的概念。目前，IPv6 地址的分配由 Internet 分配号码权威机构（Internet Assigned Numbers Authority，IANA）负责。

IPv6 地址的前缀长度可以表示为“IPv6 地址/前缀长度”，如“12AB:0:0:CD30::/60”，它表示 IPv6 地址的前缀长度为 60。

IPv6 地址分为单播地址、组播地址、任播地址和特殊地址等基本类型，它取消了 IPv4 中的广播地址。

1．单播地址

单播地址是指单点播送（Unicast），也称为单播，它和 IPv4 中的单播概念类似，是传统的点到点的通信。发送给单播地址的数据包只被一个唯一的接口所接收，但它和 IPv4 中的单播不同。IPv6 的单播地址又分为可聚合全球单播地址、本地链路地址和本地站点地址等。

（1）可聚合全球单播地址

可聚合全球单播地址（Aggregatable Global Unicast Address）和 IPv4 中的对外的公网地址一样，是用于通信的全局单播地址。它的前缀是 IPv6 提供商分配给组织的 48 位前缀，最高 3 位是“001”（二进制），组织机构可以利用后续的 16 位（49～64 位）来将网络划分为 65535 个子网。地址的后 64 位是节点的接口 ID。例如，“2001:A304:6101:1::E0:F726:4E58”就是一个全局单播地址。可聚合全球单播地址的格式如图 14-3 所示。

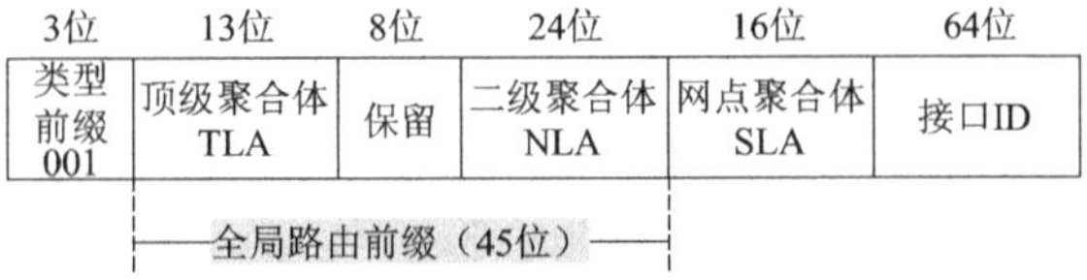

图 14-3 可聚合全球单播地址格式

可聚合全球单播地址结构中各字段的含义如下：

1）类型前缀（Format Prefix）。类型前缀占 3 位，用于说明地址的类型，以区别其他地址类型。对于可聚合全球单播地址，它的值为“001”（二进制）。

2）顶级聚合体（Top Level Aggregator，TLA）。占 13 位，TLA 标识分级结构中的顶级机构。TLA 是与长途服务供应商和电话公司相互连接的公共网络接入点，它从 IANA 处获得地址，用于骨干网的 ISP。

3）二级聚合体（Next Level Aggregator，NLA）。占 24 位，NLA 标识分级结构中的二级机构，它从 TLA 处申请获得地址，并为 SLA 分配地址。NLA 通常是大型的、地区性的 ISP。

4）网点级聚合体（Site Level Aggregator，SLA）。占 16 位，SLA 负责为属于网点中的用户分配地址，可以是一个机构或一个小型的 ISP。SLA 通常为用户分配由连续地址组成的地址块，以便这些机构可以建立自己的地址分级结构，以识别不同的子网。

5）接口 ID。占 64 位，它是分级结构的最低级，用于标识网络主机。

接口 ID 可以由 IEEE EUI-64 规范自动生成、设备随机生成或手工配置。IEEE EUI-64 规范自动生成方便简单，它由设备自动生成，因为主机的 MAC 地址是唯一的，所以生成的接口 ID 在全球也是唯一的；设备随机生成可以保护主机的私密性；手工配置一般在服务器和重要网络设备上进行。

IEEE 定义了一种基于 64 位的扩展唯一标识 IEEE EUI-64 规范。IEEE EUI-64 规范自动生成接口 ID 时，因为 IPv6 地址中的接口 ID 是 64 位，而主机网卡的物理地址（MAC 地址）是 48 位，其中高 24 位是制造商标识，低 24 位是制造商给网卡的编号。所以，自动生成时是在 MAC 地址的中间位置（制造商标识后）插入一个十六进制数 FFFE（即 1111 1111 1111 1110），就形成了一个 64 位的接口 ID。为了确保这个从 MAC 地址得到的接口 ID 唯一，需要将接口 ID 中的第 7 位（U/L 位，全局管理为 1，本地管理为 0）设置为 1。例如，一个节点的 MAC 地址为“0012:F60B:5AD9”，则其相应的二进制表示为：0000 0000 0001 0010 1111 0110 0000 1011 0101 1010 1101 1001。在这个 48 位 MAC 地址的中间位置（制造商标识后，25 位处）插入“FFFF”后为：0000 0000 0001 0010 1111 0110 **1111 1111 1111 1110** 0000 1011 0101 1010 1101 1001。最后将第 7 位设置为 1，所以 EUI-64 的接口 ID 为：0000 0010 0001 0010 1111 0110 **1111 1111 1111 1110** 0000 1011 0101 1010 1101 1001，其相应的十六进制表示为：0212:F6FF:FE0B:5AD9。

（2）本地链路地址

本地链路地址（Link Local Address）由设备自动生成。这是一种应用范围受限的地址类型，只能用于连接到同一本地链路的节点间，如邻居发现等就要用到这种地址。

本地链路地址有一个特定的前缀，形式为“FE80::/64”，后面是一个低 64 位的接口 ID。本地链路地址的格式如图 14-4 所示。

10位	54位	64位
1111111010	全0	接口ID

图 14-4　本地链路地址格式

当一个节点启动 IPv6 时，该节点的每个接口就会自动配置一个本地链路地址。这样，两个连接到同一本地链路的节点无须手动配置就可能实现通信。

（3）本地站点地址

本地站点地址（Site Local Address）相当于 IPv4 网络中的私有地址，它仅限于在一个站点内使用。对于没有申请 IPv6 提供商分配的可聚合全球单播地址的组织，它们的内部可以使用这种地址。

本地站点地址有一个特定的前缀，前 48 位固定，其前十位为“1111 1110 11”，紧跟在后面的是连续的 38 个“0”，形式为“FEC0::/48”。然后是一个 16 位的子网 ID，用于组织（或机构）构建内部子网时使用。后面是一个低 64 位的接口 ID。本地站点地址的格式如图 14-5 所示。

10位	38位	16位	64位
1111111011	全0	子网ID	接口ID

图 14-5　本地站点地址格式

本地站点地址不能自动生成，“FE90::/48”这样的前缀可以分配给站点内的任何节点，当然也包括路由器。

（4）其他单播地址

除了上述 3 种单播地址外，还有几种和 IPv4 兼容的单播地址。主要在 IPv4 向 IPv6 过渡的过程中使用。

1）IPv4 兼容地址。IPv4 兼容地址可表示为“0:0:0:0:0:0:w.x.y.z”或“::w.x.y.z”，w.x.y.z 是 IPv4 地址，它用于使用 IPv4 和 IPv6（运行双协议栈）的节点间进行通信。

2）IPv4 映射地址。IPv4 映射地址可表示为“0:0:0:0:0:FFFF:w.x.y.z”或“::FFFF:w.x.y.z”。它是以 IPv4 地址作为后缀（内嵌）的 IPv6 地址，IPv6 网络中的节点用它来标识 IPv4 网络中的节点。

3）6to4 地址。6to4 地址是用于同时使用 IPv4 和 IPv6 的节点在 IPv4 网络中进行通信。6to4 是通过 IPv4 路由方式在主机和路由器之间传递 IPv6 分组的隧道技术。

2．组播地址

组播地址是多点播送（Multicast），也称为多播，是一点到多点的通信。组播中的节点可以有相同的前缀也可以有不同的前缀，要传输的分组只需传输一组特定的目标节点中的一个。IPv6 不再使用广播的术语，它将广播作为组播的一个特例。

组播地址的前缀的前 8 位全为 1（FF），其格式如图 14-6 所示。

8位	4位	4位	112位
11111111	标志	范围	组播ID

图 14-6　组播地址格式

1）标志（Flags）。标志字段占 4 位，当其值为 0 时，表示是一个永久分配地址。当值为

1 时，表示是一个临时的组播地址。

2）范围（Scope）。用于限制组播数据在网络中发送的范围，也占 4 位。范围的值目前定义为：1 表示节点本地范围；2 表示链路本地范围；5 表示站点本地范围；8 表示组织本地范围；E 表示全球范围；0 和 F 为预留，其他的值还没定义。

3．任播地址

任播（Anycast）地址也称为任播，是 IPv6 增加的一种类型。它的目标地址是一组节点，这些目标地址具有相同的前缀。但数据分组只交付给其中一个，通常是距离最近的一个。例如，移动用户上网时经常处于不同的地理位置，但接入网络时总是找离用户最近的一个基站，这样移动用户在地理位置上不会受太大的限制。

任播地址的分配是从单播地址中进行的，使用单播地址的任何格式，和单播地址没有太大区别。任播地址的节点必须有明确的配置，以使外界知道它是一个任播地址。

4．特殊地址

IPv6 也有保留地址，如全 0 的“::”用于主机在没有 IP 地址时使用，通常作为源地址，并不能被路由器转发。“::1”作为回送（Loopback）地址，相当于 IPv4 中的“127.0.0.1”。另外，还有 IPv4 和 IPv6 的兼容（Compatible）地址、IPv4 和 IPv6 的映射（Mapped）地址等。IPv6 地址格式见表 14-1。

表 14-1　IPv6 地址格式

地 址 类 型	二进制前缀	IPv6 标识
未指定	00…0（128 位）	::/128
回送地址	00…1（128 位）	::1/128
组播	11111111	FF00::/8
本地链路地址	1111111010	FE80::/64
本地站点地址	11111111011	FEC0::/48
全局单播	（其他）	（其他）

14.3.3　IPv6 地址配置

IPv6 将路由器、主机等都称为节点，IPv6 的地址分配给这些节点上的接口。一个接口可以是一个或多个单播地址，单播地址是分配给一个单独接口的唯一标识符。一个主机可以只有一个单播地址，而一个路由器可能需要和两个以上的网络连接，那么就需要分配多个地址。IPv6 为了地址分配的方便，允许给一个网络指定多个前缀，也允许给一个主机的一个接口同时指定多个地址。

IPv6 地址配置有手工配置、无状态自动配置和有状态自动配置 3 种形式。手工配置 IPv6 地址比较麻烦，管理分配静态 IPv6 地址也是一个复杂的任务，尤其在主机 IP 地址需要经常改动时。手工配置主要配置一个主机接口的地址前缀和接口 ID 地址参数，并赋予主机其他的相关参数，如路由器地址、跳数和最大传输单元等。

自动配置 IPv6 地址基于 IPv6 邻居发现协议。实际上，IPv6 中的重复地址检测、地址解析、路由器发现、重定向和邻居不可达检测等技术都基于 IPv6 的邻居发现协议。在 IPv4 网络中，动态主机配置协议（DHCP）实现了主机 IP 地址及其相关选项的自动设置。IPv6 继承了 IPv4 的这种自动配置服务，DHCPv6 中的自动配置同 IPv4 网络中的 DHCP 类似，如图 14-7 所示，这种方法称为有状态自动配置。

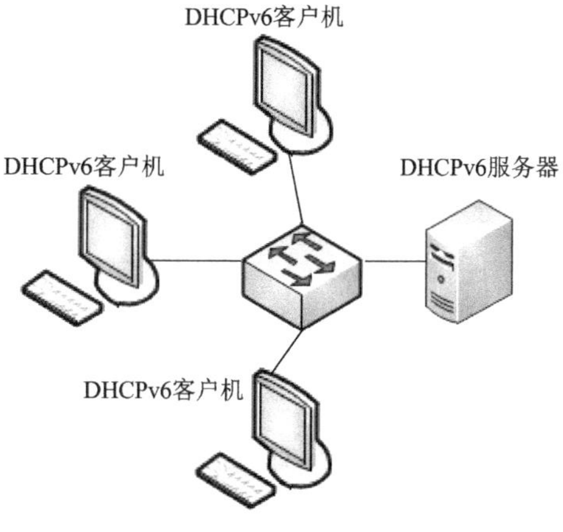

图 14-7　有状态自动配置 IPv6 地址

除了有状态自动配置外，IPv6 还采用了无状态自动配置服务。在无状态自动配置过程中，节点首先将它的 MAC 地址附加在本地链接地址的前缀之后，产生一个本地链路单点广播地址（IEEE 已经将网卡 MAC 地址由 48 位改为了 64 位。如果主机使用的网卡的 MAC 地址还是 48 位，则 IPv6 会将 48 位 MAC 地址转换为 EUI-64 格式。对于其他类型的接口，RFC 2373 都定义了创建接口 ID 的方法）。紧接着主机向该地址发出一个邻居发现请求，以验证地址的唯一性。如果请求没有得到响应，则表明主机自我设置的本地链路单点广播地址是唯一的。否则，主机将使用一个随机产生的接口 ID，组成一个新的本地链路单点广播地址，然后以该地址为源地址，向本地链接中所有的路由器多点广播一个被称为路由器请求（Router Solicitation）的配置信息请求，路由器以一个包含可聚合全局单点广播地址前缀和其他相关配置信息的路由器公告响应该请求。主机将从路由器得到的全局地址前缀加上自己的接口 ID，自动配置全局地址后，与 Internet 中的其他主机进行通信。

使用无状态自动配置，无需手动干预就可以让主机不需要任何配置就可得到 IPv6 地址并和外界通信。例如，当更换了接入 Internet 的 ISP 时，将从新 ISP 处得到一个新的可聚合全局地址前缀。ISP 把这个地址前缀从它的路由器上传输到其他路由器上。由于路由器将周期性地向本地链接中的所有主机多点广播路由器公告，因此，网络中所有的主机都将通过路由器公告收到新的地址前缀，主机就会自动产生新的 IP 地址并覆盖原来的 IP 地址。

14.4　IPv4 向 IPv6 过渡的策略

14.4.1　IPv4 向 IPv6 过渡的进程

尽管 IPv6 比 IPv4 具有明显的先进性，但是要想在短时间内将 Internet 和各个企业网络中的所有系统从 IPv4 全部改为 IPv6 是不可能的，所需的成本也会非常大。而且，网络的升级换代还需要在不中断现有 IPv4 提供的业务前提下，实现平滑过渡。IPv6 与 IPv4 系统在 Internet 中需要共存相当长的一段时间。所以，从 IPv4 向 IPv6 过渡是一个循序渐进的过程，这一过程需要一段相当长的时间。根据网络发展的情况，在过渡的不同时期可以采用不同的策略，大致可以分 IPv6 发展初级阶段、IPv4 和 IPv6 共存阶段及 IPv6 占主导地位阶段。

1）IPv6 发展初级阶段。在 IPv6 发展初级阶段，IPv4 网络占主导地位，网络中的绝大多数应用还是基于 IPv4 的，部分 IPv6 网络还只是一些孤岛。这段时期可以采用隧道技术，让 IPv4 网络互联各 IPv6 网络。

2）IPv4 和 IPv6 共存阶段。当 IPv6 发展到一定时期，IPv6 就会得到较大规模的应用，这时就会出现以 IPv6 为骨干的 Internet 网络。但大量的 IPv4 网络和其上的业务还是占相当大的份额。因此，IPv4 网络和 IPv6 网络需要共存一段时间。这个阶段不仅需要采取隧道技术，还要采用 IPv4 和 IPv6 网络之间的协议转换技术。

3）IPv6 占主导地位阶段。IPv6 网络最终取代 IPv4 网络是大势所趋，当 IPv6 网络发展到后来，Internet 中的骨干网将全部是 IPv6 的，而 IPv4 网络反而成了孤岛。这个阶段也需采用隧道技术，只是变成让 IPv6 网络互联各 IPv4 网络。

IPv4 向 IPv6 过渡方案还在研究完善中，IETF 成立了专门的工作组，提出了许多过渡技术，各种过渡技术各有优缺点。

14.4.2　IPv6 过渡技术

IPv4 向 IPv6 过渡时采用的技术，较为成熟的有 3 种策略，即双 IP 协议栈技术、隧道技术和网络地址转换/协议转换技术。

1. 双 IP 协议栈

双 IP 协议栈是在一个节点（如主机或路由器）中同时运行 IPv4 和 IPv6，这类系统既拥有 IPv4 地址，也拥有 IPv6 地址，因此可以收发 IPv4 和 IPv6 两种 IP 数据报。

IPv6 和 IPv4 都是网络层协议，它们可作用于相同的网络接口层（物理平台），而且其上层协议都可以使用 TCP 和 UDP。双协议栈的协议结构如图 14-8 所示。

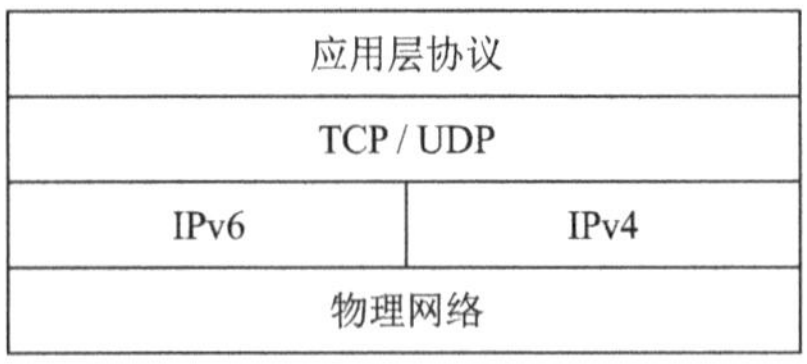

图 14-8　双协议栈的协议结构

在这种结构中，如果一个节点同时支持 IPv6 和 IPv4 两种协议，那么这个节点既可以和支持 IPv4 的主机通信，也可以和支持 IPv6 的主机通信。双协议栈技术是 IPv6 过渡技术中应用较为广泛的一种，也是其他过渡技术的基础。它要求节点同时支持 IPv6 和 IPv4，应用程序根据 DNS 解析的应用层协议地址类型选择使用 IPv6 或 IPv4，如图 14-9 所示。

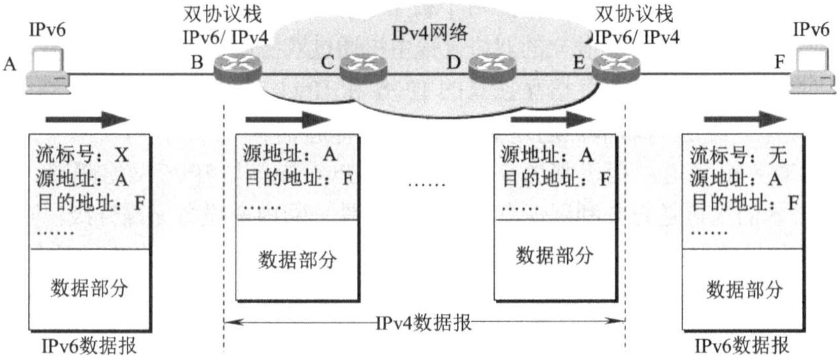

图 14-9　双协议栈的数据传输过程

双协议栈技术的优点是互通性好，实现简单，允许应用逐渐从 IPv4 过渡到 IPv6。其缺点是只适用双协议栈节点本身，对每个 IPv4 节点都要升级，成本较大，而且还是没有解决 IPv4 地址紧缺的问题。

2. 隧道技术

隧道（Tunnel）技术是将一种协议的数据包封装到另一种协议中的技术。基于 IPv4 隧道的 IPv6 是一种较为复杂的技术，它用于 IPv6 发展初级阶段，IPv4 网络还是占主导地位。在这种技术中，在起始端（隧道入口 B）将整个 IPv6 分组封装在 IPv4 数据报中，IPv6 分组作为 IPv4 的载荷，实现利用 IPv4 网络在 IPv6 节点之间进行通信的目的。IPv4 报文的源地址和目标地址分别是隧道入口 B 和出口 E 的 IPv4 地址，如图 14-10 所示。

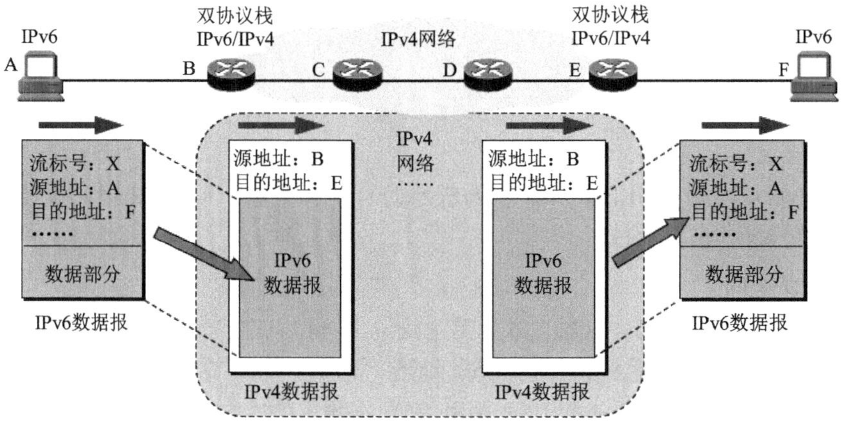

图 14-10　基于 IPv4 的隧道和 IPv6 报文的封装

隧道技术只要求在隧道的入口和出口处进行修改，对其他部分没有要求，所以实现较为容易。基于 IPv4 隧道的 IPv6 实现过程分为 3 个步骤：封装、解封和隧道管理。封装是指在隧道起始点创建一个 IPv4 包头，将 IPv6 分组装入一个新的 IPv4 数据报中；解封是指在隧道终点去除 IPv4 包头，还原原始的 IPv6 分组，并送往目标节点；隧道管理是指由隧道起始点维护隧道的配置信息，如隧道支持的最大传输单元的大小等。

基于 IPv4 的隧道有以下 4 种方案。

1）路由器对路由器隧道：用于连接两个被 IPv4 网络隔离的 IPv6 网络。

2）主机对路由器隧道：用于独立的双协议栈主机通过双协议栈路由器与 IPv6 网络进行通信。

3）主机对主机隧道：用于将相互独立的 IPv6 和 IPv4 节点通过 IPv4 网络相互通信，这时双协议栈节点作为隧道的端节点通过 IPv4 网络进行通信。

4）路由器对主机隧道：用于将独立的 IPv6 或 IPv4 节点与 IPv6 网络隔离。

采用隧道技术的优点是充分利用现有网络资源，骨干网内部设备无需升级。隧道是无缝的，因为它对大多数终端系统和应用程序透明。另一个优点是它为测试提供了有效的基础。隧道技术的缺点在于需要额外的隧道配置，其增加的头部加重了流量负担，会影响网络性能，降低效率。

隧道技术有 GEE 隧道、手动隧道、6to4 隧道、ISATAP 隧道、6PE 隧道、6over4 隧道、Teredo 隧道和隧道代理等。

3．网络地址转换/协议转换技术

网络地址转换/协议转换（Network Address Translation-Protocol Translation，NAT-PT）通过中间的 NAT-PT 转换服务器，实现纯 IPv6（不是双协议栈）节点和纯 IPv4 节点间的互通。NAT-PT 处于 IPv4 和 IPv6 网络的交界处，可以实现 IPv6 主机和 IPv4 主机之间的通信。

协议转换可实现 IPv4 和 IPv6 头部之间的转换。而地址转换是为了让 IPv6 网络和 IPv4 网络中的主机能互相识别对方，即 IPv4 网络中的主机可以用一个 IPv4 地址来标识 IPv6 网络中的一个主机。同样，IPv6 网络中的主机可以用一个 IPv6 地址来标识 IPv4 网络中的一个主机。NAT-PT 服务器分配动态 IPv4 地址来标识 IPv6 主机（与 DNS 配合），并向相邻的 IPv6 网络宣告 96 位地址前缀信息，用于标识 IPv4 主机。NAT-PT 服务器还负责 IPv4-to-IPv6 或 IPv6-to-IPv4 的报文转换。

网络地址转换/协议转换技术的优点是只需设置 NAT-PT 服务器就能实现地址或协议的转换；其缺点是资源消耗较大、服务器负载重。

IPv6 是公认的未来的 IP 技术，它的全面部署需要一个平滑过渡的进程，各种过渡技术各有优缺点，因此在实施时需要合理选择合适的过渡技术。在 IPv4 到 IPv6 的转换过程中，出现问题是不可避免的。例如，当引入新设备以便在现有的 IPv4 网络中集成 IPv6 流量时，很可能会导致性能的降低。当分组流经 IPv4 和 IPv6 边界时，需要经过多步操作才能完成转换，这样会减慢流量速度。而且，因为网络上流通的数据来源不同，加密和身份认证的实现会有很大的困难。

总之，不管采用哪种方法，IPv6 和 IPv4 都会共存相当长的时间，而且转换过程是比较缓慢和代价高昂的。

本章小结

本章主要介绍了 IPv6 的相关内容，包括 IPv6 分组的格式，基本头部字段的功能，ICMPv6 的工作过程，IPv6 地址的表示方法、分类方法及配置方法及 IPv4 向 IPv6 过渡的主要技术等。

习题及课后实训

1．简答题

（1）IPv6 分组由哪几个部分组成？IPv6 基本头部的长度是多少字节？

（2）IPv6 地址有哪 3 种表示格式？请举例说明。

（3）IPv6 地址有哪几种类型？用于分配给用户主机的是哪一种类型的地址？

（4）EUI-64 规范是如何自动生成接口 ID 的？设一个节点的 MAC 地址为“CD12:AZCI:EF69”，请写出它的 EUI-64 的接口 ID。

（5）IPv6 地址配置有哪 3 种形式？

（6）什么是隧道技术？基于 IPv4 隧道的 IPv6 是如何封装数据的？

（7）前缀形式为“FE80::/64”和“FE90::/48”分别是什么类型的地址？

（8）组播地址和任播地址有何作用？组播地址的前 8 位数值是什么？举例写出这两种类型的地址。

（9）分别写出 IPv4 的兼容地址和映射地址，并说明它们的作用。

（10）网络地址转换 NAT 能解决 IP 地址紧缺的问题，但它有无法克服的缺点，请说明原因。

（11）邻居发现协议有什么作用？

（12）可聚合全球单播地址前三位的二进制数值是什么？

2．课后实训

在两个安装 Windows 7 操作系统的计算机上尝试配置 IPv6 地址，并使用“ping-6 目标 IP”命令测试是否连通。

参 考 文 献

[1] 李志球．计算机网络基础[M]．3 版．北京：电子工业出版社，2010．

[2] 谢希仁．计算机网络基础[M]．5 版．北京：电子工业出版社，2008．

[3] 王建平．计算机网络基础[M]．哈尔滨：哈尔滨工业大学出版社，2010．

[4] 季福坤，荆淑霞，汤霖．计算机网络基础[M]．2 版．北京：人民邮电出版社，2008．

[5] 杨斌，常理民．计算机网络基础与应用[M]．北京：中国铁道出版社，2008．

[6] 杜煜，姚鸿．计算机网络基础[M]．2 版．北京：人民邮电出版社，2006．

[7] 徐敬东，张建忠．计算机网络[M]．北京：清华大学出版社，2002．

[8] 姜大庆，吴强．网络互联及路由器技术[M]．北京：清华大学出版社，2008．